Sabine Gromer, Stephanie Schorp

Ready for Success

Das Praxisbuch für den erfolgreichen Karriereübergang

Campus Verlag
Frankfurt/New York

MIX
Papier | Fördert gute Waldnutzung
FSC® C089473

ISBN 978-3-593-51953-1 Print
ISBN 978-3-593-45900-4 E-Book (PDF)
ISBN 978-3-593-45899-1 E-Book (EPUB)

Umschlaggestaltung: zeichenpool, München
Umschlagmotiv: © shutterstock, Plasteed
Satz: DeinSatz Marburg | mg
Gesetzt aus der Minion Pro und der Proxima Nova
Druck und Bindung: Beltz Grafische Betriebe GmbH, Bad Langensalza
Beltz Grafische Betriebe ist ein Unternehmen mit finanziellem Klimabeitrag (ID 15985-2104-1001).
Printed in Germany

www.campus.de

Für alle, die uns das Vertrauen schenkten, sie einen Teil ihres Weges zu begleiten, als Dankeschön für den Erfahrungsschatz, der daraus gewachsen ist. Und für all jene, die nicht nur mutig sind, sondern auch bestens vorbereitet ihren nächsten Karriereschritt angehen werden.

Inhalt

Are you »Ready for Success«?

Wer sich einer neuen beruflichen Herausforderung stellt, weiß in aller Regel, dass sie kein Spaziergang wird. Ein beruflicher Übergang ist mehr als eine kurzfristige Veränderung, er ist ein tiefgreifender psychologischer und fast immer disruptiver Prozess. Sich darauf zu verlassen, dass das bislang Erlebte und Gelernte ausreicht, um den Weg hin zum Neuen erfolgreich zu meistern, ist ein Trugschluss, dem viele unterliegen.

Sicher sind Ihre Erfahrungen wertvoll, aber sie sind kein Erfolgsgarant. Es braucht vielmehr eine selbstreflektierte Vorbereitung und eine hohe Achtsamkeit für das, was relevant, wichtig und richtig ist. Das benötigt vor allem Zeit. Zeit, die Sie später nicht mehr aufholen können. Starten Sie deshalb mit der Vorbereitung Ihres beruflichen Übergangs im besten Fall viele Wochen, besser noch Monate vor dem offiziellen Antritt. Es ist die beste Grundlage, um bereits in den ersten Stunden zeigen zu können, dass man sich mit Ihnen die optimale Besetzung ins Boot geholt hat.

Seit vielen Jahren begleiten wir Menschen auf ihren Karrierewegen. Unser Fokus liegt auf Persönlichkeiten, die ins Management oder in den Vorstand aufsteigen oder schon Teil dessen sind und nun einen Um- oder Aufstieg planen – oder einen Ausstieg. Geschrieben haben wir dieses Buch jedoch für jeden Menschen, der einen beruflichen Übergang erwägt und sich hierauf vorbereiten möchte. Für den, der »Karriere machen« will. Und für alle, die für sich eine Art Reiseanleitung suchen, sich ein Coaching aber nicht leisten können oder wollen. Eine Reiseplanung, die vielseitig einsetzbar ist und die gerade auch in schwierigen Situationen Handlungsmöglichkeiten aufzeigt und Mut macht zum Weitergehen.

Wir wissen, Karriereübergänge können reibungslos und erfolgreich verlaufen, wenn man die wesentlichen Stellschrauben kennt. Wir geben Ihnen Impulse für die verschiedenen Übergänge. Ergänzt durch Vorschläge für die Tage vor dem Start, die ersten 100 Tage in der neuen Rolle und auf die Frage, welche Fähigkeiten man eigentlich in unserer schnelllebigen Welt benötigt, um langfristig erfolgreich zu sein. Wir sprechen deshalb auch allgemeine Themen wie Selbstwert und Selbstreflexion an. Denn diese unerlässliche Vorarbeit von Ihnen ist eine Grundvoraussetzung für die bestmögliche Karriereentscheidung.

In unserer täglichen Arbeit sind wir vertrauensvolle Ratgeberinnen, ehrliche Kritikerinnen und Transformationsarchitektinnen für unsere Klientinnen und Klienten. Das möchten wir mit diesem Buch auch für Sie sein. Nutzen Sie unseren Erfahrungsschatz für Ihren Werdegang. Wir wissen, dass »Karriere machen« seine Tücken hat. Doch wir können bestätigen, dass es spannend und freudvoll sein kann, wenn wir an stimmigen Orten, in passenden Rollen und an sinngebenden Zielen mitgestalten. Um das zu erreichen, braucht es mehr als die Unterschrift unter einem Vertrag.

Wir selbst waren viele Jahre in leitenden Positionen tätig, haben am Erfolg von international tätigen Unternehmen mitgewirkt und Krisen gemeistert. Wir haben Führungsteams geleitet, wir haben entwickelt und umgesetzt. Und wir haben viel gelernt. Über uns selbst und über die Unternehmensführung. Auch dass man sich eine Rolle zu eigen macht, indem man direkt darauf einwirkt – durch aktives Gestalten und selbstbewusstes Handeln.

Aber auch wir haben nicht jeden Übergang mit Bravour gemeistert. Über einige der Fallen, auf die wir im Buch hinweisen, sind wir selbst gestolpert. Wir haben manchmal schmerzhaft daraus gelernt, wie man es besser macht. Und sind daher heute kompetente und verständnisvolle Ratgeberinnen, die auf gelebte Erfahrung setzen können. Wir wünschen uns, dass dieses Wissen Sie auf Ihrem Berufsweg dabei unterstützt, die ein oder andere Hürde gekonnt zu nehmen. Achtsam und vorausschauend zu denken und zu handeln, ist die Essenz eines »Setup for Success«. Und genau das wollen wir Ihnen mit diesem Buch auf den Weg geben.

Heute sind wir Coaches, Begleiterinnen für Transformation, Expertinnen für Leadership und Persönlichkeit und Headhunterinnen, und wir sehen täglich den Bedarf für dieses Buch. Denn viel zu häufig kommen Menschen zu uns, wenn sprichwörtlich das Kind schon in den Brunnen gefallen ist. Dann bleibt uns wenig anderes übrig, als einen Stellenwechsel oder Exit zu begleiten. Dieses Buch ist darum nicht nur die Quintessenz unserer langjährigen Beratungsexpertise, sondern zugleich ein Erlebnisbericht. Es werden weitere Menschen zu Wort kommen, die über ihren persönlichen Übergang berichten. Das Teilen von Beispielen soll Ihnen Mut machen und zeigen, dass Fehler und Rückschläge integraler Bestandteil jedes Wachstumsprozesses sind. Sie sind nicht das Ende des Weges, sondern Wegweiser, die uns lehren, reflektieren und letztendlich stärker und reifer werden lassen. Mit unseren Fallbeispielen möchten wir eine tiefere Ebene der Verbindung und des Verständnisses schaffen, die über Ratschläge und Tipps hinausgeht.

Aus unserer Praxis wissen wir: Der Übergang zehrt an der Kraft. Denn auf welche neue Stufe Karrieren übergehen, entscheidet sich häufig in sehr kurzer Zeit. Haben Sie in den ersten Wochen noch ein Zeitfenster, in dem Sie gestalten oder Akzente setzen können, werden die Möglichkeiten mit der Zeit immer geringer, bis Sie auf einem Pfad feststecken, auf den Sie vielleicht gar nicht wollten. Wir haben dieses Buch auch deshalb geschrieben, damit Ihnen das nicht passiert.

In unserem Beratungsformat »Set-up for Success« coachen wir bewusst eine kleine Gruppe von Menschen im Rahmen eines vertraulichen Rückzugortes. Im aktiven Miteinander erarbeiten wir für jeden Teilnehmenden einen konkreten Plan zur Gestaltung des eigenen Karriereübergangs und stellen sicher, dass alle die Zügel fest in der Hand behalten. Genau das möchten wir mit Ihnen in diesem Buch tun. Wir glauben fest daran, dass jede und jeder seine eigenen Chancen bestimmt. Wir wollen, dass Sie gestärkt starten, selbstbewusst Ihren Weg finden und gehen und erfolgreich ankommen.

Karriere macht man selbst, sie macht sich nicht von allein

Um Selbstbewusstsein und Eigenmacht in unserem Berufsweg zu erleben, müssen wir Klarheit über unseren Karrierewunsch haben. Und damit sind wir mittendrin bei einer der spannendsten Fragen, wenn es um den beruflichen Erfolg geht: Was bedeutet das eigentlich, Karriere machen? Fragt man fünf Personen, bekommt man sieben Antworten. Und darum haben wir aktuell dort nachgefragt, wo weltweit die Einzelmeinungen von Millionen Menschen wiedergegeben werden, bei GPT4.[1]

> »Karriere machen« wird individuell unterschiedlich verstanden und hängt von persönlichen Werten, Zielen und Lebensumständen ab. Es bezeichnet den beruflichen Fortschritt in einem gewählten Feld, der sich in Aufstiegen, Gehaltserhöhungen, Kompetenzerweiterung und gesellschaftlicher Anerkennung äußern kann. Objektiv wird Karriere oft an messbaren Erfolgen wie Beförderungen und Auszeichnungen gemessen, während sie subjektiv von den persönlichen Vorstellungen und Werten der Einzelnen abhängt. Für einige bedeutet Karriereerfolg den hierarchischen Aufstieg, für andere die Verfolgung persönlicher Leidenschaften oder eine sinnstiftende Tätigkeit, die zu persönlicher Erfüllung führt und möglicherweise einen positiven gesellschaftlichen Beitrag leistet.

Karriere machen hat eine subjektive und individuelle Komponente. Für jeden Menschen hat es eine andere Bedeutung. Wenn wir die verschiedenen Aspekte und Blickwinkel beleuchten, helfen wir Ihnen, Ihre eigene und persönliche Definition zu finden. Wir sprechen deshalb allgemeine Karriere- wie auch Managementthemen an.

Ja, wir kennen sie auch, die Menschen, die behaupten, ihre Karriere ist einfach passiert. Wenn wir jedoch genau hinsehen, dann erkennen wir auch in diesen Zufallskarrieren Muster, Vorarbeit, Positionierung und den Appetit auf mehr.

Karriere ist bestenfalls ein aktiver und reflektierter Prozess. Denn darauf zu warten, dass »es sich irgendwie ergibt«, ist keine eigenmächtige Option. Wir zeigen Optionen auf, was wann und wie die besten Ergebnisse für Ihren Karriereübergang bringen kann. Damit Sie daraus Ihr individuelles Vorgehen ableiten können. Denn die Zeiten von Standardlösungen sind vorbei. Zu viele von uns haben das wirklich sehr fundierte Buch *Die entscheidenden 90 Tage*[2] von Michael Watkins gelesen und angewandt. Leider laufen Sie Gefahr, heute belächelt zu werden, wenn auch Sie bei Ihrem Antritt von »den entscheidenden 90 Tagen« und Gesprächsleitfäden aus dem Buch sprechen. Zu viele vor Ihnen haben schon das Gleiche gesagt und es bedauerlicherweise selten erfolgreich umgesetzt. Daher entwerfen wir gemeinsam mit Ihnen einen individuellen und authentischen Fahrplan. Und wir werden dezent darauf hinweisen, was Sie wann am besten nicht tun sollten.

Dieses Buch widmet sich zunächst den Gesetzen, die über den beruflichen Erfolg entscheiden. Danach sehen wir uns an, wie Sie die Tage vor dem Start in Ihrer neuen Rolle am besten organisieren und wie Sie den optimalen Einstieg finden, um langfristig effizient und wirkungsvoll sein zu können. Zum Abschluss gehen wir gezielt darauf ein, wie Sie souverän auftreten und kommunizieren und wie Sie sich selbst trotz der Intensität der Karriereübergangszeit nicht vergessen.

Vorab noch eine unverzichtbare Zutat: Sie brauchen Lust zum Mitgestalten Ihrer neuen Rolle. Nur so werden Sie die Karriere gestalten, die Sie sich wünschen. Sicher lässt sich nicht alles vorausschauend planen und orchestrieren. Doch je selbstsicherer Sie handeln, desto größer sind die Erfolgsaussichten.

Persönliche Einblicke

Jeder erwachsene Mensch bringt eine Vielzahl an Erfahrungen und gelebtem Wissen zu Lebensübergängen mit. Wir alle waren Kinder, wurden Teenager und dann junge Erwachsene, wechselten vom Kindergarten in die Schule und in einen Beruf oder ein Studium. Wir verliebten uns, wir entliebten uns, unser Herz wurde gebrochen, und wir brachen Herzen. All dieses gelebte Wissen kann Ihnen ein guter Ratgeber sein.

Indem unsere Interviewpartner:innen ihre Geschichten mit Ihnen teilen, laden wir Sie ein, Ihre eigene zu reflektieren und die Schritte zu erkennen, die Sie auf Ihrem persönlichen und beruflichen Weg voranbringen können. Es ist ein Aufruf, sich selbst und anderen gegenüber nachsichtig zu sein, zu erkennen, dass Perfektion eine Illusion ist und der wahre Fortschritt im Streben nach Wachstum und Verständnis liegt.

Unser großer Dank gilt all den Menschen, die sich in ihrem vollen Alltag die Zeit genommen haben, um einen Beitrag zu diesem Buch zu leisten.

Und wir danken Ihnen dafür, dass Sie uns Ihr Vertrauen schenken, ein Stück Ihrer Reise mit Ihnen zu gehen und dazu beizutragen, dass Sie Ihre beruflichen Wünsche verwirklichen.

Wien & München im Sommer 2024
Sabine Gromer & Stephanie Schorp

BEIPACKZETTEL

Dieses Buch ist ein Standardwerk für erfolgreiche Karrieretransformationen. Es geht um Persönlichkeit, Reflexion, Kommunikation, Zielsetzungen, Strategie und Führungskompetenz. Und um ein gesundes Selbstverständnis, also das Wissen darum, wie man kraftvoll bleibt, auch wenn der Alltag durchgetaktet ist und Überraschungen die Agenda oftmals durchkreuzen. Als praxisorientiertes Macherinnen- und Macherbuch konzipiert, müssen Sie es nicht in einem Zug von der ersten bis zur letzten Seite lesen. Wir haben es so gestaltet, dass es auch in verdaulicher »Snackform« genossen werden kann.

Wir setzen da an, wo andere Bücher aufhören: in der Praxis. Dieses Buch wirkt, wenn Sie es situationsgerecht und authentisch einsetzen. Zu welcher Uhrzeit und in welcher Dosis auch immer.

- **Inhaltsstoffe:** Jedes Kapitel enthält praktische Erfahrungen, Interviews, Anleitungen, Ideen und eine Handlungsanleitung zum Do-it-yourself. Impulse von renommierten Expertinnen und Experten belegen die Wirksamkeit von gut geplanten Karriereübergängen.
- **Anwendungsgebiete:** Für alle Personen in Übergangsphasen ihrer Karriere, die einen Auf- oder Umstieg planen. Es ist sowohl geeignet für Führungskräfte aller Hierarchiestufen (Teamleitung bis C-Level), ambitionierte Berufseinsteigende sowie für Menschen, die das Land oder die Branche wechseln möchten.
- **Gegenanzeigen:** Falls Sie nach einer schnellen Lösung ohne persönliches Engagement suchen, ist dieses Buch nicht geeignet.
- **Nebenwirkungen:** Die Lektüre kann zu gesteigerter Eigenmacht, Stärkung der Selbstwahrnehmung, Verbesserung der Entscheidungsfähigkeiten und intensiverem Karriereengagement führen. Seltene Fälle von Übermotivation wurden berichtet.
- **Besondere Warnhinweise:** Die im Buch enthaltenen Strategien erfordern aktive Umsetzung und persönliche Anpassung.
- **Pharmakologische Eigenschaften:** Dieses Buch bietet eine detaillierte Analyse der Herausforderungen und Chancen, die mit Karriereübergängen verbunden sind. Es kombiniert theoretisches Wissen mit praktischen Anleitungen und beinhaltet bewährte Methoden zur Selbstreflexion und persönlichen Entwicklung.
- **Aufbewahrung:** Lagern Sie es an einem trockenen, lichtgeschützten Ort. Bei Nichtgebrauch empfehlen wir, das Buch an eine Person weiterzugeben, die sich in einer Phase der beruflichen Veränderung befindet.

Kapitel 1

Mythen und Grundannahmen über Karriereübergänge

Beginnen wir unsere gemeinsame Reise direkt mit der Klärung der größten Mythen über Karriereübergänge. Denn »wer an diese Mythen glaubt, übernimmt keine Verantwortung für seine Karriere«.[3] Wir unterschätzen die Frequenz der Karrierewechsel und überschätzen die durchschnittliche Verweildauer in Rollen. Die Wechselbereitschaft ist höher, als viele vermuten. Laut der *Jobstudie* von Ernst & Young aus dem Jahr 2023 stieg die Wechselbereitschaft seit Beginn der Erhebung 2015 rasant an und war noch nie so hoch wie heute. Waren 2023 rund 63 Prozent der Beschäftigten offen für einen neuen Job, so waren das 2017 nur 17 Prozent.[4] Aber wechselbereit zu sein heißt noch lange nicht, einen Karriereübergang zu wagen. Tatsächlich sehen sich 26 Prozent der Befragten gelegentlich bis aktiv nach einer neuen beruflichen Herausforderung um.[5] Auch in unserer Praxis erkennen wir eine Art modernes Nomadentum in der Berufswelt. Das hat mehrere Gründe: Entlassungsprogramme in vielen Unternehmen haben das Loyalitätsgefüge zwischen Arbeitnehmenden und Arbeitgebenden gestört und die Bindung der Mitarbeitenden geschwächt.[6] Der hybride Arbeitsplatz ist akzeptabler und damit die Standortflexibilität höher. Nie war es (zumindest scheinbar) leichter, Jobangebote zu finden.

Auf der anderen Seite ist es für viele Unternehmen eine große Herausforderung, weiterhin attraktiv für neue Talente zu sein. Viele gehen mit erhöhten Gehältern in den Markt und versuchen, mit kreativen Methoden auf sich als Arbeitgebende aufmerksam zu machen – mit gemischtem Erfolg. Während wir dieses Buch schreiben, haben wir in den deutschsprachigen Ländern einen Arbeitnehmendenmarkt und leiden an Fachkräftemangel. Für Sie, liebe Leserin, lieber Leser, ist das selbstverständlich ein Vorteil. Vielleicht gehören auch Sie zu den motivierten Menschen, die offen sind für gute Angebote?

Dann sind Sie in guter Gesellschaft. Trotz hoher Arbeitszufriedenheit sind laut einer Mercer-Studie 35 Prozent der Berufstätigen in Deutschland bereit für eine berufliche Veränderung.[7] Das gilt auch für Menschen im Top-Management: Circa 15 bis 20 Prozent der Vorstandspositionen in den 160 DAX-, MDAX- und SDAX-Unternehmen werden pro Jahr neu besetzt. Das entspricht rund 100 Personen.[8]

Auf der einen Seite steht also eine hohe Wechselwilligkeit, aber auf der anderen eine ebenfalls recht hohe Misserfolgsrate bei Karriereübergängen. Bei Führungskräften liegt sie sogar bei 40 Prozent, und das sind laut Heidrick & Struggles nur solche Personen, die bereits nach 18 Monaten freiwillig oder unfreiwillig nicht mehr in ihrer Position sind.[9] Die Dunkelziffer liegt höher. Wir kennen viele Beispiele von entmachteten Führungskräften, die geparkt auf einer Position ohne Einfluss ihr Dasein fristen. Wir wollen, dass Ihnen das nicht passiert!

Eigenmacht, Einflussnahme und selbstbestimmtes Handeln sind Ihr gutes Recht in der Berufswelt. Berufliches Fortkommen hat manchmal mit dem Fakt zu tun, dass man am richtigen Ort oder zur richtigen Zeit ist, das Richtige gesagt oder die richtigen Menschen getroffen hat. Zufallskarrieren sind selten, aber möglich. Doch sich aktiv und geplant auf ein Ziel zu zubewegen, ist die bessere Wahl, als darauf zu hoffen, die Ausnahme zu sein. Geben Sie niemals den Fahrersitz frei, und halten Sie das Steuer zu jeder Zeit fest in den Händen – nur so gelingt die Veränderung in Ihrem Sinne. Selbstverständnis ist die Basis für Ihre Positionierung, und damit meinen wir nicht Angeben und Selbstüberschätzung.

So, wie viele Wege nach Rom führen, gibt es auch bei einem Karriereübergang ein klares Ziel, aber nicht die *eine* Route.

In diesem Buch packen wir gemeinsam mit Ihnen zusammen Ihren Koffer, den Sie für einen Karriereübergang benötigen. Es geht um Ihre Persönlichkeit, den passenden Kommunikationsstil, strategisches Energiemanagement, je nach Rolle auch um Führungskompetenzen und schlussendlich um kulturelles Verständnis für die neue Umgebung.

Zudem brauchen Sie Resilienz, die Magdalena Rogl in ihrem Buch *MitGefühl – Warum Emotionen im Job unverzichtbar sind* wunderbar beschreibt: »Resilienz wird meist mit Widerstandsfähigkeit beschrieben. Es ist aber nicht immer hilfreich, Widerständen standzuhalten. Manchmal ist es sinnvoller, wie beim Trampolin den Druck wahrzunehmen, ihm nachzugeben, die Energie aufzunehmen und letztlich zu nutzen, um danach noch höher springen zu können.«[10] Wir werden in diesem Abschnitt das Konzept von Resilienz erweitern: um Antifragilität. Das ist die Fähigkeit, aus schwierigen Lebenslagen gestärkt hervorzugehen.

Ein Karriereübergang ist mehr als nur eine Veränderung

Wir alle wissen von unseren Reiseplanungen, dass wir nicht jede Eventualität vorhersehen können. Am Ende kommt es meist anders als gedacht. So ist es auch im Job. Die neue Vorgesetzte verlässt kurz nach Ihrem Antritt das Unternehmen. Der Aufgabenbereich birgt mehr Herausforderungen als erwartet. Die Stimmung im Team ist schlechter, als der erste Eindruck vermittelte. In diesen Fällen bringt es wenig, sich stundenlang zu ärgern. *Wie* Sie auf diese Überraschungen reagieren, ist entscheidend für deren Auswirkung und auch für Ihr Ansehen. Der österreichische Neurologe und Psychiater Viktor Frankl sagte: »Zwischen Reiz und Reaktion liegt ein Raum. In diesem Raum liegt unsere Macht zur Wahl unserer Reaktion. In unserer Reaktion liegen unsere Entwicklung und unsere Freiheit.«[11] Oder wie er in einem seiner Bücher schreibt: »Leben heißt letztlich eben nichts anderes als: Verantwortung tragen […] für die Erfüllung der Aufgaben, die jedem Einzelnen das Leben stellt.«[12]

Je klarer Sie sich selbst über sich sind, desto bessere Entscheidungen treffen Sie. Weil Sie wissen, was Sie können, was Sie wollen und wo Ihre Grenzen liegen. Durchatmen und mit Abstand zu überprüfen, welche Lösungsmöglichkeiten es für die Probleme gibt, ist am besten. Handeln und denken Sie lösungsorientiert. Das wird Ihnen gelingen, wenn Sie gut vorbereitet starten und die richtigen Utensilien im Reisegepäck haben. Und dazu gehört in jeder Phase Ihres Übergangs die Beantwortung dieser drei Fragen:

1. Was ist nach dem Übergang möglich, was vorher nicht möglich war?
2. Was wird sich nicht ändern nach dem Übergang?
3. Was ist nach dem Übergang nicht mehr akzeptabel oder möglich?

Beantworten Sie diese Fragen möglichst breit, inkludieren Sie auch andere Lebensbereiche wie Ihre Partnerschaft, Familie, Wohnsituation. So wird die tiefgreifende Veränderung transparent und erkennbar, was Ihr Übergang in voller Selbstbestimmung mit sich bringt.

Zudem sollten Sie eine Lebenssinn-Vision haben. Es braucht dazu das Wissen um Ihre Werte, und Sie brauchen eine klare Vorstellung dessen, was Sie (sich) wert sind. Damit sind Sie auch besser gewappnet für stürmische Zeiten auf Ihrer Reise.

Wir müssen jedoch auch anerkennen, dass Karriereübergänge in den letzten Jahren nicht einfacher geworden sind. Ganz im Gegenteil, sie haben an Komplexität gewonnen, da sich die Art, wie wir arbeiten, tiefgreifend verändert hat. Manchmal geht der Wandel schneller, als man denkt. Und oft kommt die Veränderung aus einer Richtung, die niemand auf dem Radar hatte. Bestes Beispiel ist hier Corona. Die Pandemie hat nachhaltige Veränderungen mit sich gebracht: Hybrides Arbeiten, Homeoffice, die 4-Tage-Woche, flexible Arbeitszeiten – vieles davon ist heute selbstverständlich. Arbeitnehmende sind ebenso betroffen wie Arbeitgebende. Sie müssen lernen zu unterscheiden, was Sie selbst in der Hand haben und was Sie nicht ändern können und akzeptieren müssen (zum Beispiel eine Absage).

Gemeinsam mit unseren Klient:innen fokussieren wir uns auf den Fortschritt und sehen zu, so viele Spielräume wie möglich zu nutzen, um Positives und Sinnvolles mitgestalten zu können.

Sie können das verteufeln oder für sich entscheiden, die erweiterten Rahmenbedingungen für Ihren Erfolg zu nutzen:

1. Ihre Jobmöglichkeiten sind gestiegen, da die Globalisierung und der technische Fortschritt Ihnen Zugang zum weltweiten Arbeitsmarkt ermöglichen. Das erhöht die Chance, genau den Job zu finden, der Ihrer ist.

2. Werden Sie ein:e KI-Optimist:in. Der technische Fortschritt macht Ihre Arbeit produktiver. Anwendungen der künstlichen Intelligenz (KI) automatisieren Routinearbeiten und sorgen dafür, dass Sie Zeit haben, sich auf komplexere, kreative und strategische Aufgaben zu konzentrieren.
3. Sie erleben durch berufliche Wechsel die Welt und neue Kulturen, auch wenn Sie nicht für Stunden in ein Flugzeug steigen. Das sorgt für neue Eindrücke und trainiert Ihre Empathie. Es öffnet den Horizont und lässt Sie neue Sichtweisen kennenlernen.
4. Sie sind mobiler und flexibler, weil die Technik – je nach Job – Arbeiten zu jeder Zeit und an jedem Ort ermöglichen.
5. Sie können mehr als jemals zuvor über Ihren künftigen Arbeitsplatz erfahren. Plattformen wie Glassdoor[13] oder Kununu geben tiefe Einblicke in Organisationen, ihre Kultur und Gehälter.

Eine der wichtigsten menschlichen Eigenschaften ist unsere Fähigkeit, Neues zu entdecken und uns weiterzuentwickeln. Das Zeitalter der Digitalisierung stellt diese Forderung an uns alle. Wie kann es gelingen? Wir glauben an zwei wesentliche Elemente, die uns dabei unterstützen: Das Leben von Antifragilität und die Bereitschaft, unsere Komfortzonen zu verlassen.

Antifragilität

Antifragilität ist die Fähigkeit eines Systems, sich durch Schocks und Stressoren zu verbessern und daraus Nutzen zu ziehen. Dieses Konzept ist besonders wichtig in Umgebungen, die von Unvorhersehbarkeit und Wandel geprägt sind. Es passt also genau zu der Zeitenwende, in der wir uns befinden. Nassim Nicholas Taleb unterscheidet in seinem Buch zwischen drei Kategorien: fragile, robuste und antifragile Systeme.[14] Fragile Systeme werden durch Stressoren geschädigt (Glas bricht), robuste Systeme widerstehen ihnen (Diamanten nicht), und antifragile Systeme profitieren von ihnen (unsere Muskeln werden durch Gebrauch stärker). Antifragilität ist damit in unseren Augen die Weiterführung des

Resilienzgedankens. Während Resilienz heißt, schwierige Zeiten robust zu überstehen, bedeutet Antifragilität, aus schwierigen Zeiten noch stärker, noch klüger oder noch erfolgreicher hervorzugehen.

Antifragile Systeme blühen in Chaos, bei hoher Volatilität und vielen Unsicherheiten auf und verlieren an Qualität, wenn sie davor geschützt werden. Lebende Ökosysteme neigen dazu, antifragil zu sein. Stress eliminiert die schwächeren Komponenten; die stärkeren überleben. Der Antifragilitäts-Test von Dr. Paige Williams erlaubt eine einfache Einordnung. Sie nennt ihn Test der Symmetrie: Alles, was bei einem zufälligen Ereignis mehr Nachteile als Vorteile erfährt, ist fragil. Alles, was mehr Vorteile als Nachteile erfährt, ist antifragil.[15] Damit ist alles, was sich nicht verändert, robust. Karriereübergänge sind unserer Meinung nach ideale Momente, um von Antifragilität Gebrauch zu machen, zum Beispiel, um nach dem Stress des Interviewprozesses und der ersten Monate in einer neuen Rolle gestärkt daraus hervorzugehen.

Diese Fähigkeit ist laut dem Futuristen Matt O'Neill auch eine der wichtigsten Antidoten von Menschen und Unternehmen im Umgang mit künstlicher Intelligenz. In einer Ära, die durch immer schnelleren Wandel definiert ist, ist die Fähigkeit einer Führungskraft, effektiv mit Unsicherheit umzugehen, wichtiger denn je. Im Unternehmenskontext kann Antifragilität das Fördern von Vielfalt, das Befürworten der Dezentralisierung von Autorität und Entscheidungsfindung, die Förderung von Innovation und Anpassungsfähigkeit sowie die Begrüßung von konstruktivem Wandel umfassen – auch dann, wenn er aus unvorhersehbaren oder störenden Umständen entsteht.[16]

Wie es uns gelingen kann, im Berufsleben Antifragilität zu entwickeln, erklärt Dr. Paige Williams in zehn Schritten[17]:

1. **Das Gute suchen:** Betrachten Sie Veränderungen als Chance zur Verbesserung.
2. **An dem arbeiten, was möglich ist:** Konzentrieren Sie sich auf Ihre Einflussmöglichkeiten.
3. **Mehr kommunizieren:** Teilen Sie Ihre Gedanken mit dem Team und hören Sie zu.

4. **Kleine Schritte machen:** Setzen Sie sich erreichbare Ziele für kontinuierlichen Fortschritt.
5. **Bereit sein, sich zu ändern:** Seien Sie offen für neue Methoden und Ansätze.
6. **Neues lernen:** Nutzen Sie die Gelegenheit, Ihre Fähigkeiten zu erweitern.
7. **Einander helfen:** Fördern Sie eine Kultur, in der Fehler als Lernchancen gesehen werden.
8. **Auf sich selbst achten:** Stabilität in unsicheren Zeiten ermöglicht effektive Führung.
9. **Nach Ideen fragen:** Entwickeln Sie gemeinsam mit Ihrem Team neue Lösungen.
10. **An Plan B arbeiten:** Seien Sie flexibel und bereit, Ihre Strategie anzupassen.

Diese Schritte helfen Ihnen, aus Herausforderungen gestärkt hervorzugehen. Sollte Ihnen das zu allgemein sein, dann können Sie sich auch diese konkreten Strategien aneignen, die ebenfalls von Dr. Williams stammen.

WACHSTUMSSTRATEGIEN IN UNSICHERHEIT

Um sich in Zeiten des Wandels und der Unsicherheit zu behaupten und zu wachsen, ist es hilfreich, sich an folgenden Strategien zu orientieren[18]:

- **Reduzieren Sie den Negativitätsbias und Pessimismus:** Herausforderungen und negativen Tendenzen bewusst begegnen. Fragen Sie sich: »Was funktioniert hier gut?« Bewegen Sie sich auf Ziele zu, statt vor Herausforderungen wegzulaufen. Unser Gehirn verarbeitet Millionen von Bits pro Sekunde, aber nur etwa 40 Bits bewusst. Aufmerksamkeit und Filterung sind entscheidend. Hinterfragen Sie Pessimismus mit einem »Ist das ganz richtig?«. Identifizieren Sie Ihre Antiheld:innen und schlimmsten Optionen. Überlegen Sie, was Sie einem Freund oder einer Freundin in einer ähnlichen Situation raten würden. Suchen Sie nach dem Nützlichen und dem, was wiederverwertet oder aufgewertet werden kann. Experimentieren Sie in kleinen Schritten. Kleine Dosen von Negativität können uns widerstandsfähiger machen.

- **Operieren Sie in der Realität:** Das Leben ist kurz und ungewiss. Überlegen Sie sich das Worst-Case-Szenario, um herauszufinden, was in Ihrer Kontrolle liegt und was nicht. Hinterfragen Sie Ihre Annahmen: »Ist das wahr? Kann ich dieser Geschichte absolut glauben?« Unterscheiden Sie, wer Sie mit und ohne diese Geschichte sind.
- **Gehen Sie intelligente Risiken ein:** Haben Sie einige kluge Optionen parat, die mehr Vorteile als Nachteile bieten und unabhängig voneinander sind. Rechnen Sie auch mit einem Scheitern oder der Aussicht darauf, zu scheitern. Erkennen Sie an, dass manches Wissen im Entscheidungsprozess noch nicht existiert. Setzen Sie nie alles auf eine Karte, wenn die Risiken existenziell sind.
- **Nutzen Sie die kollektive Weisheit:** Erkennen Sie an, dass man nicht alles allein schaffen kann und muss. Suchen Sie Meinungen von Personen mit gegensätzlichen Ansichten. Fördern Sie Zusammenarbeit. Unterstützen Sie sich gegenseitig. Halten Sie Spannungen aus und lassen Sie los.
- **Das unendliche Spiel:** Lassen Sie die Illusion der Kontrolle los. Erkennen Sie, dass wir in einem Jahrzehnt der Störungen ein unendliches Spiel spielen. Spielen Sie nicht, um zu gewinnen, sondern spielen Sie innerhalb von Grenzen.

Indem Sie diese Strategie verfolgen, können Sie nicht nur widerstandsfähiger gegenüber Herausforderungen werden, sondern auch lernen, aus ihnen gestärkt hervorzugehen und Ihre Perspektive auf Wachstum und Fortschritt zu erweitern.

Mit diesen Ansätzen ist ein Verbleib in der Komfortzone keine Option mehr, finden Sie nicht auch?

Verlassen Sie die Komfortzone

Wenn es doch nur so einfach wäre! Stattdessen ist es menschlich, sich gerade beim Beginn von etwas Neuem auf Altes zu stützen. Aber: Wenn Sie Ihrer Angst und Unsicherheit folgen, besteht die Gefahr, dass Sie nur bereits Erlebtes wiederholen. Aber wer sollte das spannend finden? Es ist absolut nachvollziehbar, dass Ihre innere Stimme Sie zu diesem Schritt motiviert. Denn wenn es schwierig wird, setzen wir auf alles, was uns Sicherheit gibt, auf das, was wir kennen und können. Die Crux: Wir schauen in einem Moment zurück, in dem wir eigentlich nach vorn blicken sollten. Weil es ein Moment voller Chancen und neuer Optionen ist. Statt über die Schwelle vom Abschied zum Neubeginn zu gehen und uns ein Stückchen neu zu erfinden, verharren wir jedoch in alten Identitäten und Mustern. Und stellen fest, dass uns das in eine neue berufliche Rolle hinein-, aber mittel- bis langfristig nicht weiterbringt. Indem wir an alten Gewohnheiten festhalten, beschränken wir uns selbst.

Wir geben Ihnen recht, wenn Sie sagen: »Aber die sprechen doch nur mit mir über die neue Rolle, weil ich bisher einen guten Job gemacht habe.« Das stimmt, aber meist ist das, was Sie hierhergebracht hat, nicht das, was Sie weiterhin erfolgreich machen muss. Und genau darum kann der Verbleib in Ihrer Komfortzone und das Festhalten an Gewohnheiten Ihren erfolgreichen Fortschritt verhindern.

Neue Situationen, Rollen und Funktionen erfordern Weiterentwicklung. Wenn es um einen effizienten, erfolgreichen und nachhaltigen Karriereübergang im beruflichen Kontext geht, funktioniert »Weitermachen wie bisher« nicht.

»Übergang« steht sinnbildlich dafür, sich von einem Punkt weg- auf einen anderen zu zubewegen. Lassen Sie uns das visualisieren. Schließen Sie dazu bitte kurz die Augen. Stellen Sie sich einen tiefen Abgrund vor, der sich direkt vor Ihnen auftut. Darüber führt eine kleine Brücke. Sie schauen hinunter, und das, was da in der Tiefe auf Sie warten könnte, gefällt Ihnen nicht. Sie wollen dennoch auf die andere Seite. Ihnen ist bewusst: Damit das gelingt, müssen Sie den festen Boden auf Ihrer Seite verlassen, um für einen kurzen Moment eine unsichere, schwankende Passage zu überqueren. Schon bei dieser Vorstellung fühlen sich viele unwohl. Andere schütteln den Kopf. »Ich bin doch nicht verrückt! Da bleibe ich doch lieber, wo ich bin!«

Der innere Aufbruch ist der wagemutige erste Schritt auf diese Brücke. Weiterentwicklung im Berufsleben erleben Sie, wenn Sie bereit sind, sich von alten Dingen zu verabschieden, um final gestärkt einen neuen Weg zu gehen. Es braucht Mut für einen Übergang und ein klares Ziel, das Sie anzieht. Fragen Sie sich: Welches Ziel will ich verfolgen? Was bringt mich weiter? Woran mache ich fest, dass ich sicher angekommen bin? Worauf kann ich mich verlassen? Was und wen will ich zurücklassen?

Menschen machen sich aus zwei unterschiedlichen Motiven auf den Weg über die Brücke: bloß weg vom Alten oder dem Wunsch hin zu etwas Neuem.

Weg von oder hin zu?

Viele kennen das: Wir machen unseren Job, gehen durch dick und dünn für andere, ertragen einiges. Wir denken, dass es sich bessern wird, und hoffen auf ein Wunder. Aber es passiert nichts. Ihre Lage bleibt misslich. Die Themen sind komplex, die Strukturen verworren oder, wie eine Klientin so schön sagte, »amorph«. Sie verschwenden Ihre Zeit, Ihre Vorgesetzten sind ausgesuchte Selbstoptimierende oder nicht ansprechbar, zerstritten, verbohrt. Sie kämpfen gegen Windmühlen, arbeiten sich ab an Menschen, Themen und/oder Prozessen. Das geht so über mehrere Monate oder gar Jahre. Irgendwann ist der berühmte Rubikon überschritten. Sie wissen, es gibt kein Zurück mehr. Sie müssen und wollen gehen.

Hier haben wir es mit einem klassischen Fall des »Weg von« zu tun. Wir haben in unserer Beratungspraxis viele Menschen, die ihre Unternehmen lieber heute als morgen verlassen möchten. Als häufigste Gründe dafür erleben wir die Unternehmenskultur und einen

Führungsstil ihres Managements, der ihren Kernwerten widerspricht. Man hat ihnen Versprechungen gemacht, wie beispielsweise mehr Verantwortung oder Ressourcen. Und nichts davon ist eingetreten. Oder aber ihrer Branche geht es aufgrund der Marktlage schlecht. Das sind alles verständliche Gründe, um sich aus einem Unternehmen woandershin zu orientieren.

Hilfreich für Sie und Ihre künftige Laufbahn ist dennoch, dass Sie Ihre Wechselmotive genauer unter die Lupe nehmen und daraus lernen: Was ist Ihnen wirklich wichtig? Worauf sollten Sie bei der Wahl Ihrer nächsten Station stärker achten? Und welche Gründe für Ihre Unzufriedenheit haben mehr mit Ihnen selbst als mit den anderen zu tun? Die nehmen Sie mit hoher Wahrscheinlichkeit auch in den nächsten Job mit.

Die Gefahr bei »Weg von«-Entscheidungen ist stets, dass Sie sich zu schnell für das Neue entschließen und sich über Ihre wahren Motive deshalb nicht gründlich genug im Klaren werden.

Das »Hin zu« bei Übergängen ist anders gelagert. Vielleicht wurden Sie auf eine spannende neue Herausforderung angesprochen. Oder Sie haben eine Anzeige gelesen, sich darauf beworben und nun reelle Chancen auf den neuen Job. Das »Hin zu« hat eine viel positivere Energie. Ihre Ausgangslage ist besser. Sie könnten bleiben, wo Sie gerade sind. Zumindest gefühlt haben Sie die Wahl, das Alte weiterzumachen oder dem Neuen zu folgen. Hier gilt es zu unterscheiden zwischen echten und vorgespiegelten Vorteilen. Warum will man unbedingt Sie für den Job? Und warum wollen Sie ihn? Schauen Sie sich Ihre Motive für Ihren Übergangswunsch gut an. Seien Sie aufrichtig mit sich und ziehen Sie Schlüsse daraus für die Vorbereitung Ihrer Transition.

Kurz: Bei »Weg von«-Entscheidungen prüfen Sie bitte Ihre Optionen genauer, als Ihre Intuition es Ihnen sagt. Bei »Hin zu«-Entscheidungen lassen Sie sich nicht blenden und machen Sie sich bewusst, was Sie Gutes aufgeben. Prüfen Sie, dass Sie nicht in eine deutlich schlechtere Lage kommen.

Übergang ist nicht gleich Übergang

Lassen Sie uns einen kurzen Blick auf die verschiedenen Übergänge werfen, die Sie in Ihrem Berufsleben erwarten können. Ausführlicher werden wir gegen Ende des Buches noch unsere Tipps und Tricks für jeden Übergang mit Ihnen teilen. Aber für den Moment ist es sinnvoll, die Vielzahl der Übergangsmöglichkeiten zu betrachten und Sie für die vorherrschenden Dynamiken zu sensibilisieren.

Der Klassiker ist der **Aufstieg innerhalb einer Organisation in derselben Branche** – die nächste Stufe auf der Karriereleiter oder wie wir gerne sagen: die Kaminkarriere. Diese Karriereübergänge kommen am häufigsten vor. Allerdings kann es eines Tages zu einem Knick kommen.

Die Redewendung »Befördert werden bis zur Inkompetenz« kommt nicht von ungefähr. Ihre aus den vorherigen beruflichen Aufgaben erworbenen Kompetenzen können bei einer neuen Aufgabe hilfreich oder hinderlich sein. Gleiches gilt für Vorurteile oder Annahmen, die es über Sie gibt. Wenn Sie innerhalb der eigenen Organisation aufsteigen, sind Sie kein unbeschriebenes Blatt. Ein Wechsel innerhalb der eigenen Organisation bietet den Vorteil, die Interna bis zu einem gewissen Punkt zu kennen, aber auch den Nachteil, sich darauf zu verlassen, alles zu wissen.

Trägt man den **Umstieg in eine andere Einheit innerhalb der eigenen Organisation** an Sie heran, sollten Sie gut prüfen, welche Vorteile dies für Sie haben kann oder ob es nur eine spannende Abwechslung ist. Idealerweise weiten Sie Ihr Profil – Ihre fachliche und funktionale Breite – und stärken so Ihre Beschäftigungsfähigkeit (Employability) intern wie extern. Was gab den Ausschlag, Sie zu fragen? Geht es um Krisenmanagement, und man weiß von Ihnen, dass Sie das gut können? Was ist mit Ihrer Vorgängerin oder Ihrem Vorgänger passiert? Seitenbewegungen (Sidesteps) sind gerade in großen Konzernen beliebt, um Führungskräfte auf die nächsten Karriereschritte vorzubereiten. Sie können aber auch das Rangieren in eine Parklücke sein, weil man aufgrund von Umstrukturierungen gerade nicht weiß, wohin mit Ihnen. Wir sehen immer wieder Karriereverläufe von Konzernmanager:innen, die sehr viel Unterschiedliches gemacht haben. Häufig haben sie aber kein originäres Profil. Dann ist es schwer, sie gut zu vermitteln. Daher prüfen Sie Sidestep-Angebote genau.

Ein **Auf- oder Umstieg, gepaart mit einem Unternehmenswechsel innerhalb derselben Branche**, macht das Loslassen noch wichtiger. Die Branchenthemen werden grundsätzlich die gleichen bleiben, das Setting wird aber ein gänzlich anderes sein. Sie werden sich Zeit und Kraft für eine gründliche Analyse nehmen müssen, um so rasch wie möglich herauszufinden, ob dieser Übergang für Sie persönlich und beruflich sinnvoll und erfolgsbringend ist.

Wenn Sie sich für eine derartige Transition entscheiden, muss die Vorbereitung noch deutlich ausführlicher ausfallen als in Ihnen bekannten Unternehmensumfeldern.

Wir empfehlen, keine Vergleiche anzustellen. Sätze wie »Bei uns früher im Unternehmen haben wir das ganz anders gemacht« oder »Da lief es im alten Unternehmen aber besser an dieser Stelle« helfen meist weder Ihnen noch den Menschen in der neuen Organisation. Wir raten Ihnen, solche Aussagen zu vermeiden.

Ein **Auf- oder Umstieg in eine andere Branche** ist herausfordernd und aufregend. Dennoch erleben wir leider immer wieder, dass dieser zu oft zu wenig vorbereitet passiert. Unternehmen suchen nicht selten die »eierlegende Wollmilchsau«, sind aber nicht bereit, Risiken einzugehen. Wird Ihnen ein Branchenwechsel angeboten, ist das grundsätzlich ein gutes Zeichen. Sie werden als Expertin oder Experte jenseits Ihrer Ursprungsbranche wahrgenommen. Man schätzt das, was Sie wissen. Aber man wird wenig Rücksicht auf all das nehmen, was Sie *nicht* wissen.

Sie haben definitiv den Vorteil des frischen Blicks von außen und stellen andere Fragen. Sie werden andere Lösungen anbieten können als ein Brancheninsider. Dies kann Innovation und Optimierung befeuern. Dennoch müssen Sie zügig auf den für Sie neuen Wirtschaftszweig hüpfen, dessen Besonderheiten verstehen und sich ein Branchennetzwerk aufbauen. Denn sonst sind und bleiben Sie immer der oder die Fremde.

Noch mehr Veränderung bringt der **Auf- oder Umstieg mit einem Orts- oder Länderwechsel** mit sich. Insbesondere ein anderes Land bedeutet eine andere Kultur, andere Regeln, andere Arbeitsnormen.

Davon abgesehen, dass es vielen schwerfällt, die ungeschriebenen Gesetze zu erkennen, selbst wenn man die Sprache im Land gut beherrscht. Hier müssen Sie Ihre Wahrnehmung schärfen und Sensibilität für Nuancen und Details entwickeln. Bereiten Sie sich mit Profis auf das Land, die Leute und das Unternehmen in diesem Kulturkreis vor.

Ein **Wechsel der Organisationsgröße von Konzern, Mittelstand oder Start-up** bedeutet die Übernahme einer neuen Rolle innerhalb einer viel größeren Organisation oder einer eklatant kleineren. Es kann eine ganz bewusste Karrierestrategie sein: für ein paar Jahre im Konzern starten und vielleicht sogar ins Mittelmanagement aufzusteigen, um dann eine höhere Managementposition bei einem der vielen spannenden Mittelständler zu ergattern. Wer zu lange im Konzern verweilt, dem traut man leider häufig nicht mehr zu, sich in kleineren Strukturen zurechtzufinden. Umgekehrt leiden ehemalige Mitarbeitende aus Mittelstandsunternehmen oft unter den politischen Spielchen, langen Entscheidungswegen und trägen Prozessen in Konzernen. Fragen Sie sich daher zuerst, was Ihnen wichtig ist, bevor Sie dem Ruf in ein Unternehmen einer völlig anderen Größenordnung folgen.

Alles hat Vor- und Nachteile und muss zu Ihnen passen. Die Sichtbarkeit in kleineren Unternehmen ist größer, die Karrieremöglichkeiten in Konzernen deutlich vielfältiger, die Freiheit, aber auch das Risiko in Start-ups nicht zu unterschätzen.

Und nun aus eigener Erfahrung: Der Umstieg in die **Selbstständigkeit ist immer ein Aufstieg mit Risiko**. Sie übernehmen die Alleinherrschaft über einen eigenen Kosmos. Den müssen Sie organisieren, strukturieren, und Sie müssen ihn finanzieren, bevor er Sie finanziert.

Verstehen Sie Selbstständigkeit als das Hineinspringen in eine Welt, die Sie bisher als Angestellte:r nicht kannten. Selbstständigkeit ist auch eine Persönlichkeitsfrage. Sind Sie der Typus dafür, der sich selbst motiviert, über genügend Frustrationstoleranz verfügt und sich auch immer wieder selbst neu erfindet?

Oft kämpfen Sie zu Beginn allein für sich. Andere gründen direkt ein Unternehmen und stellen Mitarbeitende an, aber auch das ist ein Risiko. Dieser Schritt erlaubt mehr Selbstbestimmtheit, aber auch mehr Verantwortung. Sie müssen mehrere Funktionen auf einmal erfüllen (Strategie, Innovation, Prozessoptimierung, Akquisition, Finanzen, Steuern), und dazu sind Sie immer auch Führungskraft, und sei es nur Ihre eigene.

Und nun die letzte Übergangsoption: der **Ausstieg aus der Karriere** – ob für immer, falls Sie sich zur Ruhe setzen, oder auf Zeit in ein Sabbatical, krankheitsbedingt oder aufgrund Ihrer Familienplanung.

Auch hier ist Vorbereitung alles – und bitte nicht erst auf den letzten Metern. Je höher Sie auf der Karriereleiter gestiegen sind, je mehr Sie sich mit Ihrer Arbeit identifizieren, je stärker Sie Bestätigung brauchen und das Wissen, Dinge bewegen zu können, desto diffiziler wird es.

Planen Sie deshalb auch diese Transition sehr gründlich und fragen Sie sich nicht erst nach dem Ausstieg, wie Sie Ihre Zeit nutzen möchten. Planen Sie die Tage, die Wochen danach, und zwar genauso strukturiert und organisiert, wie Sie Ihr bisheriges Leben lang gearbeitet und im besten Fall Ihre Karriereübergänge gemanagt haben.

Auch Sabbaticals sollten Sie zeitlich optimal für sich nutzen und eine klare Vorstellung von Ein- wie Ausstieg haben. Die krankheitsbedingten Ausstiege lassen sich am wenigsten planen. Hier sind Sie auch von der Gunst und dem Wohlwollen und dem Mitgefühl Ihrer Organisation abhängig.

Bei der Transition aufgrund von Familienplanung sollten Sie klare Vorstellungen über Ihre Auszeit haben, wenngleich sich natürlich nicht alles gedanklich vorwegnehmen lässt. Zudem sollten Sie sich frühzeitig ein Betreuungsnetz und eine Community an gleichgesinnten berufstätigen Müttern und Vätern aufbauen, denn das entlastet Sie vor allem emotional. Bleiben Sie insbesondere während der Elternzeit in regelmäßigem Kontakt mit Ihrer Organisation.

Den Übergang sichtbar machen

So unterschiedlich diese Übergänge sind, sie haben doch einiges gemeinsam. Am besten wird das veranschaulicht in dem Drei-Phasen-Transitions-Modell von – wobei der Name kaum besser passen könnte – William Bridges. In seinem Buch geht Bridges detailliert auf die Übergänge des Lebens ein.[19]

Das Bridges Transition Model

Phase 1 – Loslassen: In unserem Kontext ist dies die Phase der Entscheidung für eine neue Aufgabe und die Verabschiedung von der bisherigen. Diese erste Phase beginnt, indem Sie innerlich das loslassen, was war. Und das gilt auch, wenn Sie aus eigenen Stücken aus einer Rolle in eine neue wechseln. Diese Phase braucht Raum für Trauerarbeit. Das, was jetzt zu Ende geht, soll bewusst verabschiedet werden. Es ist wichtig, dass Sie in diesen Momenten er- und anerkennen, dass etwas endet, auch wenn Sie es gewollt aufgeben.

Viele unserer Coachees lassen sich nicht genug Zeit für diese Phase. Das holt viele leider früher oder später mit Reue oder »Hätte ich doch«-Gedanken ein. Stellen Sie sich also Fragen wie: »Was wird mir fehlen? Und was werde ich nicht vermissen?« Lassen Sie los und schaffen Sie innerlich Raum für die neue Rolle. Schließen Sie gut ab, und gehen Sie gestärkt ins Neue. Sie werden diese Kraft in der kommenden Phase benötigen.

Phase 2 – Neutrale Zone: Dies ist eine Phase der Verwirrung, voller Ambivalenz und Desorientierung. Sie haben den alten Zustand noch nicht ganz losgelassen und den neuen noch nicht erreicht. Sie stehen gewissermaßen auf der Mitte der Brücke und müssen sich entscheiden, ob Sie weitergehen oder umkehren wollen. Und die Versuchung umzukehren, wird groß sein. Denn noch sind Sie nicht die- oder derjenige, die oder der Sie gerne wären. Sie sind aber auch nicht mehr, wer Sie einmal waren. Diese Phase kostet am meisten Energie und birgt das größte Frustrationspotenzial.

Phase 3 – Neubeginn: Bridges selbst beschreibt die dritte Phase als diejenige, in der Sie die Veränderung akzeptiert und den Übergang erfolgreich bewältigt haben. Sie haben einen Kraftakt vollbracht. Neue Einstellungen, neue Wertvorstellungen, vielleicht auch eine neue Identität kennzeichnen Ihren beruflichen Alltag.

Viele Menschen kommen nie in Phase 3 an. Sie drehen Dauerschleifen zwischen Phase 1 und 2. Das ist nicht nur ermüdend, sondern auch sehr frustrierend. Wenn es Ihnen so geht, dann haben Sie vielleicht Ihre Hausaufgaben zum Loslassen und zur Orientierung nicht gemacht.

Für Bridges sind Übergänge innere Prozesse und keine äußeren Ereignisse. Er beschreibt eine Transition als eine Reise zu einem neuen und bewusst gestalteten (Teil-)Ich, mit Ihnen selbst als Held:in. Und – das darf gesagt werden – für uns ist jede Frau eine Heldin und jeder Mann ein Held, die oder der das Risiko wagt, sich auf diese Reise zu begeben. Denn wie einfach wäre es doch, in unserer Komfortzone zu bleiben.

Wir unterstützen unsere Klientinnen und Klienten bei ihren persönlichen Übergängen im beruflichen Alltag, indem wir zunächst gemeinsam die drei Phasen visualisieren. Darauf aufbauend schaffen wir ein Verständnis für die Komplexität des anstehenden Übergangs und erarbeiten die nächsten Schritte. Wir haben festgestellt, dass das Konzept von Bridges viele Menschen unterstützt, Antworten zu finden und Entscheidungen zu treffen, wenn es um einen anstehenden Karriereübergang geht.

Sie können es uns in Ihren eigenen vier Wänden gleichtun. Legen Sie ein langes Seil oder eine Schnur auf dem Boden aus und markieren Sie die drei Phasen darauf mit Karten. Jetzt können Sie an diesem Seil entlang von Punkt zu Punkt gehen und die Reiseroute planen. Lassen Sie sich dabei Zeit. Spüren Sie sich in die Phase hinein. Das hat oft überraschende Einblicke zur Folge. Wie geht es Ihnen in der jeweiligen Phase? Wie verändert sich Ihre Körperhaltung? Wird Ihnen warm oder kalt? Was wollen Sie an diesem Punkt tun, damit es Ihnen besser geht? Was fehlt? Wie sollten Sie jetzt reagieren?

Es hat sich bewährt, die Antworten auf Karten oder Zetteln festzuhalten und neben die entsprechende Stelle der Schnur zu legen. Am Ende des Seils gilt es zu reflektieren, ob diese Reise so in ihrer Form gut für Sie ist. Und ja, die emotionale Achterbahn gehört mit zum »Erleben«. Alternativ können Sie die Phasen und deren Verbindungslinie auch auf ein Blatt Papier zeichnen und die Schritte mitvollziehen, die Sie gehen sollten.

Die Macht der Homöostase

Biolog:innen sprechen von der Homöostase, wenn es um den stabilen Zustand oder Ursprungszustand eines Systems geht. Gemeint ist damit, dass Organismen ihre inneren Bedingungen automatisch so regulieren können, dass alle Funktionen aktiv sind und das Überleben gewährleistet ist. Damit ist sie beides, eine Zugkraft zurück und eine wertvolle Stütze, um einen künftigen Status quo zu erhalten – wenn wir es schaffen, ihn zu verankern.

Ein erfolgreicher Übergang will nichts anderes. Sie wollen zuerst Ihr Überleben in der beruflichen Welt sicherstellen und im besten Fall in der neuen Rolle so erfolgreich wie möglich sein. Um dann irgendwann auf einem neuen Plateau anzukommen.

Entgegen dem weitverbreiteten Mythos, dass sich Menschen gegen Veränderungen sträuben, wissen wir aus der Psychologie, dass die meisten Menschen Veränderungen begrüßen – solange sie diese selbst bestimmen können. Wechsel wie die, um die es uns geht, sind dennoch auch bestenfalls eine Bewährungssituation und damit per se fordernd.

Denn auf der einen Seite sind wir neugierig, und auf der anderen Seite scheuen wir Risiken. Werden sie durch das Umfeld notwendig und sind nicht selbstbestimmt, dann kann die Situation zum Drahtseilakt werden: »Ich will oder sollte, kann aber nicht.« »Ich kann oder muss, traue mich aber nicht.« »Ich traue mich, aber man lässt mich nicht.« Unser Gehirn ist bestrebt, Energie zu sparen, und liebt daher Gewohnheiten. Auf erzwungene Veränderungen reagiert unser Selbstschutzsystem besonders stark. Warum ist das so?

Gewohnheiten machen unser Gehirn effizient: Für konstant wiederkehrende Aufgaben und Handlungen brauchen wir kaum bewusste Aufmerksamkeit. Das spart Energie und Ressourcen, die wir für komplexere Aufgaben verwenden können. Und Gewohnheiten schaffen Struktur und Vorhersehbarkeit. Sie tragen dazu bei, Unsicherheit und Angst zu minimieren.

Haben wir jedoch eine Veränderung gemeistert, dann überschüttet uns unser Gehirn mit Glückshormonen. Dopamin, Serotonin, Endorphine, Noradrenalin, Phenethylamin und Oxytocin lösen in uns einen wahren Glücksrausch aus. Und je höher der Einsatz und das Risiko der Veränderung, desto besser fühlen wir uns, wenn sie gelingt.

Ihr inneres Selbstschutzsystem ist wichtig. Es sorgt dafür, dass Sie achtsam und bei einem Karriereübergang wachsam bleiben. Es wird jedoch auf jeden Fall Alarm schlagen, weil Sie sich außerhalb Ihrer Gewohnheit bewegen. Besonders laut wird es sich melden, wenn das Risiko groß ist oder andere Menschen warnen. Die beste Antwort an dieser Stelle ist: Bleiben Sie bei sich selbst. Hören Sie zu, schauen Sie hin. Fragen Sie nach. Und unterschreiben Sie den Vertrag, wenn Sie wissen, dass das Ihre Aufgabe ist – was auch immer andere sagen mögen. Stellen Sie sich die Frage: »*Was werde ich mehr bereuen: es versucht zu haben oder es nicht getan zu haben?*« Trauen Sie sich, Angebote abzulehnen. Wie und warum, dazu später mehr. Und trauen Sie sich, auch schwierige Situationen anzunehmen, wenn Sie es wahrscheinlich bereuen werden, es nicht versucht zu haben. Ein Beispiel aus unserer Coachingpraxis passt gut dazu.

GUTE DIAGNOSTIK UND ZWISCHENMENSCHLICHKEIT

Eine Klientin wusste genau, dass die neue Führungsrolle ein Schleudersitz war. Vor ihr waren viele gescheitert, und im Unternehmen ließ man kein gutes Haar an der Abteilung, für die sie nun die Verantwortung übernehmen sollte. Man sprach von einem »toxischen Bereich« und davon, dass das Team unmotiviert sei. Es gäbe keine Chance, hier irgendeine Art von Veränderung zu erreichen.

Sie war sich dennoch sicher, dass dieser Job genau ihr Ding war, dass sie hier ihre Werte leben und ihre Stärken einsetzen konnte. Ihr Plan lautete: »Je besser ich mich vorbereite, desto größer ist die Chance, das Team vom ungeliebten Problemkind zum Vorbild aufsteigen zu lassen. Das Team wird unterschätzt. Es musste zwischenmenschliche Gründe geben, warum es nicht rundlief.«

Daher ging sie die Sache menschlich an. Vom ersten Tag an zeigte sie aufrichtiges Interesse an allen Teammitgliedern. Sie hörte gut zu. Das sicherte ihr das Vertrauen der Mitarbeitenden. Tag für Tag, Woche für Woche stieg die Motivation in der Gruppe, gemeinsam mit ihr etwas zu erreichen, das vorher nicht möglich war.

Was war ihr Geheimnis? Sie war und ist bis heute eine hervorragende Diagnostikerin. Sie verfügt über eine ausgezeichnete Beobachtungsgabe und viel Einfühlungsvermögen. Beides unterstützt sie dabei, relevante Informationen zu sammeln und diese wiederum dank ihrer ebenfalls guten Analysefähigkeit zu richtigen Schlussfolgerungen zu führen.

Im Fall des Karriereübergangs war ihr klar, dass sie nicht einfach starten konnte, sondern dass sie eine exzellente Vorbereitung brauchte. So nutzte sie die Wochen vor dem Start, um den Dingen auf den Grund zu gehen. Sich einen Plan zurechtzulegen und eine Strategie, wie sie es angehen wollte. Damit war schon ab dem ersten Tag wenig dem Zufall überlassen.

In diesem Buch geben wir Ihnen viele Anregungen, damit Sie ein klareres Bild von sich bekommen und damit schon früher die andere Straßenseite als Option wahrnehmen. Dazu möchten wir Ihnen fünf Gedanken mit auf den Weg geben:

1. **Wissen Sie, wer Sie sind und wer nicht?** Eine gute Selbsteinschätzung und regelmäßige Selbstreflexion gehören zum Pflichtprogramm erfolgreicher Menschen. Wenn Sie Ihre Achillesferse und Ihre Schlüsselressourcen kennen, agieren Sie selbstsicherer und selbstbewusster.
2. **Wissen Sie, wer die anderen sind?** Seien Sie wachsam, wenn es um Ihr Team geht. Und noch mehr, wenn es darum geht, wer im Schatten Interesse an Ihnen zeigt. »Schau, trau, wem« nennen wir das in unserer Arbeit. Also zuerst wahrnehmen: Wer hat Einfluss auf mich? Wen kann ich oder muss ich beeinflussen? Um dann herauszufinden, wem Sie in welcher Weise vertrauen können.
3. **Wissen Sie, wo Ihre Grenzen sind?** Damit meinen wir nicht nur, was Sie für Ihre Karriere bereit sind zu tun oder nicht zu tun, sondern auch, wo die Grenzen Ihrer Fähigkeiten liegen. Versuchen Sie, ehrlich zu sich selbst, abzustecken, was Sie wenigstens mittelmäßig lernen können, aber nie so gut umsetzen können wie das, wo Ihre Talente und Stärken liegen. Denken Sie daran: Sie haben die Freiheit, nicht alles sein und tun zu müssen, was nicht Ihrem Willen und Ihren Fähigkeiten entspricht.

4. **Wissen Sie, warum Sie ein Erfolgsversprechen sind?** Je höher Sie auf der Karriereleiter emporsteigen, desto mehr betrachtet man Sie als Erfolgsversprechen. Die an Sie gerichteten Erwartungen nehmen zu. Was können Sie so gut, dass man sich für Sie entschieden hat? Was müssen Sie wirklich erreichen, um erfolgreich zu sein? Meistens sollen Sie eine Lücke füllen oder ein Problem aus der Welt schaffen. Wenn Sie das wissen, können Sie eigenmächtig handeln. Sie erkennen, welche Dinge man als Erstes von Ihnen erwarten wird, was für Sie bedeutet, schnelle Erfolge zielgerichtet liefern zu können.
5. **Kennen Sie Ihre Kernverletzungen?** Wir kennen keinen Menschen ohne Kernverletzungen. Es mag sie geben, sie sind uns nur noch nicht begegnet. Kernverletzungen sind wie offene Narben, in die wir selbst und andere immer wieder Salz streuen. Beispiele: »Ich bin nicht gut genug.« »Ich bin nicht liebenswert.« »Ich bin ein Nichtsnutz.« »Ich muss alles alleine machen.« Um diese Blessuren nicht spüren zu müssen, unternehmen wir einiges (zum Beispiel, indem wir Unsicherheit überkompensieren), aber der Schmerz bleibt.

Glaubenssätze

Um sich über sich selbst Klarheit zu verschaffen, sollte man sich mit seinen Glaubenssätzen – die früh geprägt werden und hartnäckig bestehen bleiben – beschäftigen. So manche frühe Prägung ist bis tief ins Arbeitsleben hinein spürbar.

EIGENTLICH ZUFRIEDEN

Ein Klient war »eigentlich ganz zufrieden«. Das Jahresgehalt war siebenstellig, er sitzt im Vorstand eines großen, namhaften Unternehmens. Er mochte seine Kolleg:innen und war glücklich mit Frau und Kind. Und dennoch war da irgendwo ein Störgeräusch.

Im Gespräch erzählte er, dass er recht früh Verantwortung für die kleineren Geschwister übernommen hatte. Gleiches galt für die Organisation der Familie. Sein Vater war selten daheim, und so repräsentierte er in dessen Abwesenheit den Patriarchen. Verantwortungsgefühl und Pflichtbewusstsein gehörten zu den wesentlichen Charaktereigenschaften des Klienten. Wann immer es etwas zu tun gab, war er der Erste, der half. Seine eigenen Bedürfnisse stellte er hintan und sah darin auch kein Problem. Er hörte auf zu arbeiten, wenn die Aufgabe erledigt oder er zu erschöpft war. Doch selbst seine vielen Erfolge lösten bei ihm keine Freude aus. Die Gedanken waren stets beim nächsten Projekt. Für die »Bequemen« oder, soll man sagen, »Schlauen« unter seinen Mitarbeitenden war er damit leicht zu manipulieren. »Wenn das einer lösen kann, dann nur du …«, und schon waren sie eine lästige Arbeit los.

Genau hier setzten wir an. Er lernte, »Nein« zu sagen und für sich selbst da zu sein. Das dauerte seine Zeit, aber es war schön zu sehen, wie er darin immer besser wurde und wie stolz ihn das selbst machte. Schlussendlich gestand er sich ein, dass es gar nicht um die Rolle als solche ging, sondern dass er einfach eine Aufgabe erfüllen wollte, in der er wirken konnte und die Wirkung zeigt. Nun schaut er sich ganz in Ruhe nach einer solchen Aufgabe um. Das ist das klassische »Hin zu«.

Jede Lebensphase hinterlässt Spuren und verändert oder bekräftigt bestehende Glaubenssätze. Und damit sind wir auch schon beim Knackpunkt. Sollte Ihnen jemand Hilfe dabei versprechen, alte Glaubenssätze schnell und einfach über Bord und durch neue, positive ersetzen zu können, dann werden Sie bitte hellhörig. Denn das ist nicht machbar. Es gibt Glaubenssätze, die so tief in uns wohnen, dass wir mit ihnen leben müssen. Die Frage ist dann: Wie viel Raum und Macht gestehen wir ihnen zu in unserem Leben?

Bei dem Klienten aus unserem Beispiel sind Verantwortungsgefühl und Pflichtbewusstsein elementare Teile seiner Persönlichkeit. Der Glaubenssatz »Ich muss konstant leisten, ansonsten bin ich nicht gut genug« war sein größter Antrieb, sein Motivator. Darauf baute seine Karriere bislang maßgeblich auf und wäre anders sicher auch nicht so erfolgreich gelaufen. Dennoch tat es ihm nicht gut, seine Glaubenssätze laugten ihn aus. Nun konnten wir sie auch nicht verschwinden lassen. Er musste sich ehrlich mit ihnen auseinandersetzen, sie akzeptieren und gleichzeitig relativieren: Sie durften nicht die Macht über ihn haben.

Zu wissen, dass etwas in uns ist, das uns steuert, bringt uns wieder in die aktive Position. Die meisten von uns haben einen Trigger, mit dem man uns von 0 auf 180 bringen kann. Diesen einen Satz, der uns zur Weißglut oder auch nur aus dem Konzept bringt. Ihre Trigger sollten Sie kennen, wenn Sie einen Übergang planen und es sich auch sonst etwas einfacher im Leben machen wollen.

Legen Sie sich für diese Augenblicke Taktiken und Strategien zurecht und üben Sie, üben Sie, üben Sie. Denn nur durch ständiges Wiederholen werden Sie sicher. Wir verbringen sehr viel Zeit im inneren Dialog mit uns selbst. Davon ist die Mehrheit abwertend. Das, was wir uns erzählen, würden wir zu anderen selten so sagen. Die inneren Stimmen sind oft scharf im Ton, ungnädig und beleidigend. Sie sind diesen ebenso wenig ausgeliefert wie Ihren negativen Glaubenssätzen. Für die innere Stimme gibt es diesen einfachen Kniff: Wer ist Ihr Lieblings-Comedian? Stellen Sie sich nun vor, diese Stimme spricht Ihren inneren Dialog. Sie müssen lächeln, stimmt's? Damit entkräften Sie die Schärfe.

ÜBUNG: NEGATIVE GLAUBENSSÄTZE VERÄNDERN

Es gibt kaum Dinge, die man unbedingt tun »muss« oder »sollte«, oft legen wir uns diese »Gebote« selbst auf. Unsere inneren Überzeugungen sind häufig bloße Illusionen – Ausdruck von Konflikten zwischen unserer inneren und der äußeren Welt, zwischen Verstand und Bauchgefühl, Logik und Intuition. Sie erschaffen eine Realität, die nur in unserem Kopf existiert. Wenn Sie das erkennen, können Sie negative Glaubensmuster überwinden.

- Schreiben Sie den Glaubenssatz auf, der Ihnen momentan am meisten widerstrebt (z. B. »Ich habe keine Zeit für mich«). Spüren Sie, wie sich dieser Glaubenssatz in Ihrem Körper anfühlt.

____

____

- Erinnern Sie sich nun an mindestens drei Situationen, in denen der Glaubenssatz widerlegt wurde (z. B. weil Sie Zeit für einen Spaziergang hatten). Schreiben Sie drei Beispiele dafür auf.

  ____

  ____

  ____

- Lesen Sie das, was Sie geschrieben haben, von unten nach oben. Erst die drei Widerlegungen, dann Ihren Glaubenssatz. Ist er noch zutreffend?
- Passen Sie nun Ihren Glaubenssatz an und notieren Sie ihn.

  ____

  ____

Quelle: Adaptiert nach Paola Molinari[20]

Scheitern hat einen Preis – Für alle Beteiligten

Von einer neuen beruflichen Aufgabe erhoffen wir uns meist, dass sie besser wird als die vorangegangene: machtvoller, finanziell attraktiver, mehr Ermächtigung zum Mitgestalten, eine ausgewogenere Work-Life-Balance. Diesen Erwartungen entspricht die Realität nicht immer. Erinnern wir uns nur an die eingangs erwähnten Studien. Sie belegen, dass vier von zehn Führungskräften ihren Übergang nicht erfolgreich meistern und innerhalb der ersten 18 Monate entweder von selbst gehen oder gekündigt werden.[21]

Wir vermuten, dass die Dunkelziffer für Führungskräfte deutlich höher liegt. Denn Karriereübergänge können auch still und leise scheitern, indem Personen an minder wichtigen Positionen »geparkt« oder ihnen

Autorität und Privilegien entzogen werden. Mandate müssen nicht verlängert werden.

Je höher die Person in der Hierarchie steht, desto riskanter und kostspieliger ist jeder Wechsel auch für die Organisationen. Zum Zeit- und Energieaufwand für die Nachbesetzung kommen Honorare für Personalberatungen und schwer messbare Kosten für die geringere Durchschlagskraft während der Einarbeitungszeit. Schon gar nicht sollte ein Chief Executive Officer (CEO) »gegangen werden«. Laut einer Studie der Strategieberatung Strategy&, die Daten der 2500 größten börsennotierten Unternehmen der Welt ausgewertet hat, schlagen ungeplante CEO-Abgänge im Schnitt mit 1,8 Milliarden US-Dollar zu Buche! Am stärksten fallen dabei indirekte Kosten an, aber dennoch sind sie eine kostspielige Angelegenheit.[22]

VON DER AUTOMOBILBRANCHE ZUR LOGISTIK

Ein Klient tauschte eine hohe Position in der Automobilwirtschaft gegen einen Vorstandssitz in der Logistik und musste bereits zwei Jahre später wieder wegen »Umstrukturierungen« den Hut nehmen. Im Nachgang sagte er, dass er niemals in den Kreis der Entscheider aufgenommen worden war. Vor Ort und im Job selbst hatte er sich darauf konzentriert, seine Rolle im Spiel gut zu spielen, und vergessen, dass Erfolg in aller Regel Teamerfolg ist und man schauen sollte, in welche Richtung die anderen laufen und welche Tricks diese anwenden. Er hatte niemals eingecheckt ins System, war seinen Weg weitergegangen und hatte alle Signale entweder nicht gesehen oder schlecht gedeutet. Aber auch die Organisation selbst gab ihm zu wenig Rückmeldungen und integrierte ihn nicht ausreichend. So musste er am Ende gehen.

Scheitern ist Teil des Geschäfts, und die Verantwortung dafür liegt nicht allein bei den Neuen.

ZUM SCHEITERN GEHÖREN VIELE FAKTOREN

Dass zum Scheitern viele Faktoren gehörten, weiß auch Stefanie Mattes. Die Siemens-Managerin und Gründerin von Aufsteiger hat in ihrem bisherigen beruflichen Werdegang schon verschiedene Übergänge gemeistert. Manchmal sehr erfolgreich, bei anderen war es schwieriger. »Wichtig ist es«, so sagt sie selbst, »dass man sich klar darüber wird, warum der Wechsel nicht funktioniert hat. Denn nicht immer liegt es an einem selbst.« Die allgemeine wirtschaftliche Lage, ein zögerliches Unternehmen, das Profil passt nicht zur Organisation, und manchmal stimmt einfach die Chemie nicht. Es gibt zig Dinge, die den Wechsel nicht erfolgreich machen. Und oft sind es externe Faktoren, auf die man selbst wenig bis keinen Einfluss nehmen kann. Warum sich dann also grämen? »Das zu akzeptieren ist sicher nicht einfach, aber es ist wichtig, dass man dann nach vorne schaut und an anderer Stelle sein Ziel, gestalten und wirken zu wollen, umsetzt. Für alles andere ist das Leben zu kurz.« Für sie gibt es kein Scheitern in der Hinsicht, dass danach nichts mehr geht. Vielmehr bedeutet Scheitern für sie, dass sie ihre Zeit anderen Möglichkeiten widmet und nicht etwas weiterverfolgt, das keine Chance auf Erfolg hat.

Machen Sie sich klar, dass auch die Besten straucheln. Wir haben in diesem Buch einige Bespiele, und es wäre ein Leichtes, mit dem Finger auf eines der vielen prominenten Beispiele zu deuten. Das möchten wir nicht tun, denn wir wissen: Es ist immer leicht, vom Spielfeldrand aus zu be- und verurteilen. Wenn man selbst vom Platz gestellt wird, sieht es ganz anders aus.

ERFOLGREICHES SCHEITERN IN 10 SCHRITTEN

Drehen wir spaßeshalber einmal den Spieß um. Wenn Sie so schnell wie möglich, so grandios wie möglich scheitern wollten: Wie müssten Sie das anstellen? Wir haben eine kleine Liste unserer Top 10 zusammengestellt, mit deren Hilfe es Ihnen garantiert gelingen wird.

1. **Seien Sie verführbar.** Kurz: Machen Sie genau das Gegenteil von unseren Ratschlägen in der Edelsteingeschichte. Glauben Sie Ihren Allmachtsfantasien und lassen Sie sich blenden von Titel, Geld, Bühne. Ignorieren Sie dabei alle anderen Elemente des Angebots, und die Basis ist gelegt.
2. **Machen Sie die Vergangenheit und Ihre Vorgänger:innen schlecht, besser noch: Erzählen Sie zudem, wie viel besser es anderswo läuft.** Nichts hören Menschen so gerne wie Ihre Kritik. Versuchen Sie diese in möglichst vielen Kontakten einzubringen und das möglichst weit intern wie extern zu streuen.
3. **Lassen Sie Status und Macht durchblicken, in jeder Interaktion.** Scannen Sie die Organisation nach Statussymbolen und Privilegien, die Ihnen zustehen. Sie wollen Ihr Büro neu streichen lassen, einen ergonomischeren Superstuhl, neue Möbel und Kunst oder einfach ein zusätzliches Tablet oder einen Computer einer anderen Marke als im Unternehmen üblich? Der Dienstwagen eignet sich auch perfekt, um Aufmerksamkeit zu erregen. In der ersten Woche ist die Zeit reif, das anzufordern. Und agieren Sie entsprechend Ihrer Rolle: Sie haben ein »Vorzimmer« oder eine Assistenz? Setzen Sie das ein. Das Vorzimmer ruft die Personen an, mit denen Sie sprechen wollen, und stellt Sie dann durch. Sie sind auf sich allein gestellt? Dann geben Sie nur Informationen heraus, wenn man Sie recht höflich darum bittet.
4. **Kommunizieren Sie unerreichbare Ziele.** Das spornt alle an. »Je größer, desto besser« ist hier die Devise. Bauen Sie ruhig auch ein wenig Nachdruck auf, erzeugen Sie Wettbewerb dazu. Und etablieren Sie zeitnah ein Exempel, das zeigt, was passiert, wenn nicht geliefert wird, indem Sie eine Person öffentlich bloßstellen. Damit sind Sie in der König:innenklasse.

5. **Machen Sie leere Versprechungen.** Zusammen mit viertens ist dieser Punkt ein schönes Paar. Versprechen Sie den Himmel auf Erden. Erzählen Sie offen, was Sie alles erreichen werden und wie schnell, aber auch, was Sie alles für die Belegschaft umsetzen werden. Und halten Sie dann nichts davon ein.
6. **Erzeugen Sie operative Hektik.** Wie Sie das schaffen? Recht einfach. Lassen Sie zum Beispiel Präsentationen erstellen und Ihnen vorstellen, und dann drehen Sie endlos Feedbackschleifen. Oder setzen Sie künstlich enge Fristen und ändern Sie auch in regelmäßigen Abständen Ihre Meinung zu Prioritäten. Besser noch, Sie priorisieren erst gar nicht. Und schicken Sie Ihre Teammitglieder von Pontius zu Pilatus, auch wenn Sie die Antwort kennen.
7. **Tun Sie genau das, was von Ihnen verlangt wird.** Damit meinen wir nicht nur den Dienst nach Vorschrift. Wir meinen auch: Erfüllen Sie genau die Anforderungen, die an Sie gestellt werden. Wenn Sie erfüllen, was an Sie heran getragen wird, sind die Chancen hoch, dass Sie verpassen, wo das eigentliche Potenzial Ihrer Rolle liegt. Später wird man Ihnen das vorwerfen, aber für ein Scheitern in Rekordzeit ist dies ein gutes Zünglein in der Waage.
8. **Ignorieren Sie die Kultur. Die ist wirklich nur schmückendes Beiwerk.** Was sollen Sie sich auch mit Kultur aufhalten? Zahlen, Daten, Fakten, die zählen, und – wo Sie gerade dabei sind – lassen Sie auch die Emotionen zu Hause. Treten Sie einfach so auf wie schon immer. Dieses esoterische Kulturgerede ist nur etwas für Menschen, die ihren Namen tanzen wollen.
9. **Ignorieren Sie Geschäftslage und machen Sie stattdessen, was Sie für richtig halten.** Es wurden in den letzten sechs Monaten Mitarbeitende entlassen? Das sollte Sie nicht davon abhalten, mit Ihrem ganzen Team nach Mauritius auf eine Führungsklausur zu fliegen. Das Unternehmen wächst stark? Kürzen Sie dennoch die Gehälter. Leben Sie über Ihr Budget hinaus. Um Vergebung bitten ist besser als um Erlaubnis fragen.

10. **Zu guter Letzt: Bringen Sie Ihre Seilschaften ins Unternehmen.** Es geht um jene Weggefährt:innen, die Ihnen schon oft gefolgt sind und die zwar nicht besonders erfolgreich sind, aber eine Hand wäscht die andere. Wechseln Sie, um Platz zu machen, auch gerne langjährige Mitarbeitende aus, am besten die, die sehr beliebt sind. Denken Sie hier ruhig breit. Es geht nicht nur um die Anstellung in Ihrem Haus, auch Beratende können Sie frühzeitig gut platzieren.

Jegliche Ähnlichkeit mit lebenden Personen ist rein zufällig und frei erfunden. Aber mal ganz ehrlich zwischen Ihnen und uns: Haben Sie sich darin vielleicht ein wenig wiedererkannt? Ja? Dann machen Sie es in Zukunft anders. Denn Sie können durchaus Ihren Teil dazu beitragen, dass das Risiko des Scheiterns sinkt.

Um unser Scheitern zu verarbeiten und daraus Lehren zu ziehen, brauchen wir Zeit und die richtige Einstellung dazu. Dr. Marilee Adams nennt das die »Choice Map« – wir haben die Wahl, welchen Weg wir einschlagen wollen. Einer führt in den inneren Sumpf, der andere zu neuem Wachstum. Der Weg zum Sumpf ist gepflastert mit Kritik, dem Nachgrübeln, was mit uns und anderen nicht stimmt, und der inneren Abwertung. Der klügere Weg führt uns durch Fragen wie: Was ist wirklich passiert? Welche Annahmen habe ich getroffen, und welche treffe ich jetzt? Stimmen sie wirklich? Wo liegt mein Anteil am Geschehen, und welche Optionen habe ich nun? Was ist jetzt möglich, was vorher nicht möglich war? Was habe ich gelernt, und wie kann mir das weiterhelfen?

Natürlich ist dies leichter gesagt als getan. Darum brauchen wir Vorbilder in Pfadfinder:innen, die diesen Weg bereits gegangen sind. Sie werden in den kommenden Seiten immer wieder von Menschen lesen, die vom Scheitern erzählen. Sie werden daran erkennen, dass es stets einen Weg gibt, um daraus zu lernen und weiterzugehen.

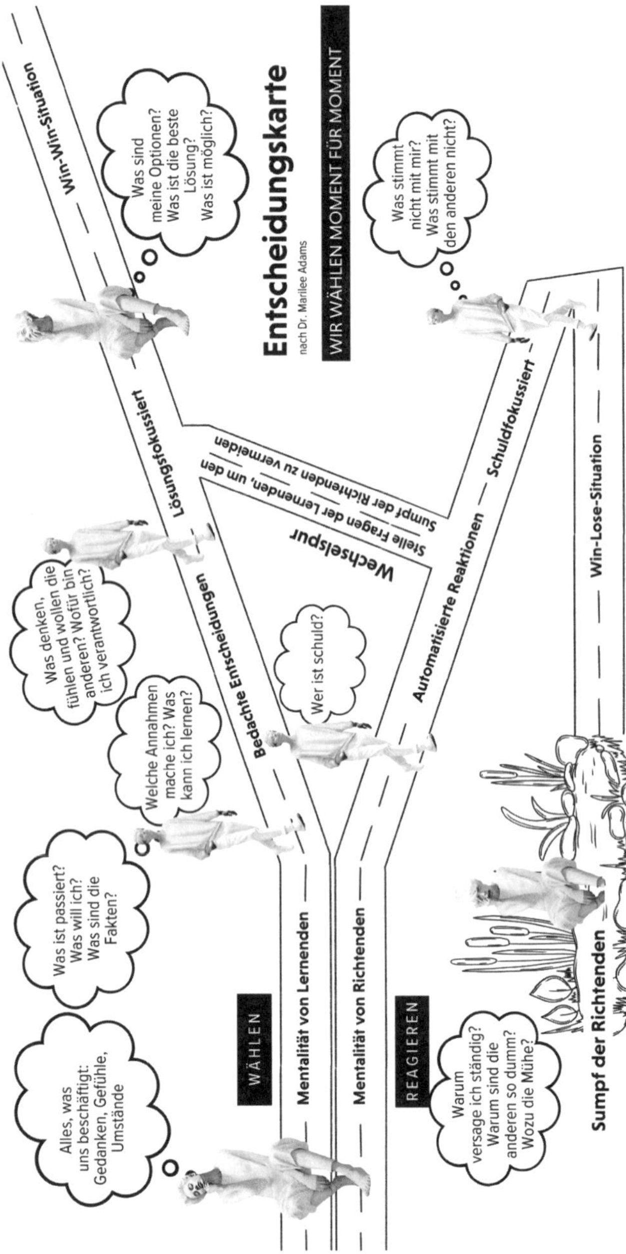

Abbildung 1: Wählen Sie, wie Sie mit Scheitern umgehen

Quelle: adaptiert von Dr. Marilee Adams[23]

Kapitel 2

Sich selbst und seinen Wert kennen ist die Basis für Erfolg

In diesem Kapitel wollen wir den Fokus noch stärker auf Sie und Ihr Innenleben legen. Es geht um Ihre Persönlichkeit, um Ihr Selbstbild und um Ihren Selbstwert. Vor allem lernen Sie praktische Übungen kennen, um etwas über Ihre Kernkompetenzen und Ihre »Saboteure« zu erfahren.

»Falls du glaubst, dass du zu klein bist, um etwas zu bewirken, dann versuche mal zu schlafen, wenn eine Mücke im Raum ist.«[24] Dieser Satz bringt unsere potenzielle Wirkung auf den Punkt, egal, wie klein wir sind oder uns fühlen mögen. Notwendig ist hierfür ein klares Bild dessen, wer Sie sind, was Sie mitbringen, was Sie können und was Sie wollen. Was macht Sie aus?

Wir beide hatten schon viele Bewerbungen vor uns liegen. Nichts ist schlimmer, als eine Persönlichkeit der Kandidat:innen, die nicht aus diesen Zeilen springt und den Lesenden erreicht. Jede Bewerbung sollte zur Position, zur Branche, zum jeweiligen Zeitpunkt und, vor allem, zu den Bewerbenden passen. Deshalb hilft Ihnen eine Standardvorlage überhaupt nicht. Gleiches gilt für persönliche Gespräche. Dabei stellen wir immer wieder fest, dass sich unser Gegenüber selbst nicht gut zu kennen scheint. Und sich vor allem nie mit der Frage beschäftigt hat, wie wertvoll er oder sie als Person für das Unternehmen sein kann. Das ist aus unserer Sicht einer der Gründe, warum so viele erfahrene und kompetente Menschen auf den falschen Positionen sitzen.

Selbstverständlich liegen die Gründe auf beiden Seiten. Das Unternehmen hat wahrscheinlich schon im Anforderungsprofil auf Qualifikationen Wert gelegt, die Sie zwar mitbringen, die aber nicht wirklich Ihren wahren Wert und Ihre Einzigartigkeit beschreiben.

Erfolgreiche Karriereübergänge basieren jedoch darauf, dass Sie in der Rolle agieren, in der Sie am besten sind. Die zu Ihnen passt und in der man Sie wertschätzt für Ihre Kompetenzen, Ihre Erfahrungen, Ihre Expertise – Sie als Mensch. Damit das gelingt, müssen Sie im ersten Schritt sich selbst richtig gut kennen, wertschätzen und darstellen. Und nein, das hat nichts mit übertriebenem Selbstmarketing zu tun, sondern ist eine Station auf dem Weg zu Ihrer bestmöglichen beruflichen Heimat. Sie können sich dieser Aufgabe allein stellen oder sich von Menschen dabei begleiten lassen.

Coaching als Methode der Wahl bei Karriereübergängen

Wie kommen Sie nun an Ihres Pudels Kern, an Ihre Essenz, an das, was Ihnen wirklich wichtig und wertvoll ist?

Für uns ist Coaching eine der wichtigsten Methoden, und wir sind natürlich nicht objektiv. Immerhin beschäftigen wir uns seit Jahrzehnten mit Coaching und haben viele Menschen bei beruflichen wie privaten Herausforderungen begleitet.

Aus dem Spitzensport kommend, hielt Coaching ab den 80er Jahren immer mehr in der Wirtschaft Einzug. In unserer unübersichtlichen und komplexen Welt ist Sparring nicht nur hilfreich, sondern aus unserer Sicht heraus nötig. Zudem tut es gut. Unserer Meinung nach sollte Coaching – »Beratung auf Augenhöhe«, wie wir es nennen – ein fester und immer wiederkehrender Bestandteil ihrer Karrieregestaltung sein.

Hauptziel unseres Coachingprozesses ist eine deutliche Verbesserung Ihrer Lebensqualität, beruflich wie persönlich. Im Rahmen des Coachings lenken wir den Blick darauf, was Sie nachts wachhält, beschäftigt, hindert und schmerzt.

Im Kern handelt es sich bei jedem Coaching um eine individuelle und für die Klientin oder den Klienten maßgeschneiderte Form der Beratung auf freiwilliger Basis. Coaches sind in mehreren Rollen aktiv. So können sie Impulsgeber:innen, Initiator:innen, Motivator:innen und auch mal Taktgeber:innen sein. Coaching erlaubt ein individuelles Eingehen auf Ihre Situation und sollte ein Beschleuniger in Erkenntnis und Wegbeschreitung sein. In der Arbeit mit einem vertrauensvollen, professionellen Gegenüber können Sie weiße Flecken und Lücken erkennen und reduzieren.

Coachingangebote, die Ihnen von Ihrer Organisation vorgeschlagen werden, sind aufmerksame Gesten. Aber schauen Sie bitte genau hin, denn sie sollten immer ein freiwilliges Angebot sein und keine »hidden Agendas« enthalten.

Was sollten Coaches können, worauf sollten Sie achten?

Der Erfolg eines Coachings hängt vor allem von der Qualität der Coaches ab, die Güte des Prozesses und der Methoden, aber auch von der Wellenlänge zwischen Ihnen und dem Coach oder der Coachin.

Diese Person kennt idealerweise Ihre Branche und Ihr Unternehmen oder vergleichbare, hat ein Gespür für den Markt und kann sich durch bestehendes Erfahrungswissen problemlos in unterschiedliche Unternehmenskulturen und Machtstrukturen einfühlen. Treffen Sie daher mindestens zwei, besser drei Coaches und Coachinnen und entscheiden Sie, wer am besten zu Ihnen passt. Kennenlernen bedeutet, Sie reden mit diesen Menschen und scannen nicht nur die Webseite.

Warum ist das wichtig? Sie müssen sich in einem Coachingprozess öffnen, und das geht nur mit Vertrauen. Das fassen Sie, wenn Ihnen das Gegenüber integer scheint und sowohl Tiefgang als auch Bescheidenheit an den Tag legt. Sie brauchen einen Menschen, der zuhören kann.

Achten Sie bei der Auswahl auch auf das relevante Wissen des Coaches oder der Coachin, wie zum Beispiel persönliche Erfahrungen mit Karrierewechsel und Wissen über die wesentlichen Elemente eines Karriereübergangs, wie Sie sie in diesem Buch finden.

✓ Checkliste für die erfolgreiche Coachauswahl

Wir haben Ihnen eine Checkliste für erfolgreiches Coaching zusammengestellt, auf diese Punkte sollten Sie bei Ihrer Entscheidung für eine Person unbedingt achten:

- Die Coaches sind bereit zu einem kostenlosen Erstgespräch, in dem Sie sich kennenlernen können.
- Die Coaches verfügen über mehrere anerkannte Ausbildungen und machen diese auch transparent.
- Idealerweise verfügen sie über einen breiten Methodenschatz.
- Sie bieten keine Pauschal- oder Paketpreise an, denn der Prozess ist selten genau im Vorfeld abzustimmen.
- Der Coachingprozess sollte jederzeit kündbar sein, denn optimale Coachingprozesse brauchen Freiheit, Sicherheit und Vertrauen.
- Der Coach gibt Aufschluss über den Prozess und seine Vor- wie Nachbereitung.
- Professionell ist zudem eine schriftliche Vertraulichkeitserklärung.

Persönlichkeit macht Karriere

Sie machen nicht irgendeine Karriere, Sie machen Ihre Karriere als Mensch, als Persönlichkeit. Das erste Buch von Stephanie trägt aus diesem Grund den Titel *Persönlichkeit macht Karriere*.[25] Und Ihre Persönlichkeit ist das Ergebnis aus angeborenem Temperament, geformtem Charakter, erworbenem Wissen, biografischen und sozialen Umständen, aber auch dem Zeitgeist.

Ihre Persönlichkeit ist eng verwoben mit Ihrer Lebenseinstellung, Ihren Zielen und vor allem Ihren Werten. Ihre Persönlichkeit drückt sich darin aus, wie Sie agieren und wie Sie reagieren. Aber wie bei dem berühmten Eisbergmodell liegt mehr Ihrer Persönlichkeit unter der Meeresoberfläche versteckt, als von oben zu sehen ist. Ihre Gefühle und Gedanken, Werte, Einstellungen und Bedürfnisse können andere nur herausfinden, wenn Sie ihnen diese mitteilen.

Lange ging man davon aus, dass die Persönlichkeitsentwicklung mit dem 21. Lebensjahr abgeschlossen ist. Das stimmt nicht. Obwohl das mittlere Erwachsenenalter zwar die stabilste Phase unserer Persönlichkeitsentwicklung ist, wachsen wir mit den Herausforderungen. Übergänge sind derartige Herausforderungen. Ihre Persönlichkeit zu diesem Zeitpunkt zu reflektieren ist daher mehr als lohnenswert.

Werden Sie sich Ihrer selbst und vor allem Ihrer Stärken bewusst. Unterstützen kann Sie dabei das Konzept des Stärkenbewusstseins aus der positiven Psychologie[26]. Wie der Name bereits verrät, geht es darum, sich der eigenen Stärken klar zu werden und zu verstehen, welche Talente man besitzt, was man besonders gut und besser als andere kann und wie viel Wissen man aufgebaut hat.

Seinen wahren Wert zu erkennen ist unerlässlich, um seinen Platz zu finden. Sicher ist jeder Mensch auf irgendeine Art und Weise »ersetzbar«. Sich jedoch ein klein wenig »unersetzlich« zu machen, ist absolut legitim. Und genau das sollten Sie tun. Aus der Sozialpsychologie von Albert Bandura kennen wir die Formel: »Verhalten ist gleich Umwelt plus Persönlichkeit«. Das liest sich komplexer, als es ist. Denn es meint nichts anderes, als dass Ihre Aktionen und Reaktionen zwar auf Ihrer Persönlichkeit basieren, jedoch durch die Situation, also die Umwelt, den Kontext immer auch maßgeblich mitbeeinflusst werden.

Um sich selbst besser kennenzulernen, hilft es, das Leben Revue passieren zu lassen. Dies können Sie anhand der Lebenslinie tun.

Ihre Lebenslinie

Die Lebenslinie ist ein ebenso simples wie intuitives Tool zur Selbstreflexion. Teilen Sie ein Blatt Papier durch eine waagerechte Linie. Die obere Hälfte ist der positive, die untere Hälfte der negative Bereich. Notieren Sie nun in jeder Hälfte die wesentlichen Ereignisse und Erfahrungen in Ihrem Leben, von der frühesten Erinnerung bis heute. Meist mit dem Eintritt in die Arbeitswelt spaltet sich die Lebenslinie in zwei unterschiedliche Linien auf: eine für den beruflichen Werdegang und eine für das Privatleben. Es kommt häufig vor, dass Coachees

Abbildung 2: Zeichnen Sie Ihre Lebenslinie

kaum oder gar keine Erinnerungen an die Kindheitsjahre haben. Es kann hilfreich sein, in der Selbstreflexion mit Angehörigen über diese Zeit zu sprechen. Denn die ersten zehn Jahre sind sehr prägend, und fast immer werden Verhaltensmuster, die wir heute zeigen, in diesen Jahren angelegt.

Bei der Betrachtung der fertigen Lebenslinie können wir folgende Fragen reflektieren:

- Was fällt mir auf? Wie sieht meine Linie auf? Steht mehr im positiven Bereich, mehr im negativen, ist die Verteilung ausgewogen? Was wünsche ich mir für die Zukunft? Wie soll mein Leben weitergehen?
- Was habe ich aus den positiven Erfahrungen gelernt? Wie haben sie mich geprägt?
- Was haben mich die negativen Erfahrungen gekostet? Was habe ich daraus gelernt? Wie habe ich sie überstanden?
- Welche Parallelen gibt es zu meiner heutigen Situation aus meiner Vergangenheit?
- Was kann ich genauso oder ganz anders fortführen?

- Welche Ressourcen stehen mir heute zur Verfügung, die ich früher nicht hatte?

Selbstbild und Selbstwert

Wenn Sie sich intensiv mit sich und Ihrem Lebensweg auseinandersetzen, kommen Sie unweigerlich zu Ihrem Selbstbild und Ihrem Selbstwert. Das sind zwei Konzepte, die wir gerade für Transitionsprozesse als sehr wichtig erachten. Was denken Sie über sich selbst? Wie sprechen Sie über sich? Was denken Sie, dass andere über Sie denken? Das Selbstbild bezieht sich auf die subjektive Vorstellung, die Sie von sich selbst haben. Es wird von Ihren Erfahrungen, Interaktionen und Bewertungen gespeist und beinhaltet Eigenschaften, Erfahrungen, Fähigkeiten, Werte und Ihre Identität.

Eng mit dem Selbstbild verwoben ist Ihr Selbstwert. Er gibt an, wie positiv oder negativ Sie sich selbst bewerten. Aus der Forschung wissen wir, dass ein hoher Selbstwert in engem Zusammenhang mit der psychoemotionalen Gesundheit steht.

Es ist wichtig, auch für die Interaktion mit anderen, sich über seinen Wert klar zu sein. Niemand braucht Mitmenschen, die andere stets kritisieren oder sich über sie lustig machen. Stattdessen brauchen Sie gerade für Ihren anstehenden Übergang Menschen, die an Sie glauben, weil sie ein echtes Interesse an Ihnen haben. Die Talente, Eigenschaften und Fähigkeiten in Ihnen sehen, für die Sie selbst vielleicht kein Auge haben. Denken Sie an die Worte von Johann Wolfgang von Goethe: »Behandle einen Menschen so, wie er ist, und er wird so bleiben. Behandle ihn jedoch so, wie er sein könnte, und er wird zu dem werden, was er sein könnte.«[27]

Je besser wir eine Aufgabe beherrschen, desto größer wird unser Selbstvertrauen. Das ist der Kern der (Selbst-)Vertrauens- und Kompetenzschleife. Wenn das Vertrauen in uns selbst wächst, werden wir besser und kompetenter. Diese beiden kritischen Faktoren für unseren Erfolg sind in allen Lebensbereichen miteinander verbunden.

Wie erzielen wir nun einen realistischen Selbstwert?

Warum tue ich, was ich tue? Das ist die Frage. Wenn Sie die Antwort kennen, können Sie gezielt handeln. Bewusster agieren und nicht einfach reagieren. Die folgenden Schritte dienen dazu, einen realistischen und gesunden Selbstwert zu entwickeln.

1. **Erkennen Sie Ihre limitierenden Glaubensätze und feilen Sie an ihnen.** Setzen Sie sich damit aktiv auseinander, wie in Kapitel 1 beschrieben.
2. **Setzen Sie sich mit Mythen auseinander, die Sie selbst von sich erschaffen haben.** Während Glaubenssätze uns dazu verleiten, uns zu unterschätzen, sorgen Mythen für das Gegenteil. Wir überschätzen uns. Und das nicht selten maßlos. »Ich bin stark, schön und kann alles.« Ja, Sie sind sicher schön und stark, aber dass Sie alles können, das bezweifeln wir. Seien Sie ehrlich gegenüber sich selbst. Bleiben Sie realistisch, dekonstruieren Sie Ihre Mythen. Ja, Sie sind stark, aber nicht unverwundbar. Und ja, Sie sind wichtig, aber eben auch nicht unersetzbar.
3. **Finden Sie Ihre Stärken.** Es gibt gute Methoden, die helfen, Ihre Stärken zu erkennen. Wir selbst haben gute Erfahrungen mit »CliftonStrengths« gemacht.[28] Das Tool ist nicht kostenlos, doch das Investment lohnt sich. Die Auswertung zeigt basierend auf einer Onlinebefragung Ihre Top-5-Stärken und in einer etwas teureren Version ein Profil mit 34 gewichteten Stärken. Wir empfehlen die längere Auswertung, denn sie hat zwei Vorteile: Mit diesem Stärkenprofil bekommen Sie ein vollständigeres Bild von sich selbst. Außerdem finden Sie in diesem Bericht individuelle, konkrete und hilfreiche Erläuterungen. Sie können aber auch damit starten, indem Sie Ihr Eigenbild mit dem Fremdbild abgleichen. Befragen Sie Ihnen nahestehende Menschen, wofür diese Sie schätzen. Zum Beispiel Kolleg:innen, mit denen Sie schon eine Weile zusammenarbeiten, Freunde, die Sie gut kennen, Verwandte, deren Menschenkenntnis Sie vertrauen. Welche Antwort auch immer kommt: Seien Sie dankbar, dass man ehrlich mit Ihnen ist.

4. **Machen Sie sich Ihre Erfolge bewusst.** Um zu erkennen, wo Ihre Stärken liegen, schreiben Sie die wesentlichen Erfolge Ihres Lebens auf. Bedienen Sie sich einer Lebenslinie und zeichnen Sie die für Sie wichtigsten Errungenschaften ein. Aufs und Abs können Sie mit einer Schlangenlinie symbolisieren. Oder nehmen Sie eine Schnur, Post-its und legen die Lebenslinie vor sich auf den Boden Ihres Zimmers. Es ist beeindruckend, wie dieses Sichtbarmachen von Meilensteinen uns vor Augen führt, was wir schon alles geleistet und erreicht haben.
5. **Gehen Sie würdevoll mit sich um.** Das heißt, sowohl den eigenen Wert als auch den Wert der anderen und deren Position zu erkennen und zu schätzen. Stellen Sie sich folgende Fragen: Wie sehen meine Beziehungen aus? Sind sie sicher? Habe ich Vertrauen? Werde ich gesehen, gehört? Ist mein Gegenüber da? Werden meine Grenzen gewahrt? Wahre ich die der anderen? Die Frage nach der Sicherheit von Verbindungen ist gerade in Veränderungsprozessen von großer Bedeutung. Es geht um inneres Gleichgewichtigkeit und um Augenhöhe – sowohl Ihnen selbst als auch anderen gegenüber. Wie sehen Sie Ihr Gegenüber? Kleiner oder größer als sich selbst? Wie sehen Sie sich selbst anderen gegenüber? Kleiner oder größer als Ihr Gegenüber?
6. **Hören Sie mit dem Lernen niemals auf.** Wobei vor allem wichtig ist, dass Sie sich jeden Tag neu entdecken. Selbsterfahrung in Form von Coaching und Therapie ist ein gutes Werkzeug, um ein realistisches Selbstbild zu trainieren und zu festigen. Doch Achtung vor Erfolgsversprechen oder Garantieleistungen. In 100 Tagen Millionen auf dem Konto, mit einem Tagesseminar zur erfolgreichen Führungskraft oder mit Biohacking in wenigen Tagen zum gesunden Leben – das funktioniert nicht. Niemand macht Sie reich, schön und erfolgreich. Das können nur Sie selbst.

Stärken Sie gezielt Ihr Vertrauen in Ihr eigenes Können. Fordern Sie sich, indem Sie immer wieder in ungewisse Gewässer aufbrechen: »Feel the fear and do it anyway.« Auslassen sollten Sie auf diesem Weg jedoch den »Berg der Dummheit«, bekannt als Dunning-Kruger-Effekt. Er beschreibt, dass die Unfähigkeit, die eigene Inkompetenz zu erkennen, zu einer überhöhten Selbsteinschätzung führen kann. Wir brauchen also nicht nur Selbstvertrauen, um unseren wahren Wert zu sehen und erfolgreich zu sein, vielmehr muss dieses Selbstvertrauen auf einem Fundament aus realistischem Selbstbewusstsein beruhen – sonst werden Sie schnell zur Karikatur.[29]

Imposter – Sich »nicht gut genug« fühlen

Trotz bester Selbstkenntnis, Vorbereitung und Erfahrung können wir alle in Situationen kommen, in denen wir uns wie Hochstapler:innen fühlen. Lassen Sie uns diese Behauptung mit dem Blogbeitrag des Autoren Neil Gaiman illustrieren.[30]

> »Vor ein paar Jahren hatte ich das Glück, zu einer Versammlung großartiger Menschen eingeladen zu sein: Künstler:innen und Wissenschaftler:innen, Schriftsteller:innen und Entdecker:innen sind dort zusammengekommen. Ich fühlte mich nicht zugehörig und sorgte mich, sie würden jeden Moment erkennen, dass ich eigentlich nicht dazugehörte.
>
> Am zweiten oder dritten Abend dort begann ich – während einer musikalischen Einlage – mit einem netten älteren Herrn über dieses und jenes zu plaudern. Wir hatten beide denselben Vornamen. Irgendwann blickte er über die versammelte Menge und sagte: ›Ich sehe alle diese besonderen Menschen und frage mich die ganze Zeit, was ich eigentlich hier mache. Sie alle haben unglaubliche Dinge getan. Ich bin nur hier, weil ich hierhergeschickt wurde.‹
>
> Ich entgegnete: ›Ja, aber Sie waren doch der erste Mann auf dem Mond. Aus meiner Sicht ist das doch etwas Unglaubliches.‹
>
> Von diesem Moment an fühlte ich mich besser. Wenn sich Neil Armstrong wie ein Hochstapler fühlte, ging es vielleicht allen hier so. Vielleicht waren hier gar keine Erwachsenen, nur Menschen, die hart gearbeitet und Glück hatten und leicht überfordert waren. Wir alle machten unsere Jobs, so gut wir konnten.«

Solche Gefühle, englisch »Feelings of Imposterism« (FOI), sind weitverbreitet. Nahezu 70 Prozent aller Erwachsenen sind zumindest einmal in ihrem Leben davon betroffen[31]. Besonders in Zeiten von neuen beruflichen Herausforderungen sind wir dafür anfällig. Manfred Kets de Vries von INSEAD bringt es auf den Punkt: »Bis zu einem gewissen Grad sind wir alle Hochstapler. Wir spielen Rollen auf der großen Bühne des Lebens. Das öffentlich präsentierte Ich unterscheidet sich vom privaten Ich, das nur unsere engsten Mitmenschen kennen. Wir passen die Bilder unseres Ichs an die Umstände an. Das Spielen mit Fassaden ist ein Teil des Pakets unseres menschlichen Daseins.«[32] In Zeiten der beruflichen Veränderung begegnen uns oft Zweifel und Ängste. Auch Gefühle der Unzulänglichkeit sind an sich normal. Es ist jedoch wichtig, dass Sie deren Erscheinungsformen kennen, um bei sich selbst dagegen vorgehen zu können. Wie? Führen Sie sich vor Augen, dass »sich nutzlos fühlen« nicht das Gleiche ist wie »nutzlos sein«. Kann Ihr Gefühl aus einem vorangegangenen Scheitern herrühren? Das ist Vergangenheit, schließen Sie mit dem Kapitel ab. Niemand ist perfekt. Und vergessen Sie nicht: Jeder Übergang birgt neue Chancen.

Was können Sie unternehmen, wenn Sie FOI bei sich wahrnehmen?

Führen Sie sich zunächst vor Augen, dass sich nutzlos zu fühlen nicht das Gleiche ist, wie nutzlos zu sein. Wenn der Grund für FOI ein vorheriges Scheitern ist, setzen Sie sich bitte intensiv damit auseinander. Stellen Sie vor dem inneren Auge ein STOPP-Schild vor der Perfektion auf. Perfektion ist für Sie für einige Zeit nicht verfügbar. Probieren Sie auch, Ihre innere kritische Stimme mit der Stimme Ihres liebsten Comedian sprechen zu lassen. Dieser Trick nimmt die Schärfe aus dem inneren Dialog. Sprechen Sie darüber mit Freund:innen, Lebensgefährt:innen, Coaches und Coachinnen. Indem Sie es aussprechen, verliert der Selbstzweifel an Gewicht. Überhaupt müssen Sie das nicht allein bewältigen. Holen Sie sich professionelle Hilfe.

Mit einem positiven Selbstbild und gefühltem Selbstwert sollte es Ihnen gelingen, sich gut nach außen darzustellen. Nun sprechen wir über Sie als »Marke«.

Machen Sie sich bewusst, wer Sie sind und was Sie darstellen

Stephanie fragt potenzielle Kandidaten und Kandidatinnen sehr gerne: »Was, glauben Sie, ist Ihr Image in der Organisation? Was denkt und sagt man von Ihnen? Mit welchen Themen kommt man auf Sie zu?«

Selbstreflexion und sich seiner selbst bewusst zu sein, sind essenziell für Ihren Erfolg. Mehr noch, wusste die Talkshow-Moderatorin Oprah Winfrey: »Ohne Selbstreflexion kann man kein sinnvolles Leben führen.«

In dieser Phase des Übergangs sollten Sie basierend auf ehrlicher Selbstreflexion Ihr berufliches Profil schärfen. Zwei Zutaten sind hier entscheidend: Die Analyse Ihres Handelns und Denkens im alten Job und die Frage, was Sie daraus für Ihren neuen lernen können. Die Betonung liegt auf »lernen können«, nicht auf nachmachen!

Schreiben Sie dazu im ersten Schritt auf, in welchen Bereichen Sie im alten Job besonders gut waren, was Ihnen leichtfiel und ein Erfolgsgarant war. Notieren Sie auch, wo es schwierig wurde und wo und weshalb Sie an Ihre Grenzen kamen.

Wir kommen später dazu, wie Sie Ihr Profil professionell und allgemeinverständlich aufbereiten. Jetzt geht es darum, dass Sie Ihre Kernkompetenzen herausarbeiten, Ihre Branchenexpertise, Ihre Projekterfahrungen, Ihre Ausbildung und Ihre Weiterbildungen, all das, worin Sie herausragen. Schreiben Sie das auf. Stellen Sie sich vor, Sie wären ein Produkt, eine Marke, ein Start-up, und dann fragen Sie wie Banken und andere Geldgebende: »Warum sollten wir gerade in Sie investieren?«

Definieren Sie Ihre Stärken, die Sie im neuen Job einsetzen können. Finden Sie die Themen, an denen Sie noch arbeiten sollten. Halten Sie schriftlich fest, wie Sie wahrgenommen werden wollen, wofür Sie stehen möchten, was man über Sie denken und sagen soll. Formulieren Sie eine prägnante Vision, und arbeiten Sie an Ihrem »Elevator Pitch«: Wie erklären Sie völlig Unbekannten in drei Minuten, was Sie ausmacht, was Ihre Kernkompetenzen sind und welche Probleme Sie lösen können?

Schärfen Sie Ihr Profil

Ob wir wollen oder nicht: Selbstvermarktung ist in der heutigen Berufswelt von entscheidender Bedeutung für den Erfolg. Eines der effektivsten Werkzeuge hierfür ist »Personal Branding«. Fernab von Arroganz und Selbstsucht rückt es Sie positiv in den Fokus der Aufmerksamkeit. Personal Branding hebt Ihre Fähigkeiten, Erfahrungen, Werte und Ihren »Mehrwert« für andere hervor. Es macht Sie zu einem Menschen, von dem andere sagen: »Die oder den will ich und niemand anderen.«

Je mehr Sie von einem Unternehmen begehrt werden, desto höher rangieren Sie auf der Shortlist der Kandidat:innen.

Und noch eine kleine Anregung: Die Verpackung bestimmt die Wahrnehmung einer Marke. Mit anderen Worten: Kleider machen Leute. Unpassende und schlecht sitzende Kleidung wertet Sie ab. Es gibt einen Grund, warum Prominente Stilberater:innen beschäftigen. Auch unsere Kleidung vermittelt eine Botschaft, ob wir das wollen oder nicht.

Personal Branding – Kennen und kommunizieren Sie Ihr Profil

Ein klares Profil erleichert es Ihnen, in kritischen Gesprächen zu bestehen – auch in Bezug auf die Erwartungen, die man an Sie richtet.

Im Abschnitt »Verhandeln Sie Ihren Erfolg« werden wir es noch einmal ansprechen. Es ist für Ihren Erfolg relevant, dass Sie bereits im Vorstellungsgespräch herausfinden, welche Erwartungen an Sie gestellt werden. Will man Sie eventuell instrumentalisieren? Sind Sie Mittel zum Zweck, um was auch immer um- oder durchzusetzen? »Ich hätte es kommen sehen müssen« ist ein Satz, der gerne fällt, wenn der Erfolg in der neuen Rolle ausbleibt. Denn oft war das Bauchgefühl bereits während des Kennenlernens da. Doch der Kopf wehrte sich. Unsere Bauchgefühle sind gute Hin- und Wegweiser. Gehen Sie ihnen nach.

Wir kennen viele positive Beispiele für eine gelungene Positionierung und erfolgreiches Personal Branding. Aber leider auch einige negative. So einfach ist es eben nicht, sich selbst zu einer Marke zu machen. Nehmen wir die Top-Managerin eines DAX-Konzerns, die bewusst, gewillt und sehenden Auges aus einer Vorstandsposition in ein Familienunternehmen wechselte. Und schnell feststellte: Was im Konzern normal gewesen war, ging nun gar nicht. Regelmäßig in der Öffentlichkeit zu stehen und nicht nur jobbezogene Statements, sondern auch Aussagen über Frau und Karriere, Politik oder zur persönlichen Positionierung abzugeben, war nicht gewünscht. Man einigte sich weit vor Vertragsablauf gütlich auf den Exit.

Inhaber:innengeführte oder Familienunternehmen unterscheiden sich auch bei diesem Thema häufig von Großunternehmen. Die Produkte des Unternehmens sind wichtiger als die darin tätigen Personen. Es gibt Führende, die eine hohe Sensibilität besitzen, wie der Außenauftritt beschaffen sein darf und wie eben nicht.

Sich selbst vermarkten ist erlaubt, wenn es stimmig ist

Wenn es um Ihr Personal Branding geht, empfehlen wir nicht nur im Zuge des Übergangs, dass Sie authentisch bleiben. Erfinden Sie nichts, und präsentieren Sie sich so, dass es zu Ihrer Persönlichkeit passt. Ihr Personal Branding sollte so individuell wie Sie und Ihre Karriere sein. Wenn Ihr Personal Branding von einem anderen Menschen für Sie aus dem Nichts entworfen wurde, merken das die Menschen sehr schnell. Es wird für Sie nicht von Vorteil sein.

Ihre Vision für eine erfolgreiche Karriere

Den eigenen Lebensentwurf zu finden, ist weder binnen Minuten möglich, noch passiert das nebenbei. Es geht darum, eine klare und inspirierende Vorstellung davon zu definieren, was Sie in Ihrem Leben erreichen möchten. Dieser Entwurf muss zu Ihrer Persönlichkeit, zu Ihren Werten, zu Ihren Kompetenzen und zu Ihren Fähigkeiten passen.

Die Vision von sich selbst ist die Grundlage für eine erfolgreiche Karriere und für jeden Übergang, den diese mit sich bringt. Sie entscheidet sogar, ob Sie einen Übergang überhaupt wagen, und sie gibt Ihnen die Kraft, ihn erfolgreich zu meistern. Wichtig ist, dass Sie an Ihre Vision glauben. Ihre Vision sollte Zugkraft nach vorne haben. Weil Sie wissen, dass es diesen Schritt über die nächste Brücke braucht, um Ihren Lebensentwurf zu verfolgen und lebendig werden zu lassen.

Dr. Srini Pillay, einer unserer Mentoren, beschäftigt sich als Professor und Innovator in den Neurowissenschaften ausgiebig mit Methoden, um unser Gehirn positiv zu stimulieren. Um Regie im eigenen Leben zu führen, empfiehlt er uns, im Geiste einen Film zu drehen. Der Grund: Unsere Vorstellung beeinflusst unser Gehirn.

Zunächst schreiben Sie ein Drehbuch für Ihren Film. Notieren Sie Ihre Ziele. Versuchen Sie, diese möglichst real vor sich zu sehen. Bilder und Grafiken im Internet können Ihre Vorstellung anregen. Überlegen Sie sich dann die möglichen Wege zur Zielerreichung. Danach schließen Sie die Augen, und stellen Sie sich vor, wie sie diese Wege gehen – einen nach dem anderen.

Diese kleine Aufwärmübung können Sie jederzeit durchführen, für kleine wie für große Ziele. Sie können sich beim Finden Ihrer Vision von anderen Menschen unterstützen lassen. Es gibt aber auch eine Vielzahl an Werkzeugen, die Sie nutzen können, um Ihre Vision zu gestalten. Wir selbst haben mit dem Visionboard, eine Collage aus Bildern und Wortausschnitten, sehr gute Erfahrungen gemacht.

Das Visionboard

Ein Visionboard ist eine Collage aus Bildern und Wortausschnitten, die Sie intuitiv passend zu den Feldern der Visionboardstruktur zusammenstellen. Sie brauchen dazu einen großen Bogen Tonpapier in Ihrer bevorzugten Farbe, Schere und Klebstoff sowie eine Fülle an Zeitschriften aus verschiedenen Lebensbereichen (zum Beispiel Sport und Fitness, persönliche Weiterentwicklung, Reise, Management). Sie können ein Visionboard für einen bestimmten Zeitraum erstellen (2026 zum Beispiel), für einen bestimmten Zweck (eine neue Wohnung oder einen neuen Job zu finden) oder eine bestimmte Aufgabe (etwa ein erfolgreiches Ankommen in Ihrer neuen Rolle). Schreiben Sie eine Liste Ihrer Top-Ten-Ziele, die Sie in Ihrer Vision erreichen wollen. Streichen Sie jetzt davon fünf. Reduzieren Sie die Liste nun auf drei. Und im letzten Schritt entscheiden Sie sich für ein Ziel. Dies ist nun Ihr Kernziel und sollte einen zentralen Platz in Ihrer Collage finden.

Sie können für Ihre Lebens- oder Jahresvision die Bereiche der Abbildung nehmen oder aber frei und intuitiv Ihr Board gestalten. Bitte

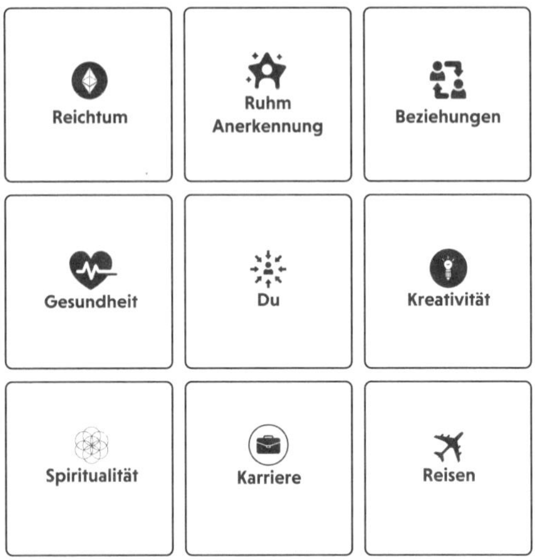

Abbildung 3: Visionboardstruktur

achten Sie darauf, an einem Ort auf der Collage den Zeitraum festzuhalten, für den diese gelten soll, und kleben Sie bitte ein Bild von sich in die Mitte.

Jetzt lassen Sie sich von Ihren Zielen, Ihrem mentalen Film und den Bildern und Worten aus den Magazinen inspirieren. Sie können auch sehr konkrete Ziele wie Gehaltswünsche auf das Board schreiben, wir empfehlen jedoch vor allem Bilder auszuwählen, die ausdrücken, wie Sie sich in den Situationen fühlen werden. Visionboards werden manchmal auf kuriose Weise wahr.

Jemand, der schon seit Beginn seiner Karriere eine klare Vision hatte, ist Stefan Barth. Über seinen Werdegang berichtet er im folgenden Interview.

»ICH BRAUCHE NICHT DAS RAMPENLICHT, ABER ICH BIN ZIELSTREBIG.«

Stefan Barth ist seit September 2021 Vorstandsvorsitzender der OLB und bringt über 25 Jahre Erfahrung im Bankwesen mit. Vor seiner aktuellen Rolle war er stellvertretender Vorstandsvorsitzender und zuvor Risikovorstand bei der OLB. Er verantwortet bei der OLB Schlüsselbereiche wie Compliance, Corporate Communications and Investor Relations, Group Strategy and Mergers and Acquisitions, Human Resources sowie Legal und Regulatory Affairs. Vor seinem Engagement bei der OLB war er Chief Risk Officer der BAWAG Group AG. Sein Erfahrungsschatz umfasst erfolgreiche Börsengänge, Fusionen und Restrukturierungen sowohl in Deutschland als auch im europäischen Ausland.

Sie haben schon einige Karriereübergänge erfolgreich gemeistert, was ist Ihre Quintessenz?

Schon recht früh hatte ich ein klares Karriereziel: Ich wollte Vorstand werden. Sicher, Karriere lässt sich nicht zu hundert Prozent planen. Aber ich bin immer schon gerne ein Macher und Gestalter. Ich habe Spaß daran, Richtungen vorzugeben, Entscheidungen zu treffen und Verantwortung zu tragen. Ich mag es bis heute nicht, wenn andere über meinen Kopf hinweg Entscheidungen treffen.

Würden Sie sagen, dass Übergänge bei Ihnen immer mehr »hin zu« oder »weg von« waren?

Es war immer ein »Hin zu«. Ich habe immer geschaut, wo ich Verantwortung übernehmen möchte. Oder wo ich mehr oder anderes bewegen kann. Mich hat stets die Aufgabe gereizt und angezogen.

Was hat Sie, bezogen auf die neue und aktuelle Situation, gereizt? Sie sind von der BAWAG, einem Player im österreichischem Bankenmarkt zur OLB in Oldenburg gewechselt. Was war die Motivation?

Mir ist es wichtig, nach einem gewissen Zeithorizont Neues zu schaffen. Die Frage, die ich mir dann stellte: Wohin wechseln? Und ich hatte den Eindruck, dass ich bei der OLB noch viel bewegen könnte.

Für Bewegung haben Sie bei der OLB auf jeden Fall gesorgt. Sie sind nicht direkt als CEO gestartet, haben die Rolle aber innerhalb weniger Monate übernommen.

Das war eine wirkliche Herausforderung, aber eine schöne. Der Vertrag des CEOs lief damals aus, und ich habe mich aktiv ins Spiel gebracht und mein Interesse bekundet. Ich habe klar gesagt, welche Dinge in meinen Augen nicht ideal liefen, wo wir ansetzen sollten, um Verbesserungen erreichen zu können beziehungsweise das auch zu müssen. Das betraf vor allem auch die Rentabilität der Bank, die erhöht werden musste, um langfristig die Eigenständigkeit der OLB zu gewährleisten. An vielen Stellen mussten wir dazu die gewachsenen Strukturen aufbrechen und uns verschlanken. Auch die Frage nach der Größe des Filialnetzes haben wir gestellt. Aber wir im Management haben uns auch auf die Themen konzentriert, die bereits zu den Stärken der Bank zählten und zählen. Allen voran die langjährigen gewachsenen Beziehungen zu Kund:innen sowie unsere Expertise in dem Bereich der Spezialfinanzierungen.

Sind Sie eigentlich hartnäckig?

Oh ja, sehr. Gerade bei diesem Karriereübergang habe ich immer klar kommuniziert, auf welche Aufgaben wir uns konzentrieren sollten und welche Prioritäten wir setzen müssen. Natürlich erfährt man bei solch einem Programm viel Widerstand, es gefällt nicht allen. Doch durch die klare Kommunikation der Ziele und durch die zügige sowie konsequente Umsetzung zeigte sich, dass immer mehr Kolleg:innen diesem Weg folgten und unterstützen. Zumal sich bald auch schon die Erfolge einstellten. Das motiviert. So veränderte sich die Dynamik, und das ist es, was eine Führungskraft in einer neuen Rolle tun muss. Ich brauche nicht das Rampenlicht, aber ich bin zielstrebig. Ich bin Zuhörer, Beobachter und Diagnostiker. Und darauf aufbauend entwickle ich die Strategie, die sicher nicht immer jeder und jedem passt.

Was bedeutet das?

Nehmen wir das Beispiel des Betriebsrats. Für ihn geht der Schutz der Mitarbeitenden über alles. Ich als CEO habe eine operative Performance vor Augen. Und das heißt vielleicht unter anderem auch mal ein restrukturierendes Personalabbauprogramm umzusetzen. Was jedoch nicht bedeutet, dass ich die anderen in ihrer Rolle nicht verstehe. Ich verstehe sie gut. Sehr gut sogar. Daher ist es so wichtig, die Menschen in der Situation abzuholen, in der sie sich befinden. Mit Ihnen gemeinsam einen Weg zum Ziel zu finden. Als Führungskraft muss man die Lust wecken, die Veränderung mitzugehen.

Rückblickend auf Ihre Übergänge – hätten Sie im Nachgang an gewissen Stellen etwas anders und damit besser machen können?

Ich gebe Menschen gerne Zeit, ihre Performance zu zeigen. Aber das war sicher nicht immer das Klügste. Manchmal hätte ich besser früher eingreifen müssen. Vielleicht hätte uns das weitergebracht. Aber wissen kann man das im Vorfeld ja nicht. Für mich stimmte es in der jeweiligen Situation.

Daraus abgeleitet ein Rat an jemanden, der gerade einen Übergang ins Management angeht?

Man muss führen und Entscheidungen treffen wollen. Wenn man Angst vor Entscheidungen hat und nicht bereit ist, Führung als Teil seines Lebensstils anzusehen, ist man im Management falsch. Das muss man mögen und irgendwie sogar lieben. Sie müssen bereit für die neue Rolle sein, mit all ihren Eigenarten und Herausforderungen. Und Sie müssen die Extrameile gehen. Was auch bedeuten kann, über den eigenen Schatten zu springen, wenn es ums Netzwerken geht. Für Ihre Sichtbarkeit sind Sie selbst verantwortlich. Und nur wer sichtbar ist, wird wahrgenommen – so, wie Sie das möchten.

Wenn wir über das Netzwerken reden, wie ist das im Umgang im Management miteinander – wie gehen Sie mit dem politischen Spiel um?

Eine der wichtigsten Eigenschaften – besonders im Management – ist die Selbstreflexion. Und das bedeutet auch, sich immer wieder zu fragen, warum Sachen gelaufen sind, wie sie gelaufen sind. Und warum haben gewisse Menschen so und nicht anders agiert oder reagiert? Es sollte immer das Ziel sein, eine Win-win-Situation zu schaffen, aber das ist eben nicht immer in aller Menschen Sinne. Politische Spielchen gibt es, die Frage ist, wie Sie selbst spielen wollen. Ich für mich habe entschieden, dass ich fair sein möchte und ehrlich. Je schwieriger es wird, desto mehr brauchen Sie Verbündete. Und dazu braucht es gegenseitiges Vertrauen.

Verbündete ist ein gutes Stichwort. Hatten und haben Sie selbst auf Ihrem Weg Verbündete beziehungsweise externe Sparringspartner?

Ich hatte das Glück, viele gute leitende Vorbilder zu haben. Als Führungskraft brauchen Sie jedoch auch noch die angesprochenen externen Sparringspartner:innen. Mir selbst hilft Coaching sehr. Ich kann aber verstehen, wenn man davor Respekt hat. Es ist nicht einfach, wenn einem so offen ein ehrlicher Spiegel vorgehalten wird. Aber genau das braucht es: der Blick von außen und konstruktive Kritik.

Wir tauschen uns natürlich viel auch mit Kolleginnen und Kollegen aus, und alle sagen, dass je höher es geht auf der Karriereleiter, desto mehr verändert sich das private Umfeld. Können Sie das bestätigen?

Sicher. Sie brauchen eine Familie, die hinter Ihnen steht. Ein Umfeld, das Sie unterstützt. Die akzeptieren, dass sie am Wochenende Calls haben oder gar nicht da sind. Dazu muss man bereit sein. Sonst droht die Vereinsamung. Und diese Menschen dürfen sich auch nicht scheuen, einem zu sagen, wenn man sich in eine negative Richtung verändert. Und ich kann aus eigener Erfahrung sagen, dass diese Rückmeldungen aus dem Umfeld weniger werden, je höher man steigt.

Und final: Wie verändern sich die Aufgaben beziehungsweise Fähigkeiten, je höher Sie steigen?

Die Aufgaben sind mit all den Themen wie Technologie, KI, ESG oder den politischen und wirtschaftlichen Herausforderungen immer komplexer geworden. Und wir alle wissen, zehn Bälle halten Sie nicht lange sicher in der Luft. Priorisieren können ist daher eine der wichtigsten Fähigkeiten, und das innerhalb von wenigen Augenblicken. Das hat viel mit Kommunikation und Flexibilität zu tun. Und damit, dass Sie selbst wissen, was Sie erreichen oder wohin Sie wollen.

Kompetenzen im Heute für morgen

In diesem Teil befassen wir uns mit weiteren wichtigen Basics für Erfolg. Da darf nicht fehlen, dass wir über die wesentlichen Kompetenzen sprechen, über die Sie heute, vor allem aber morgen verfügen sollten.

Menschen sind, was die Arbeit betrifft, kritischer und weniger kompromissbereit als noch vor ein paar Jahren. Hinzu kommen die Anforderungen, welche die KI-Revolution an uns und die Unternehmen stellt. Gerade Personen, die Mitarbeitende führen und über Strategien entscheiden, müssen über Einfühlungsvermögen verfügen. Zudem sollten Sie genügend Überzeugungskraft haben, um unterschiedliche Menschen mit ihren Motiven und Werten auf die große Transformationsreise mitzunehmen, auf der sich die meisten Unternehmen schon befinden.

Wir sprachen weiter vorne von Antifragilität, die nächste Stufe zur Weiterentwicklung der Resilienz. Das ist eine wesentliche Kompetenz, um mit den Ungewissheiten und Unsicherheiten umzugehen und durch die Krisen der Welt(wirtschaft) zu navigieren. Noch dazu brauchen die Leader von heute und morgen eine Menge Mut und Selbstmanagement. Das ist die Fähigkeit, sich selbst zu führen, für sich zu sorgen und rechtzeitig eine Pause zu machen, wenn die Energie nachlässt. Da die Herausforderungen heute so vielfältig sind, ist es nicht minder wichtig, dass wir interdisziplinär, global und generationenübergreifend zusammenarbeiten. Dies erfordert komplett neue Definitionen von Netzwerkkompetenzen und Dialogfähigkeit.

McKinsey stellt in einer Fähigkeitsanalyse[33] zusammen, welches die wesentlichen Kompetenzen der Zukunft sein werden:

1. **Kognitiv:** Gemeint sind hier Fähigkeiten wie kritisches Denken, Kommunikationstalent, Selbstorganisation und mentale Flexibilität.
2. **Zwischenmenschlich:** Die Fähigkeit, sich zu vernetzen, Teamwork zu fördern und zu wissen, wie man andere motivieren kann.
3. **Selbstführend:** Hierzu gehört Selbstmanagement, gepaart mit einer guten Portion Empathie für andere Menschen und Situationen. Ebenso Entscheidungsfreude und Entscheidungssicherheit sowie das Einbringen von Gestaltungsreichtum.
4. **Digital:** Offenheit gegenüber neuen, digitalen Techniken. Dazu gehört die Fähigkeit, sich diese anzueignen und diese auch anzuwenden.

Wir werden auf den kommenden Seiten alle vier Bereiche ansprechen. Beginnen wir damit:

Selbstführung durch unsere Kernwerte

Aus der Perspektive des Karriereübergangs ist die wohl wichtigste Kompetenz die der Selbstführung – auf jedem Hierarchielevel. Später gehen wir ausführlich auf Ihre (berufliche) Vision ein. Schreiben Sie doch einfach einmal auf, warum Sie einen oder gerade diesen neuen Job oder diese neue Station in Ihrem Leben haben wollen. Falls der Zweck die finanzielle Absicherung ist und die neue Arbeit mehr Geld in die Haushaltskasse bringt, ist das auch okay. In einer unsicheren Welt ist das auf jeden Fall eine nachvollziehbare Entscheidung.

Es ist schmerzhaft, wenn Sie der Frage »Warum will ich das eigentlich?« erst viele Jahre zu spät auf den Grund gehen. Weil Sie dann womöglich feststellen, dass Sie manche Entscheidung nicht in Ihrem Sinn getroffen haben. So fand eine Coachingklientin durch unsere Gespräche heraus, dass sie zwar seit 15 Jahren erfolgreich als Vorstandsvorsitzende in einem großen Konzern tätig ist. Sie hatte aber immer das Gefühl, dass das nicht das war, was sie machen wollte. Der Coachingprozess führte sie auf die Spur: Eigentlich wollte sie mit ihrer Position den Traum ihres verstorbenen Vaters erfüllen. Es war nicht ihr eigener Traum, den sie mit einer Arbeit gelebt hat. Lernen Sie: Wir können also erfolgreich sein in Karrieren, die wir eigentlich gar nicht wollen.

Wir können die Begründung für unseren Weg kennen und dennoch nicht wissen, was uns im Kern ausmacht. Einen guten Weg, um das zu entdecken, bietet die Kernwertebetrachtung.

Jede:r hat Prinzipien, für die sie und er einsteht. Das sind beispielsweise Freiheit, Loyalität, Würde, Sicherheit, Gesundheit, Fairness, Freude, Leichtigkeit, Liebe oder Gerechtigkeit. Wenn diese Kernwerte verletzt werden, kann uns das zutiefst erschüttern.

Werte sind kontextabhängig. Im Berufsleben können andere Kernwerte vorherrschen als in Freundschaften.[34] Dennoch haben wir in der Regel einige wenige Wertessenzen, die für jeden Bereich unseres Lebens gelten. Diese Werte ersten Grades zu kennen, erlaubt Ihnen, Umfelder zu finden, in denen Sie das Gefühl haben werden, angekommen und unter Geleichgesinnten zu sein. Wenn wir in einem Rahmen agieren, der unseren Kernwerten entspricht, verleiht diese Kongruenz unserem Leben viel Stabilität und Sicherheit. Leben wir allerdings nicht wertekongruent, so kostet uns das viel Energie. Denn wir müssen nicht nur gegen unsere Überzeugungen handeln, sondern auch ständig unsere Entscheidung rationalisieren, in diesem Umfeld zu bleiben.

Eine leichte Übung, mit der Sie zu Ihren Kernwerten vorstoßen, besteht in der Beantwortung folgender Fragen (adaptiert von NPGroup Salzburg):

- Denken Sie an Ihre letzte Kündigung: Was hat gefehlt?
- Denken Sie an eine Freundschaft, die endete: Was hat gefehlt?
- Denken Sie an eine gute Zeit mit Freunden: Worauf kam es an?
- Denken Sie an eine Tätigkeit, die Sie für sich tun: Worauf kommt es an?
- Denken Sie an eine Beziehung, die endete: Was hat gefehlt?
- Denken Sie an eine Beziehung, in der alles passt(e): Worauf kam/kommt es an?
- Denken Sie an den schönsten Moment in Ihrem Leben: Worauf kam es an?

Saboteure im Überblick

So wichtig unsere Kernwerte auch sind: Wir finden viele Wege, um sie und damit uns zu untergraben. Das heißt, wir können uns in Karrieren, die wir eigentlich wollen, selbst sabotieren. Unsere inneren Saboteure erschweren uns die Arbeit, ohne dass wir das wollen. Sie blockieren unser Tun. Daher ist es wichtig, dass Sie Ihre eigenen Saboteure kennen.

Die gute Nachricht: Sie können mit einem Onlinetest herausfinden, welche das sind.[35] Shirzad Chamines Vorlesungen an der Stanford University und sein Buch *Positive Intelligence* haben eine begeisterte Fangemeinde – erkennen wir uns doch in manchen der darin beschriebenen Saboteure wieder.[36]

Es gibt Menschen, die schwierigen Situationen, unangenehmen Aufgaben und Konflikten immer aus dem Weg gehen. Beim Umgang mit einem **Avoider** sollten Sie also stets das Positive in den Fokus rücken. Nennen Sie das Ziel und beschreiben Sie nicht den schwierigen Weg dorthin.

Andere wiederum geben das Heft nicht aus der Hand, sie reißen die Kontrolle an sich. Der **Controller** will andere steuern und nicht gesteuert werden. Ist das nicht möglich, wird er ungehalten und ungeduldig. Diese Menschen holen Sie ins Boot, indem Sie Ihnen in einem gesetzten Rahmen Entscheidungsgewalt geben, ein Terrain, in dem sie sich wirksam fühlen.

Der **Hyperachiever** leistet viel, aber wertet seine Leistung ständig ab. »Ich gebe alles, und das immer« ist ein Satz, den diese Menschen nicht sagen, aber tief im Herzen verankert haben. Auch wenn Lob für diese Persönlichkeit nur ein Wort ist: Loben Sie. Und tun Sie dies nicht nur unter vier Augen, sondern vor Publikum. Ansonsten brennen diese Menschen irgendwann aus und sabotieren sich selbst und den Erfolg.

Das Hirn trifft bessere Entscheidungen als das Herz, so der **Hyperrationalist.** Selbst Beziehungen haben für ihn nichts mit Gefühl zu tun, was ihn rücksichtslos oder gefühllos dastehen lässt. Versuchen Sie nicht, diesen Menschen zu ändern und empathischer zu machen. Akzeptieren Sie seine rationale Herangehensweise und nutzen Sie diese Stärke für Ihr Team. Denn das sind diejenigen, die stets einen kühlen Kopf behalten.

Was hingegen der **Hypervigilant** gar nicht kann. Er sieht überall Gefahren. Er will nicht nur sich selbst, sondern jede:n und alles beschützen. Veränderungen werden als Stress empfunden. Auch der Hypervigilant braucht eine Aufgabe, die seine ganze Aufmerksamkeit bindet. Ansonsten bringt er Unruhe in das Team.

Akzeptanz und Zuneigung gewinnt der **Pleaser** dadurch, dass er anderen schmeichelt, um sie herumschleicht und jedem gefallen will. Honoriert das die Gegenseite nicht, wird er unangenehm. Er kann sehr lange und anhaltend nachtragend sein. Daher sollten Sie ihn nicht verärgern, auf Distanz halten, aber immer freundlich sein.

Typ **Restless** geht ständig Risiken ein. Er ist Motivator und Bremser in einer Person, da er zwar alle antreibt, dabei aber manchmal den Bogen überspannt. Er braucht klare Führung. Das ist gut, wenn es um Innovationen geht. Wenn Sie ihm seine Vorteile klarmachen, wird er schnell im Team zum Multiplikator.

Stickler setzen sich selbst und andere unter Druck. Alles braucht Ordnung und Organisation, die Messlatte muss immer weiter nach oben geschoben werden. So perfekt er selbst sein will, so perfekt muss auch jede:r andere sein. Hier ist es wichtig, diese Menschen bis zu einem gewissen Grad zu korrigieren, damit sie Innovationen nicht im Keim ersticken.

Am Schluss haben wir noch die **Victims**. Sie leiden, damit man sie wahrnimmt. Emotional aufgeladen und voller Temperament versuchen sie die Aufmerksamkeit ihrer Umgebung zu gewinnen. Menschen wie sie sollten Sie gehen lassen, auch wenn das hart klingt. Aber Erfolg unterstützen sie nicht.

Die Bedeutung Ihres Teams

Das Thema »Team« ist weit und vielschichtig. Für unsere gemeinsame Reise werden wir kurz darauf eingehen. Teams sind diffizile Systeme, mit eigenen Strukturen und einem Eigenleben. Die Teamdynamik ergibt sich durch die komplexen Interaktionen und Beziehungen zwischen einzelnen Akteur:innen und unterschiedlichen, übergeordneten Gruppen im Unternehmen. Die Dynamik, die sich im Miteinander entwickelt, kann motivieren und positiv sein oder negativ und zerstörerisch wirken.

Google hat über zwei Jahre 180 Teams studiert, um herauszufinden, was den Erfolg als Gemeinschaft unterstützt und was ihn boykottiert.[37] Die Studie mit den Namen »Project Aristotle« hat final die Kernthesen in den Raum gestellt, dass der Erfolg eines Teams weniger von den individuellen Fähigkeiten Einzelner (egal, ob Mitarbeitende oder Führungskraft) als vielmehr von deren Interaktionen abhängt. Ein Team verpflichtet sich, gemeinsam ein Ziel zu verfolgen und sich dabei mit den eigenen Fähigkeiten einzubringen. Jede:r übernimmt Verantwortung und setzt eigene Stärken ein, um das zu erreichen. Selbstverantwortung und Selbstbewusstsein aller ist der Schlüssel. Damit das gelingt, braucht es die Erlaubnis, Fehler zu machen.

Gerade in der Anfangszeit geht es für Sie darum, die Teamdynamik zu verstehen und wie Teammitglieder Einfluss darauf nehmen. Üben Sie sich in der Beobachtung und visualisieren Sie für sich das Beziehungsgeflecht. Zeichnen Sie Verflechtungen wie Abhängigkeiten auf, Freundschaften und strategische Allianzen. Machen Sie sich im wahrsten Sinne des Wortes ein Bild davon, welche Teamdynamiken, vor allem auf Ihre Rolle bezogen, relevant für Ihren Erfolg sind und welche nicht. Dann können Sie gezielt Einfluss nehmen.

Zum Schluss wollen wir nicht vergessen, dass Erfolg selten eine Einzelleistung ist. Ein afrikanisches Sprichwort sagt: »Wenn du schnell gehen willst, geh alleine. Wenn du weit gehen willst, geh zusammen.« Dies ist ein Grundmotto für Teams. Wir sprechen es kurz an, weil Ihr Teamumfeld wesentlich mitbestimmen wird, wie Sie sich in der neuen Rolle verhalten.

In der Psychologie gibt es folgende Formel für Verhalten: »Bf P/E«, die nichts anderes aussagt, als dass das Verhalten (B, Behaviour) die Funktion aus Ihrer Persönlichkeit (P, Personality) und Ihrem Umfeld (E, Environment) ist.[38] Tatsächlich ist der ausschlaggebende Faktor für das Verhalten, das Sie an den Tag legen, nicht Ihr Charakter oder Ihre Persönlichkeit, sondern das Umfeld. Wie sehr unser Verhalten abweicht, hat viel damit zu tun, wie sicher und stabil wir die Beziehungen zu anderen Menschen einschätzen. Wir verhalten uns bei einer Party anders als auf einer Trauerfeier. Und mit Freund:innen meist anders als mit Vorgesetzten. Ihr Team hat also – ob Sie es wollen oder nicht – einen großen Einfluss auf Sie und umgekehrt.

Uns geht es heute um Ihren Beitrag zu dieser Teamdynamik. Liz Wiseman hat in Ihrem Buch *multipliers* neun »accidental diminishers«, also zu Deutsch »unabsichtliche Demotivierer«, definiert.[39] Wir tragen sie alle in uns: Mit den besten Absichten können wir durch unser Verhalten die Motivation, Kreativität und Effektivität unseres Teams verringern. Und zwar unabsichtlich! Wir denken, dass wir positiv zum Teamklima beitragen durch ein konstruktives (oft angelerntes) Verhalten, das im Arbeitskontext normalerweise belohnt wird. Doch zu viel des Guten erzeugt einen gegenteiligen Effekt und führt dazu, dass wir dazu beitragen, das Teampotenzial zu senken.

Darum gehört für uns zur Selbsterkenntnis dazu, dass Sie Ihre eigenen unabsichtlichen Demotivierer reflektieren und parat haben. Wenn Sie erkennen, dass Sie ein oder zwei regelmäßig an den Tag legen, dann können Sie bewusst gegensteuern. Es wird Ihnen nicht schwerfallen, sobald Sie die Erkenntnis haben.

Wir haben für Sie die häufigsten sechs Demotivatoren ausgewählt. In der folgenden Abbildung beschreiben wir sie mit ihren positiven Intentionen und unabsichtlichen Wirkungen. Die Frage an Sie lautet: Wo erkennen Sie sich wieder?

Muster, mit denen wir uns versehentlich sabotieren

Idea Guy

»Meine Ideen werden Ideen in anderen hervorrufen!«

Ergebnis
Sie überwältigen andere, die sich entweder verschließen oder ihreZeit damit verbringen der Idee des Tages nachzujagen.

Always On

»Meine Energie wird andere anstecken.«

Ergebnis
Sie nehmen den ganzen Raum für sich in Anspruch und andere bleiben ausgeschaltet.

Rescuer

»Ich muss mich darum kümmern, dass andere erfolgreich sind.«

Ergebnis
Das schafft Abhängigkeit, und schwächt die Reputation der Leute.

Pacesetter

»Wenn ich die Standards festlege, werden andere ihnen folgen.«

Ergebnis
Andere werden zu Zuschauenden oder geben auf, weil sie nicht mithalten können.

Rapid Responder

»Ich schaffe große Reaktionsfähigkeit.«

Ergebnis
Sie bewegen sich rasant, während sich die Organisation nur langsam bewegt, weil zu viele Entscheidungen oder Änderungen im Stau stecken.

Optimist

»Ich kann dem Team Vertrauen verleihen!«

Ergebnis
Die Leute fragen sich, ob sie den Konflikt und die Möglichkeit des Scheiterns schätzen.

Abbildung 4: Sechs Demotivierer

Quelle: Liz Wiseman, adaptiert von Sabine Gromer und Stephanie Schorp

Sie können das Team auch als eine Art Kraftfeld betrachten und dabei überlegen: Was hält das Team zurück, und wodurch entsteht Wachstum?

Kraftfeldanalyse – Konzentration auf positive Kräfte

Wir haben festgestellt, dass es Methoden und Konzepte gibt, die besonders vielen Menschen in Übergangssituationen helfen. Zu diesen gehört auch die Kraftfeldanalyse nach Kurt Lewin, einem Pionier der Organisationsentwicklung.

In jedem Feld (oder Organisation, Team) herrschen zwei Arten von Kräften: Treibende und Hemmende. Die Treibenden schaffen den Zug nach vorne, hin zu einer Veränderung, wohingegen die Hemmenden wirken wie Hindernisse. Sie stehen der Veränderung buchstäblich im Weg. Mit der Frage »Was macht Veränderung möglich?« kommen Sie den treibenden Faktoren und mit der Frage »Was steht dem im Weg?« den hemmenden Faktoren auf die Spur.[40]

Der Grundgedanke des Psychologen ist, sich selbst im großen Ganzen zu begreifen, um die hemmenden und stärkenden Einflüsse auf sich selbst zu definieren. Seine Aussage: In jedem sozialen System wirken Kräfte, die uns als Individuum entweder stärken, die Ver-

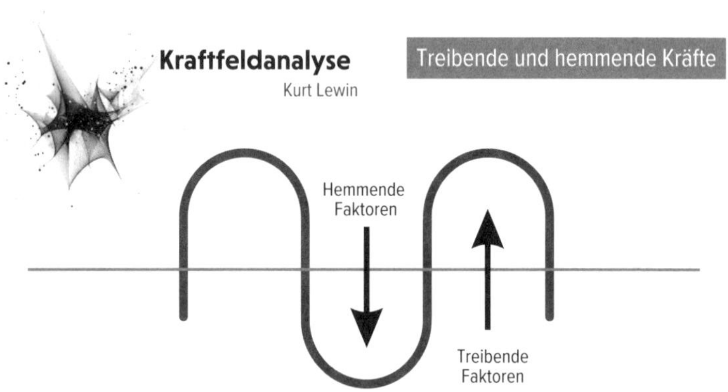

Abbildung 5: Die Kraftfeldanalyse nach Kurt Lewin

änderung zu wagen, oder uns hemmen, sodass wir den Status quo beibehalten.

Im ersten Schritt gilt es, diese Kräfte zu identifizieren. Im zweiten, sie in Bezug auf ihre Kraft zu bewerten. Darauf aufbauend werden in einem dritten Schritt Strategien entwickelt, um stärkende Kräfte kraftvoll zu machen und hemmende Kräfte zu schwächen.

Sie können die Kraftfeldanalyse auf sich beziehen und selbstverständlich auch auf jeden beruflichen Kontext. Lewins Konzept hat den Vorteil, dass es Dynamiken im Miteinander sichtbar macht. Lewin riet, sich nicht zu sehr mit den hemmenden Faktoren aufzuhalten, sondern vor allem die treibenden Kräfte zu stärken. Eine der wichtigsten, treibenden Kräfte in Ihrem Arbeitsalltag wird die Digitalisierung bleiben.

Kapitel 3

So stellen Sie bewusst die Weichen für Ihren Übergang

Am Anfang herrscht eine besondere Magie. Vom Ende her betrachtet können wir oft schon am Anfang erkennen, wann und wie Schieflagen entstanden sind. Paarpsycholog:innen nennen die erste Zeit des Kennenlernens die »Zeit der Zementierung«. Was hier aufgebaut wird, was sich hier festigt, was hier akzeptiert wird, das gilt für die ganze spätere Zeit. Seien Sie in der Anfangsphase also äußerst wachsam.

Ein weißes Blatt Papier steht für einen Anfang, dafür, etwas Neues erschaffen zu können. Einige finden das motivierend, anderen macht die Leere auf dem Papier Angst. Ihnen wollen wir sagen: Sehen Sie das viele Weiß auf dem Papier als Chance, von Beginn an Ihre eigene Karrieregeschichte schreiben zu können. Sie haben bei jedem Übergang die Möglichkeit, ein neues Kapitel oder sogar ein ganz neues Buch zu schreiben.

Verfügbar? Verführbar?

Suchen Sie aktiv einen neuen Job? Oder wollen Sie gerade nur so sichtbar sein, dass man Sie bei passenden und spannenden Optionen ohne große Mühe findet? Wir wissen das nicht. Aber das: Auf jeden Fall wollen Sie auf der Namensliste potenzieller Kandidat:innen stehen. Sogar möglichst weit oben!

Zwei Fragen sollten Sie sich am Anfang des Prozesses stellen. Die erste lautet: Sind Sie verfügbar? Die zweite: Was könnte Sie verführen? Die Antworten lassen erkennen, was man Ihnen anbieten muss, um Sie für Jobs zu gewinnen, die Sie später bitter bereuen.

Verfügbar

Wenn Sie die grundsätzliche Entscheidung getroffen haben, sich auf die Reise zu machen – egal, ob aus der Motivation »weg von« oder »hin zu« –, dann ist der erste Schritt schon getan. Als Nächstes prüfen Sie Ihre formale Verfügbarkeit. Wann können Sie starten? Das hängt zum einen von den Kündigungsfristen und etwaigen Wettbewerbsklauseln in Ihrem Arbeitsvertrag ab. Zum anderen könnte der optimale Zeitpunkt von Bonusregelungen bestimmt sein, damit Sie an Ausschüttungen partizipieren können.

Ihre Verfügbarkeit hat natürlich auch mit privaten Kriterien und Fragen zu tun, die Sie sich im Vorfeld stellen könnten oder sogar müssen. Sind Sie zu einem Umzug bereit? Wollen Sie regelmäßiges Pendeln auf sich nehmen, und wie groß darf die Entfernung sein? Sind kurzfristige Gehaltseinbußen für Sie akzeptabel, wenn die Entwicklung insgesamt stimmt? Diese Überlegungen sind essenziell. Denn wenn Sie niemals einen Job in den USA annehmen würden oder ein Arbeitsweg von mehr als zwei Stunden für Sie nicht infrage kommt, dann können Sie solche Angebote beiseitelegen.

Machen Sie sich auch Gedanken, wie wichtig Ihnen Ihr Titel ist, Ihr Rangplatz in der Hierarchie, die Assistenz, der eigens für Sie reservierte Tiefgaragenstellplatz.

Und achten Sie darauf, ob die Position – vielleicht sogar neu geschaffen – eher ein Feigenblatt ist oder ob es das Unternehmen wirklich ernst meint. Feigenblattpositionen erkennt man daran, dass Sie keine wirkliche Entscheidungsbefugnis haben. Eine Abteilungsleiterin beispielsweise, die noch drei Hierarchiestufen über sich hat und Diversity vorantreiben soll, hat es schwer, noch dazu, wenn es keine klare Verankerung in der Unternehmens- oder zumindest in der Personalstrategie gibt. Neben der optimalen Aufhängung sind die Ressourcen entscheidend: Was haben Sie an Budget, Personal und Externen zur Verfügung?

Auch Ihre Gehaltserwartung sollten Sie stets abrufen können. Wir raten bewusst zu einer Gehaltsspanne, denn angeboten wird heute in der Regel ein Gehaltspaket. Auf einen fixen Betrag zu bestehen, kann oft unklug sein, da Unternehmen nicht selten interessante Bonussysteme, Aktienoptionen oder Beteiligungen anbieten.

Nicht minder relevant sind Ihre beruflichen Entwicklungsmöglichkeiten: Fragen Sie gezielt danach! Qualifizierung und Weiterbildung können eine gute zusätzliche Währung sein neben dem tatsächlichen Gehalt und sind gerade für die jüngere Generation ganz wesentliche Motivatoren. Den Punkt Weiterentwicklung können Sie auch im Arbeitsvertrag festhalten lassen. Das ist derzeit noch nicht unbedingt Usus, aber gerade wenn Sie vielleicht auf andere Gehaltsbestandteile verzichten sollten, durchaus klug. Worauf Sie auf jeden Fall genau schauen sollten, sind die Ziele und der Auftrag, denn daraus lässt sich die Bedeutung und vor allem Zukunftsfähigkeit der Stelle ablesen: Handelt es sich um eine Funktion, die bei der kleinsten wirtschaftlichen Schieflage gleich als Erstes abgebaut oder eingespart wird oder ist diese strategisch so relevant, dass an den Abbau keiner nur denken wird?

Wenn Sie nach dieser Analyse wissen, wann Sie einsetzbar wären, wo Sie arbeiten würden, unter welchen Bedingungen und für welchen Preis, dann haben Sie schon wichtige Fragen im Vorfeld für sich geklärt.

Was wir damit sagen wollen: Wenn grundsätzliche Dinge an der neuen Position nicht zu Ihnen und Ihrem Leben passen, dann räumen Sie das Feld. Über vieles lässt sich diskutieren und verhandeln. Aber es könnte Dinge geben, denen Sie sich beinhart verweigern. Es ist nicht sinnvoll, hier anderen eine Chance zu nehmen und sich selbst in eine unbequeme Situation zu bringen. Tun Sie sich das selbst nicht an und auch keinem Unternehmen.

Verführbar

Karrieren und auch ihre Übergänge sind individuell, die meisten stolpern jedoch über ähnliche Themen. Viele lassen sich von Titeln blenden, andere davon, mehr Verantwortung zu übernehmen und eine steile Entwicklung nehmen zu können. Mit Schlagworten wie »Schlüsselposition« oder »eine strategisch wichtige Aufgabe« lassen sich Menschen gut für Jobs begeistern. Aber häufig werden die Erwartungen und Versprechen nicht erfüllt. Der Erfolg bleibt aus.

Wir alle sind ein wenig eitel. Wir alle wollen gesehen, gemocht und anerkannt werden für das, was wir sind und tun. Aber Sätze wie »Nur Sie können das« oder »Auf Sie haben wir (immer) schon gewartet« sollten Sie aufhorchen lassen. Sie sind in aller Regel ein Indiz dafür, dass man Sie unbedingt haben, ja verführen möchte.

In der Anbahnung werden beide Seiten versuchen, ihr bestes Gesicht zu zeigen. Auf dieser Grundlage werden oft Entscheidungen getroffen. Und dann kann es schwierig werden, und zwar für beide Seiten. Für alle, die den Übergang gewagt haben und plötzlich feststellen, eine falsche Entscheidung getroffen zu haben. Aber wenn Sie die geweckten Erwartungen nicht erfüllen, wird es auch schwierig für das Unternehmen und für diejenigen, die Sie eingestellt haben.

Lassen Sie sich nicht blenden – Die Edelsteingeschichte

Doch Verführung funktioniert gut. Jeder Mensch hat persönliche Trigger (siehe Kapitel »Glaubenssätze«). Niemand ist davor gefeit, Dinge selektiv wahrzunehmen. Wir alle lassen uns auf die eine oder andere Art blenden und manipulieren.

Dazu ein Gedankenexperiment: Stellen Sie sich vor, Sie steigen ins Edelsteingeschäft ein. Ihr erster Kauf steht an. Sie sind aufgeregt und gut vorbereitet. Sie haben sich eingelesen, viel recherchiert und meinen zu wissen, wie ein guter Edelsteinhandel aussehen soll. Sie sprechen mit den Besitzenden und erfahren, dass die Steine nicht einzeln, sondern nur als Gesamtpaket verkauft werden. Sie schlucken, aber geben sich keine Blöße. Sie wollen souverän wirken, auch auf dem für Sie neuen Feld. Gekonnt werden die Edelsteine vor Ihnen ausgebreitet: größere, kleinere, geschliffene und ungeschliffene. Sie sind überwältigt, bleiben aber äußerlich ruhig. Sie betrachten die Steine, und nun entscheidet sich, ob Sie ein gutes oder ein weniger gutes Geschäft machen.

Die Frage ist nämlich: *Was sehen Sie*? Auf welche Steine konzentrieren Sie sich? Sind es die zwei, drei wertvollsten, die direkt in der Mitte platziert wurden und die Ihnen sofort ins Auge springen? Oder sind es die vielen anderen, die um diese herum verteilt liegen?

Sollten Sie sich von den schönsten Steinen verführen lassen, macht Ihr Gegenüber vermutlich das bessere Geschäft. Wer vom Fach ist, legt nämlich die schönsten Steine sofort zur Seite. Nur dann hat man einen unverstellten Blick auf den Rest der Sammlung. Schließlich geht es um ein wertvolles Gesamtpaket. Die drei außergewöhnlichen Steine sind schnell weiterverkauft, die anderen aber können zu Ballast werden.

Im beruflichen Alltag treffen wir immer wieder auf schlechte »Edelsteinhändler:innen«. Sie haben sich von gewissen angenehmen Teilaspekten eines Jobs blenden lassen und mussten dann bitter feststellen, dass die anderen Dinge schwer und eher negativ ins Gewicht fallen. Das ist menschlich. Wir alle sehen gerne das, was wir sehen wollen. Bei einem Karriereübergang kann eine selektive Sichtweise jedoch zu einem Stolperstein werden.

AUSTRALIEN MIT FAMILIE

Ein Klient war für einen verheißungsvollen Job mit der gesamten Familie nach Australien ausgewandert. Es war das Angebot seines Lebens. Dem Unternehmen schien er nach langem Suchen der richtige Mann, das Gehalt war ausgezeichnet und das neue Zuhause an einem traumhaften Ort. Die beiden Töchter wurden aus der Schule genommen, mussten sich von ihren Freundinnen und Freunden verabschieden, ihr bisheriges Leben hinter sich lassen. Seine Frau gab ihren Beruf auf. Das Haus wurde verkauft.

Kaum angekommen, entpuppte sich die neue Aufgabe als Rein- oder besser Ausfall. Man entschied von Seiten des Unternehmens bereits nach wenigen Monaten, dass man vorschnell gehandelt hatte, und nun feststellte: Diese neue Position brauchte das Unternehmen gar nicht. Vertraglich hatte sich der Klient auf Vergütung und Extras konzentriert. Er übersah, dass es keine Garantie und Rückholregelung gab, die er sich durch eine kluge Verhandlung auf jeden Fall hätte zusichern lassen können. Und so stand er plötzlich an einem traumhaften Ort ohne Gehalt und fand zusätzlich im Nachgang heraus, dass man deshalb so lange nach einer Person gesucht hatte, weil alle anderen Kandidat:innen das für sich hätten aushandeln wollen. Genau deshalb hatte man das Gehalt so hoch angesetzt. Die anderen Kandidatinnen und Kandidaten hatten überdies Zweifel an der Wirtschaftlichkeit des Set-ups. Auch für sie klang es gut, aber sie hatten die glänzenden Steine an die Seite gelegt und noch einmal nachgedacht, was sie mit dem Rest anfangen könnten.

Deshalb: Was für Sie auch immer die begehrten Edelsteine sind, ein Titel, das Gehalt, die Verantwortung, legen Sie das gedanklich auf die Seite und betrachten Sie das Gesamtwerk. Können Sie mit diesem Angebot erfolgreich sein? Was fehlt eventuell? Was müsste Ihr Gegenüber dazugeben, damit das Angebot für Sie stimmt? Welcher Stein muss raus aus der Sammlung? Tätigen Sie erst dann das Geschäft und unterschreiben Sie den (Kauf-)Vertrag. Keine Sekunde früher.

Und das gilt auch für Ihren Karriereübergang. Merken Sie sich an dieser Stelle: Wenn etwas zu gut klingt, um wahr zu sein, dann ist es das vermutlich auch. Treffen Sie Karriereentscheidungen nicht schnell und nicht allein. Holen Sie sich andere Meinungen ein, von geliebten Menschen wie auch von professionellen Berater:innen, die Ihnen weniger emotional verbunden sind. Sie sind objektiver, kritischer und verschonen Sie in aller Regel nicht. Gemeint sind Personen, die Sie ungeniert fragen: »Manche Steine sind wunderschön. Aber was machst du mit dem Rest?«

Wir alle mögen das Gefühl, wenn etwas Großartiges in unserem Leben passiert. Für viele bedeutet ein Karriereübergang, mehr Einfluss nehmen zu können. Und schon das macht das Angebot für viele zum Traumjob. Endlich etwas bewirken können. Selbst Menschen ohne ausgeprägtes Machtbedürfnis finden es gut, wenn sie Dinge zum Positiven verändern können.

Daraus lässt sich ableiten: Diejenigen, die bewusst aufsteigen wollen, treten mit größerer Motivation an. Das mündet aber nur dann in Erfolg, wenn die Vorbereitung stimmt. Wenn sie wissen, was die konkrete Position mit sich bringt – und was nicht. Es reicht nicht aus, Veränderungen zu bewirken, Neues zu implementieren und Weiterentwicklung vorantreiben zu wollen. Manchmal ist nämlich genau das nicht erwünscht.

Was passiert, wenn es zu gut ist, um wahr zu sein?

Bei unserer Karrierereise erscheint uns manchmal die verführerische Vision des Traumjobs – und wir in einer Rolle, die auf dem Papier all unsere Hoffnungen und Wünsche erfüllen könnte.

Wir möchten mit Ihnen eine Geschichte aus unserem nahen Umfeld teilen. Es geht darin nicht nur um einen vermeintlichen Traumjob, sondern ist auch eine tiefgreifende Reflexion über die Schattenseiten, die sich hinter der glänzenden Fassade verbergen können.

Zu der Zeit, da diese Geschichte spielt, war unsere Klientin sehr stark an Titeln und äußeren Statussymbolen interessiert. Sie stand auf der Treppe des Erfolges. Als ihr der scheinbar perfekte Job angeboten wurde, schien es, als hätten sich alle ihre beruflichen Träume und Bestrebungen in einem gemeinsamen Nenner gefunden. Der Titel, die Rolle, die Verantwortung, das Gehalt – all dies schien in Einklang mit ihren Zielen und Wünschen zu stehen. Doch inmitten allen Glücks verbarg sich ein Detail, das sie zutiefst herausfordern sollte. Ihre »Survival Task« war es, an einem Sonderprojekt mitzuarbeiten, das in direktem Widerspruch zu ihren Kernwerten stand. Diese Einsicht kam nicht sofort, sondern entwickelte sich allmählich, während sie die Warnungen, was die Vorgesetzten betraf, ignorierte. Sie war geblendet von der Vorstellung, für diese Rolle auserwählt worden zu sein, überzeugt davon, dass stimmte, was ihr suggeriert wurde: Nur sie kann diese Rolle ausfüllen.

Die Realität holte sie schnell ein. Ihre Vorgesetzten waren unberechenbar, die Anforderungen unklar, die Stimmung im Team bis zum Anschlag angespannt. Es war ein Zustand permanenter Unsicherheit. Ihre Bewältigungsstrategie war es, nahezu rund um die Uhr zu arbeiten – in fortwährender Angst um ihren Job und in dem verzweifelten Versuch, erfolgreich in ihrem Übergang zu sein. Diese Phase der Erkenntnis war schmerzhaft und forderte sie heraus, ihre Situation grundlegend zu hinterfragen. Aus heutiger Sicht und aus dem Feedback ihres Kolleg:innenkreises weiß sie, dass sie damals Übermenschliches geleistet hat. Innerhalb kürzester Zeit hatten sie und ihr Team mehr umgesetzt als in den Jahren zuvor. Doch es half nichts. Sie wollte nicht länger dieser Situation ausgeliefert sein. Heute ist sie davon überzeugt: Es sind meist nicht unsere Mentor:innen, die uns in neue Wege lenken, sondern die Widersacher:innen.

Erfolg glänzt oft nur von außen. Im Inneren sieht es nicht selten anders aus. Die Eindimensionalität des Erfolgs lässt vieles schal werden. Stimuli in Form von Luxus und Genuss wirken nicht mehr. Alles drängt uns auf das Podest, in den Mittelpunkt. Gleichzeitig wissen wir, dass unsere Macht nur geborgt ist. Wir haben (Selbst-)Zweifel, Fragen, Angst, fühlen uns unsicher. Wir haben uns verführen lassen. Doch wollen wir uns diese Gefühle wirklich eingestehen? Unsere Klientin wollte dies damals nicht.

Wenn unsere Rolle unsere Identität übernimmt, sind die Konsequenzen oft weitreichend. Wir verlieren den Kontakt zu unseren eigentlichen Werten und Zielen, unsere Arbeit wird zur alleinigen Quelle unserer Selbstachtung und unseres Selbstwerts. In diesem Zustand ignorieren wir oft die Warnzeichen, die uns unsere Intuition oder unsere Umgebung senden. Schließlich führte der schmerzhafte, aber notwendige Prozess des Infragestellens und der Selbstreflexion die Klientin zu der Entscheidung, das Unternehmen zu verlassen.

Diese Entscheidung war nicht nur ein »Weg von« einer Rolle, die nicht länger mit ihren Werten übereinstimmte, sondern auch ein »Hin zu« zu einem Leben, das sie sich schon lange für sich gewünscht hatte. Es war ein Akt der Selbstachtung und ein Schritt in Richtung authentischer Selbstverwirklichung. Sie sagt heute, dass sie ihn nicht alleine hätte gehen können. Gerade im Prozess des Loslassens und der Neuerfindung ihrer beruflichen Identität habe ihr das Coaching viel gebracht.

Vom Suchen und Gefundenwerden

Unabhängig davon, ob Sie Ihre Transition selbst anstoßen oder angestoßen werden: Es geht darum, sich auf die Reise zu machen, die alte Welt zu verlassen und eine neue berufliche Heimat zu finden. Wir haben nicht wenige Klient:innen, die sich jahrzehntelang nicht mehr beworben haben, ja vielleicht sogar noch nie auf einen Job aktiv beworben haben. Sie kennen also weder die Spielregeln, noch wissen sie, welche Unterlagen sie brauchen, mit wem sie sprechen sollten, mit wem lieber nicht und wie sie überhaupt diesen ganzen Prozess strategisch sinnvoll aufsetzen.

Wir gingen bereits auf die Frage ein, ob es ein »Weg von« oder ein »Hin zu« ist. Je dezidierter Sie Ihren künftigen Job beschreiben können, umso besser.

Den meisten Menschen, mit denen wir arbeiten, ist die Unternehmenskultur sehr wichtig. Aber was heißt das genau? Bleiben Sie hier nicht vage und schwammig, sondern schreiben Sie auf, was die Kultur ausmacht, in der Sie erfolgreich wirken und sich als Mensch gut aufgehoben fühlen. Ihre Liste darf ruhig lang und detailliert sein. Zugegeben: Die Wahrscheinlichkeit, dass Sie irgendwann hinter *alle* Punkte einen Haken machen, ist gering. Aber ein detailliertes Suchprofil hilft Ihnen und auch Ihren Berater:innen enorm im Suchprozess.

Und jetzt machen wir uns an die operative Arbeit.

Ihre Unterlagen

Wir raten dringend von lieblos gestalteten Lebensläufen (Curricula Vitae, CV) ab, auf denen Sie Station für Station aufreihen und man eigentlich nur Titel und Jahreszahlen liest, aber nicht weiß, was Sie wirklich gemacht haben. Wissen will man doch etwas ganz anderes: Was waren Ihre Erfolge, ihr ureigener Beitrag? Welche Herausforderungen haben Sie genommen, welche Probleme gelöst?

Je konkreter Sie Ihre Kompetenzen herausarbeiten, gepaart mit einer persönlichen Note, umso besser. Was macht Sie einzigartig? Das kann eine Kombination von zwei atypischen formalen Qualifikationen sein, zum Beispiel ein Hochschulabschluss in Medizin und einer in Betriebswirtschaftslehre, oder sehr unterschiedliche Branchen, in denen Sie tätig waren. Ihr Profil könnte sich im Laufe Ihrer Karriere verbreitert haben, weil Sie nicht nur Marketing, sondern auch Vertrieb und danach das Produktmanagement übernommen haben. Vielleicht liegt das Einzigartige in Ihnen in einer besonderen Auslandserfahrung, weil Sie schon vor vielen Jahren in China einen Standort mitaufgebaut haben. Das nur, um Ihnen ein paar Ideen zu geben.

Mit Ihren vollständigen Daten sollte Ihr CV so aussagekräftig wie möglich sein. (Ein authentisches, professionelles Foto ist selbstverständlich.) Auf einen Blick sollte man sehen, wofür Sie Expertin oder Experte sind, mit welchen Herausforderungen eines Unternehmens oder eines Marktes Sie vertraut sind und ob Sie sich sowohl mit klassischen als auch mit modernen Themen auskennen. Wenn Sie Schlagworte wie Digitalisierung, ESG, KI, Diversity verwenden, dann belegen Sie es. Wo, wann und wie hatten Sie auf diesen Feldern genau zu tun? Welche Digitalisierungsprojekte haben Sie zum Beispiel geleitet? All diese Informationen fassen Sie idealerweise in einem kurzen, prägnanten und aussagekräftigen Text ganz am Anfang Ihrer Unterlagen zusammen – und Sie haben Ihr Profil auf einen Blick.

Vergessen Sie bei Nennung der einzelnen Stationen nicht, Ihre Führungs- und Budgetverantwortung penibel aufzulisten und den Lesenden etwaige Wechsel, Umstrukturierungen, Akquisitionserfahrungen oder sonstige Veränderungen aufzuzeigen. Das spart Nachfragen.

Auf Plattformen wie Canva[41] gibt es gute Lebenslaufvorlagen, die Sie schon in der freien Version nutzen können. Suchen Sie eine Vorlage, die auf den ersten beiden Seiten einen detaillierten Überblick erlaubt. Statt passiver Sprache nutzen Sie aktive Sprache (zum Beispiel statt »Leitung« schreiben Sie »geleitet«). Und vergessen Sie keinesfalls, die Wirkung Ihres Schaffens aufzuzeigen. Um wie viel Prozent hat sich der Umsatz, das Ergebnis, der Kundenstamm, der Zufriedenheitsgrad der Abteilung unter Ihrer Leitung erhöht?

Immer mehr Personalbereiche nutzen ein automatisiertes System zur Vorauswahl von Bewerbungsunterlagen. Um hier weiterzukommen, müssen bestimmte Schlagwörter im Lebenslauf stehen. Recherchieren Sie diese und bauen Sie sie ein. Gehen Sie aber nicht so weit, wie Bewerber:innen in England, die weiß auf weiß, also für das menschliche Auge unsichtbar, ein fiktives Studium an den Universitäten Oxford oder Cambridge hinterlegt hatten. Die KI konnte das lesen und hat sie eine Runde weitergebracht.

LinkedIn

All das hilft Ihnen sehr bei der Erstellung oder Optimierung Ihres LinkedIn-Profils. Wir werden immer wieder gefragt, ob LinkedIn hilfreich ist. Die Antwort ist kurz, knapp und klar: JA. An LinkedIn führt derzeit kein Weg vorbei, wenn Sie sich beruflich verändern oder Ihre Marke schärfen wollen. Kein Profil auf dieser Plattform zu haben, leisten sich nur noch wenige Leute.

Aber es sollte wirklich aussagekräftig sein und die Kernbegriffe enthalten, die mit Ihrer Qualifikation und Expertise zu tun haben. Wenn Sie zum Beispiel eine der immer noch wenigen Frauen sind, die Elektrotechnik studiert haben und sich dann auch noch seit Jahren mit E-Mobilität beschäftigen, dann sind das sehr wichtige Informationen, die man überall und unübersehbar dargeboten über Sie finden sollte. Und es wäre gut, wenn Sie sich mit Ihrem Wissen dann auch öffentlich präsentierten. Posten Sie in Foren oder Fachblogs zu den Inhalten Ihres Fachgebietes, beziehen Sie Stellung zu Trends. Sie sollten zumindest einige Aktivitäten in Ihrem Profil darstellen.

Wir wissen: Es kostet Zeit. Aber Sie lesen dieses Buch ja, weil Sie über einen Karriereübergang nachdenken. Dann ist jede Stunde Arbeit an Ihrem LinkedIn-Profil sehr gut investierte Zeit. Liken und teilen reicht nicht aus, damit der Algorithmus Sie im Nachrichtenfeed nach oben spült.

Wie hoch Ihr Profil momentan rangiert im Vergleich zu Ihrem Netzwerk und den Profilen aus derselben Branche, finden Sie etwas versteckt im »Social Selling Index«. Dazu müssen Sie mit Ihrem Profil angemeldet sein und diesem Link folgen https://www.linkedin.com/sales/ssi. Sie können damit nach einer Status-quo-Abfrage entscheiden, auf welche der vier Stellschrauben Sie sich vermehrt fokussieren sollten, um Ihr Profil zu stärken (Marke, Netzwerk, Expertise, Beziehungen).

LinkedIn ist eine gute Möglichkeit, wie Sie gefunden werden können. Nutzen Sie daher seine gesamte Funktionalität. Erstellen Sie Ihr Profil mehrsprachig, sagen wir: auf Englisch und Deutsch. Sie wissen nie, wer darüber aus einem anderen Land auf Sie aufmerksam wird. Wir kommen später noch zu anderen Zugängen des Gefundenwerdens. Aber lassen Sie uns zunächst noch bei Ihrer aktiven Suche bleiben.

Ihre Suchkriterien

Werden Sie sich alleine oder mit professioneller Unterstützung wirklich klar darüber, *was* Sie suchen. Listen Sie die Kriterien auf, die für Sie wirklich, wirklich, wirklich wichtig sind, und seien Sie ehrlich zu sich selbst. Ist es das Mehr an Gestaltungsfreiraum, an Verantwortung, das Sie suchen? Sind Ihnen die Beziehungen zu Ihrem Management und Ihren Mitarbeitenden und die Stimmung im Team besonders wichtig? Wünschen Sie sich mehr monetäre Anreize, weniger Reisen, mehr Internationalität oder zieht es Sie zu einer anderen, völlig neuen Branche?

Auch hier sind die Kriterien und deren Gewichtung so unterschiedlich wie die Menschen selbst. Von Manager:innen höherer Ebenen wird sehr häufig die »Gestaltungsfreiheit« genannt. Wenn Sie wissen, was Sie suchen und was Sie können, und dies auch in Form eines Kompetenzprofils bereit haben, wenn Ihr LinkedIn-Profil aktuell ist, dann geht es darum, Ihr Suchfenster festzulegen und zu verfeinern. Das heißt: Wo suchen Sie und wo nicht? Und mit wem sprechen Sie aktiv und mit wem eher nicht?

Je nachdem, ob Sie noch in Ihrem Unternehmen tätig oder schon freigestellt und in Transition sind, können Sie die Suche mehr oder weniger offen gestalten. Ob Ihnen die Anzeige »Open to Work« bei LinkedIn wirklich etwas bringt, können wir schlecht beurteilen. Je höher Sie bereits im Management verankert sind, umso weniger ist dies vermutlich der Fall. Und nur der Vollständigkeit halber: Sie sollten im aktiven Arbeitsverhältnis dieses Label nur dann auf Ihr Profil geben, wenn Sie bereits an Ihrem Arbeitsplatz Ihren Wechselwillen aktiv kommuniziert haben.

Jobbörsen sind definitiv eher für Einsteiger:innen geeignet, und die diversen Plattformen sind oft sehr auf bestimmte Branchen spezialisiert und müssen auf Ihre Passung geprüft werden. Wie überall sind Sie in Konkurrenz mit vielen Wettbewerber:innen. Daher ist auch hier entscheidend, was Sie auszeichnet und einzigartig macht.

Je besser Sie Ihr Netzwerk und Ihre Community die letzten Jahre gepflegt haben, umso besser. Sprechen Sie aktiv Menschen aus Ihrem Netzwerk an, dass Sie auf der Suche nach einer neuen beruflichen Herausforderung sind, und fragen Sie nach Ideen.

Ein Fehler, den einige dabei immer wieder machen, ist den Gesprächspartner:innen nicht ausreichend zu danken für ihre Zeit, ihre Empfehlungen, aber vor allem für ihre Netzwerke. Kontakte sind und waren schon immer wahres Gold. Damit geht man mehr als sorgsam um, noch mehr, falls es nicht die eigenen sind. Bedanken Sie sich also immer und am besten stilvoll persönlich und mit einer kleinen Aufmerksamkeit, wenn Ihnen jemand Zugang zu einem für Sie spannenden Kontakt geschaffen hat.

Generell ist der Suchprozess ein herausfordernder. Das merken wir immer wieder in unseren Karrierecoachings. Niemand bietet sich gerne am Markt an, bittet um Hilfe und Unterstützung und lebt noch dazu in der Ungewissheit, was in Zukunft kommt. Man wird lieber gefunden, gefragt und gebeten. Je länger diese Phase dauert – und alles unter sechs Monate ist relativ unrealistisch –, umso wichtiger ist es, dass Sie ein starkes, verlässliches Netz an Menschen um sich haben.

Headhunter

Kommen wir noch zu einer letzten wichtigen Quelle für das Suchen und Finden von passenden Top-Jobs für Sie: die Zusammenarbeit mit Headhuntern oder Personalberater:innen. Mit dieser »Spezies« kennen wir uns gut aus.

Es gilt: Keine E-Mail- oder Postsendungen an 50 Headhunter, die Sie im Internet gefunden haben, auch nicht an die Top Ten aus irgendwelchen Rankings. Das Geschäftsmodell eines rein auf Headhunting ausgelegten Unternehmens funktioniert anders. Die Auftraggeber:innen sind Vorstandsteams, Aufsichtsrät:innen oder HR-Funktionen aus großen Firmen, die Manager:innen für bestimmte, oft auch sehr spezielle Positionen suchen. Sie haben sie intern nicht gefunden oder wollen bewusst extern besetzen. Headhunter sind in der Regel keine Karriereberater:innen und verstehen sich auch nur in den seltensten Fällen so, auch wenn sie über das notwendige Wissen darüber verfügen.

Es ist gut, wenn Sie sich über die Jahre ein kleines Netzwerk an Headhuntern Ihres Vertrauens aufbauen, mit denen Sie sich regelmäßig austauschen und denen auch Sie gelegentlich den einen oder anderen Tipp für spannende Kandidat:innen geben. Jedoch nicht erst dann, wenn *Sie* einen neuen Job suchen! Denn auch hier sollten Sie die Hauptregel des guten Netzwerkens beherzigen: geben *und* nehmen. Dann funktioniert das am besten. Und auf diese Weise wird Ihre Headhunting-Community früh von Ihren Wünschen nach Veränderung erfahren und Sie in ihre Such- und Findeaktivitäten einbinden.

Serienbriefe, häufiges Nachfassen und Nachfragen sind bei Headhuntern sehr unbeliebt. Denken Sie immer daran, gerade wenn Sie einander noch nicht kennen: So, wie Sie bei den Headhuntern auftreten, werden Sie auch als Manager:in gesehen. Wenn eine passende Vakanz zu besetzen ist, wird man sich an den Kontakt mit Ihnen erinnern – und daran, ob dieser positiv oder eher negativ besetzt war.

Headhunter suchen nach Expert:innen auf bestimmten Gebieten. Je unübersehbarer Sie mit Ihrem Profil sind und je mehr man Sie auch außerhalb von LinkedIn findet, desto besser. Sie treten auf Panels auf, sind Speaker:in bei einer Fachkonferenz, treten bei Wirtschaftsforen und Fachtagungen auf. So werden Sie sichtbar. Und dann ist die Wahrscheinlichkeit groß, dass man Sie bei einer entsprechenden Suche findet.

Dorothea Assig und Dorothee Echter, zwei von uns sehr geschätzte Expertinnen auch auf dem Gebiet der Top-Management-Beratung, sagen, wie Sie Ihre Beziehungen mit Headhuntern gestalten sollten:

»Headhunter sollten Sie nicht als Dienstleister:innen behandeln, sondern auch zu deren Erfolg beitragen. Keinesfalls werden Gespräche selbst herbeigeführt, denn Gespräche mit Jobsuchenden sind bei ihnen äußerst unbeliebt, weil sie ihnen die knappe Zeit stehlen.« Und weiter: »Es gibt nur diesen Weg: Warten, bis ein:e Personalberater:in mit einem spezifischen Anliegen Kontakt aufnimmt. Dann gilt es, sie oder ihn bestmöglich zu unterstützen: Durch klare Positionierung des eigenen Könnens, Worte, die unkompliziert an die Auftraggebenden der Headhunter weitergegeben werden können, und durch freundliche Kommunikation ohne Follow-ups und Nachfragen sowie durch Kontaktvermittlung zu geeigneten Kandidat:innen, wenn man selbst nicht infrage kommt. Und vergessen Sie am Ende nicht das Dankesschreiben.«

Führen Sie sich vor Augen, dass Karrieren wie Feldarbeit ist: Was Sie über lange Zeit säen, wie Kontakte, den Aufbau von Expertise,

Netzwerken und Community, das ernten Sie später. Fangen Sie daher mit alldem nicht erst an, wenn Sie sich verändern wollen oder müssen.

Elegant Angebote ablehnen

Nehmen wir nun an, Sie haben alles richtig gemacht und Sie werden gefunden. Dabei ist es egal, ob Sie von Führungskräften aus dem Unternehmen, von den internen Recruitern oder einem Headhunter angesprochen worden sind.

Schauen Sie sich das Jobprofil und das Angebot grundsätzlich näher an, außer Sie hören schon in den ersten Sätzen, dass das Suchprofil nichts mit Ihren Qualifikationen und Erfahrungen zu tun hat oder aus einem anderen Grund keinesfalls infrage kommt. Schreiben Sie sich alles auf, was Sie wissen wollen, und haken bei allen Fragen nach, die Ihnen schon im Vorfeld besonders wichtig sind. Wenn diese weitestgehend beantwortet sind oder nur in Gesprächen mit den Verantwortlichen im Unternehmen geklärt werden können (Sie aber immer noch interessiert sind), dann gehen Sie weiter im Prozess.

Hören Sie sich an, was wirklich hinter dieser Aufgabe steckt und ob es für Sie eine interessante Option sein könnte. Wann immer Sie allerdings das Gefühl haben, dass für Sie wichtige Kriterien nicht erfüllt sind, dass etwas anderes gewollt als gesagt wird, oder wenn Sie schlicht ein ungutes Bauchgefühl haben und aus dem Prozess aussteigen wollen, dann tun Sie es, und zwar schnell.

IM PROZESS BLEIBEN, OBWOHL KLAR IST, DASS DER JOB NICHT INFRAGE KOMMT

Ein Klient hatte trotz widriger persönlicher Umstände das »Ja« zum Interviewprozess für einen neuen Job in London gegeben. Es war von vornherein klar, dass weder er und noch seine Familie aus Berlin wegziehen wollten. Er hatte auch nicht vor zu pendeln. Gegen unseren Rat hat er den Bewerbungsprozess durchlaufen und sich ins Zeug gelegt, um, wie er sagte »seinen Marktwert zu testen«. Am Ende bekam er eine Zusage und ein gutes Angebot. Das war sicher schön für sein Ego, aber schlecht für die Personalberatung, sein Ansehen in der Industrie und für die Beziehung zum Vorstand seines potenziellen Arbeitgebers. Wir haben lange an der Ausrede gefeilt, warum er dann doch »leider« ablehnen musste. Denn die Wahrheit hätte ihm noch mehr geschadet. Es war für alle Beteiligten eine absolut vermeidbare, unglückliche Situation.

Kommunizieren Sie klar und wertschätzend Ihren Gesprächspartner:innen Ihren Ausstieg und seien Sie bei den Gründen so ehrlich wie möglich. Alles andere ist für alle Beteiligten ärgerlicher Zeitverlust und kann Ihnen schaden. Im Unternehmen wird man Sie nie wieder ansprechen, auch wenn es vielleicht eine noch höhere oder passendere Position zu einem anderen Zeitpunkt gäbe. Die beteiligten Headhunter werden Sie nach langwierigen Prozessen, bei denen sie sich aktiv für Sie und Ihre Forderungen eingesetzt haben, bei weiteren Suchen nicht mehr berücksichtigen. Denn das ist das Letzte, was sie brauchen: Kandidat:innen, die kurz vor dem Abschluss, aus welch fadenscheinigen Gründen auch immer, abspringen. Jobchancen, die an Sie herangetragen werden, sind kein Übungsfeld, um Ihren Marktwert zu testen. Den sollten Sie immer mal wieder testen, zum Beispiel durch Gehaltsstudien oder vertrauliche Gespräche mit Ihrer Community – aber nicht in aktiven Bewerbungsprozessen.

Tun Sie sich wenigstens den einen Gefallen und bleiben Sie bei Ihrer Absage höflich und zuvorkommend. Bedanken Sie sich bei allen Beteiligten und bieten Sie an, sich in Ihrem Netzwerk nach anderen Kandidat:innen umzusehen. Machen Sie dieses Angebot aber bitte nur, wenn Sie schon konkrete Personen im Sinn haben, die Sie mit gutem Gewissen weiterempfehlen können. Denn würde sich Ihre Empfehlung als Fehlgriff herausstellen, fiele das auf Sie zurück. Ihr Gegenüber ist Absagen gewohnt, darum zögern Sie beim Vorliegen guter Gründe nicht, diesen Schritt zu gehen. Sie signalisieren damit, was Sie suchen und wofür Sie offen sind.

Auf diese Fragen sollten Sie vernünftige Antworten haben

Bevor wir uns später noch intensiver mit den Auswahlverfahren beschäftigen, wollen wir vorab einen kleinen Überblick über die wichtigsten Fragen in Interviews geben.

Sie kennen Ihren Werdegang selbst am besten. Fassen Sie ihn im Gespräch unterhaltsam und interessant zusammen. Üben Sie das im Vorfeld. Suchen Sie Themen, zu denen Sie etwas sagen können, die das Gegenüber neugierig machen.

Eine der schwierigsten Antworten ist sicherlich die auf die Frage, wie Sie der Mensch geworden sind, der Sie heute sind. Viele Menschen können aber dennoch sehr anschauliche Geschichten zu ihrer Biografie, ihrer Herkunftsfamilie und ihrer Entwicklung erzählen.

Üben Sie sich im Storytelling. Lernen Sie, Ihre Geschichte interessant zu erzählen. Präsentieren Sie sich als Mensch, der »sinn-voll« agiert und situativ die richtigen Entscheidungen trifft.

Häufig geht es auch um Fragen wie: Was befähigt gerade Sie, diesen Job zu machen oder diese nächste Stufe zu erklimmen? Sie dürfen damit rechnen, dass bestimmte Fragen wie »Warum sind Sie richtig für den Job?« oder auch »Was zeichnet Sie aus?« immer wieder gestellt werden. Dann sollte Sie gute Antworten liefern. Und zwar keine Nullachtfünfzehn-Antworten, sondern etwas, das mit Ihrem Werdegang, mit Ihrer Person zu tun hat. Idealerweise gehen Sie in Ihrer Antwort auf den in Aussicht stehenden Job ein.

Verzichten Sie auf Schlagworte und Jargon, und belegen Sie Ihre Behauptungen. »Ich bin uneingeschränkt belastbar« und »Ich verfüge über die nötige Resilienz« hört man von Bewerber:innen gern. Aber wie und wo haben Sie das in Ihrer bisherigen Laufbahn bewiesen? Rafting, Abseilen von hohen Bergen, das Besteigen des Mount Everest sind beeindruckende Hobbys, sollten aber nicht im Bewerbungsverfahren zur Sprache kommen. Oder würden Sie jemanden einstellen, der womöglich wegen genau dieser Aktivitäten wochenlang krankheitsbedingt ausfallen könnte?

Übertreiben Sie es niemals mit In-Themen, Buzzwords und Akronymen wie Digitalisierung, Globalisierung, Transformation, Nachhaltigkeit, Diversität, ESG, CSRD oder KI, und ernennen Sie sich nicht selbst zur Expertin oder zum Experten wovon auch immer. Sicher dürfen Sie – natürlich immer durch Beispiele belegt – sagen, wenn Sie in einem dieser Bereiche nachweisbare Erfolge erzielt haben. Aber dass Sie in allem, das gerade en vogue ist, fit sind, glaubt Ihnen niemand. Positionieren Sie sich als der Mensch, der Probleme erkennt und Lösungen findet. Welche Herausforderungen haben Sie in früheren Rollen bewältigt? Wie konnten Sie zum Unternehmenserfolg beitragen?

Je mehr und intensiver Sie sich mit Ihrer Persönlichkeit auseinandergesetzt haben, umso leichter werden Ihnen die Antworten fallen. Denken Sie daran: Ihre Gesprächspartner:innen wollen Sie als Persönlichkeit möglichst greifbar machen. Sie wollen eine Einschätzung, wie leistungsfähig, verantwortungsbewusst und krisenerprobt Sie sind. Sie sollten darauf hinarbeiten, dass Sie als sicheres Erfolgsversprechen betrachtet werden und nicht als wenig kalkulierbares Risiko.

Wir leben in äußerst unsicheren Zeiten, wir haben gerade eine Flächenpandemie hinter uns und zwei Kriege vor der Haustür, zahlreiche Konflikte in unserer Innenpolitik und so weiter. Die Lage ist also alles andere als sicher und überschaubar. Daher verwundert es nicht, dass wir in vielen Unternehmen eine Absicherungskultur wahrnehmen. Die Hiring Manager, also diejenigen, die Personal einstellen, wollen so weit wie möglich auf Nummer sicher gehen, dass sie die richtigen Entscheidungen treffen. Daher werden die Prozesse zunehmend länger: Direkte Vorgesetzte, Kolleginnen und Kollegen, Mitarbeitende, Vorständ:innen, Aufsichtsrät:innen, der Betriebsrat – je höher die Position ist, um die Sie sich bewerben, desto mehr Menschen werden Sie vorab treffen. Stellen Sie bei allem, was Sie über sich erzählen, einen Bezug zum neuen Jobprofil her. Warum sind Sie mit dem, was Sie mitbringen, die beste Kandidatin, der optimale Kandidat? Finden Sie eine überzeugende Antwort auf die Frage, warum man sich für Sie entscheiden sollte. Und während bei einem internen Aufstieg bereits akzeptiert ist, dass Sie nun den nächsten Schritt auf der Karriereleiter gehen wollen, sollten Sie bei der Bewerbung in einem neuen Unternehmen eine Antwort darauf haben, warum Sie gerade in diesem und keinem anderen tätig werden wollen.

Sie werden mit großer Wahrscheinlichkeit nach schwierigen, herausfordernden und kritischen Situationen, vielleicht sogar nach Krisen gefragt. Seien Sie selbstkritisch, stellen Sie nicht alles rosarot dar. Das glaubt Ihnen ohnehin niemand. Der Grat zwischen heroischer Darstellung und selbstzweifelnder Analyse ist schmal, daher brauchen Sie auch hier Vorbereitung.

In diesen Gesprächen will man Sie als Mensch kennenlernen, aber auch sehen, ob Management- und Führungskompetenzen vorhanden sind. Daher sind Fragen nach Ihren Vorstellungen von Führung, Ihrem Konzept, Ihrer Philosophie und wie Sie diese umsetzen gebräuchlich. Auch Szenarien mit herausfordernden Situationen können vorkommen. Man will wissen, wie Sie diese einschätzen und lösen. Seien Sie so konkret und verhaltensnah wie möglich, und verlieren Sie sich nicht in vagen Beteuerungen wie »Ich führe situativ und individuell«.

Sicher wird man Sie nach Ihren Werten fragen und nach dem, was Sie antreibt, was Sie wirklich wollen. Wir empfehlen Ihnen hier die Folge »Drei Fragen, die Sie sich vor jeder Bewerbung stellen sollten« aus der Podcast-Reihe »Wegen guter Führung« des Harvard Business Managers. Die Gastgeberinnen Antonia Götsch und Stephanie Schorp sprechen hier zum Thema Positionierung im Bewerbungsverfahren.[42] Hier die Kurzzusammenfassung: Finden Sie ehrliche Antworten auf folgende Fragen: Wo sind Sie richtig? Wo werden Sie gebraucht? Wofür können Sie ein Erfolgsversprechen sein?

Damit ein Karriereübergang gelingt, müssen Sie nicht nur entsprechend qualifiziert, sondern in dem, was Sie tun, kompetent sein. Wissen ist nicht Können. Können bedeutet, dass Sie Wissen in die Tat umsetzen. Denken Sie an den Edelsteinhandel. Sie haben vielleicht im Vorfeld viel gelesen. Sie waren gut vorbereitet, jedenfalls theoretisch. Sie kannten aber das Spiel nicht, standen nicht auf dem Platz. Es fehlt Ihnen der Transfer von der Theorie in die praktische Umsetzung. Widerstehen Sie also der Versuchung, im Bewerbungsverfahren ausschließlich mit Ihren Qualifikationen überzeugen zu wollen: mein MBA, mein Titel, meine Ausbildungen. Die Halbwertzeit von Wissen ist schnell erreicht. Ein MBA, den Sie vor 15 Jahren gemacht haben, sichert Ihnen einen akademischen Grad auf Dauer, keine Frage. Aber passt das alles noch ins Heute, was Sie im Gestern gelernt haben?

Kluge und erfahrene Expertinnen und Experten sagen zwar, dass Qualifikationen wichtig sind, jedoch niemals den Ausschlag für eine:n

Bewerbenden geben. Qualifikationen sind, je höher Sie kommen, die Pflicht und werden vorausgesetzt. Aber was stellen Sie heute damit an? Und wie bringen Sie Ihr Wissen immer wieder auf den neuesten Stand? Wie kann Ihre neue Rolle davon profitieren?

Fragen Sie niemals nach der Kultur

Im Idealfall können Sie bereits im Interviewprozess einen Eindruck von der Organisationskultur bekommen. Dennoch gilt: Jede Kultur ist eine Blackbox, die viele Überraschungen bereithält und sich nur bis zu einem gewissen Grad beeinflussen lässt. Vielleicht kennen Sie die Kurzgeschichte von David Foster Wallace *This is water?*[43]. Eine schöne und passende Fabel, die wir in unseren Worten nacherzählen: Es schwimmen zwei Fische entspannt im Meer. Ein dritter Fisch kreuzt ihren Weg. Er grüßt sie mit den Worten: »Hallo, wie ist das Wasser heute?« Die beiden Fische schwimmen eine Weile weiter. Plötzlich sagt einer zum anderen: »Was, zum Kuckuck, ist Wasser?«

Genauso verhält es sich mit Kultur. Menschen, die darin zu Hause sind, können sie nur selten treffend beschreiben. Sie können Ihnen sagen, was gut und was schlecht ist, vielleicht auch den Idealzustand skizzieren. Ein objektives Bild können sie jedoch nicht zeichnen. Wir sind schlicht Teil des Systems und über- oder unterschätzen es häufig.

Wie oft hören wir Sätze wie: »Wir sind ein innovatives Unternehmen«, »Wir ermächtigen unsere Mitarbeitenden« oder »Wir leben eine flache Hierarchie«. Das sind nur Floskeln mit einem begrenzten Wahrheitsgehalt. Erfragen Sie also nicht die Kultur, sondern nutzen Sie Ihren unvoreingenommenen Blick und diagnostizieren Sie selbst. Wir geben unseren Klientinnen und Klienten für die Kulturentdeckung acht Elemente mit auf die Entdeckungsreise:

KULTURSCAN – TEIL 1

1. **Kultur erkennt man am Empfang.** Ja, Sie haben richtig gelesen: Die gute alte Rezeption, der Empfang, der Eingangsbereich. Wie freundlich Sie begrüßt werden, wie einfach das Einchecken ins Besuchendenregister ist, wie die Eingangshalle aussieht, wie die Stimmung der Mitarbeitenden, die das Gebäude betreten oder verlassen, ist. Das alles sagt viel über die Kultur des Hauses. Auch wenn oft Subunternehmen den Empfang managen, spielt das, was von Mitarbeitenden am Empfang gefordert ist und wie sie auftreten, eine Rolle.

   Das gilt auch umgekehrt. Wir und viele unserer Coachees, die Stellen zu vergeben haben, machen ihre Entscheidung abhängig vom Feedback der Rezeptionist:innen am Empfang. Was hatten Sie für einen Eindruck? War der oder die Kandidat:in in dieser Stresssituation freundlich? Oder forsch? Auf Augenhöhe oder von oben herab?

   Wie geht es dann weiter? Werden Sie von jemandem abgeholt oder müssen Sie den Weg selbst finden? Werden Ihnen Getränke angeboten, können Sie sich einen Stuhl aussuchen oder weist man Ihnen einen Platz zu? Auch das sagt viel darüber aus, wie das Klima in der Organisation ist. Und möglicherweise, welchen Stellenwert Sie und Ihre Rolle haben könnten.

2. **Die verborgene Macht der Vorbildfunktion.** Beobachten Sie die Gesprächsführenden. Ihr Verhalten und ihr Umgang mit Ihnen und anderen Mitarbeitenden verrät viel darüber, welche Werte im Unternehmen gelebt werden. Sind sie ansprechbar? Hören sie zu? Nehmen sie wahr, was passiert, und bringen sie sich ein, wenn es kritisch wird? Sind sie offen für Kritik? Zeigen sie Interesse an Ihnen?

3. **Das Flüstern der Wände.** Beim Gang durch das Gebäude spricht oft das Interieur Bände. Das Büro verrät Ihnen viel darüber, wie das Unternehmen tickt. Sind die Räume offen, freund-

lich, oder empfängt man Sie in einem kleinen, unpersönlich eingerichteten Büro? Gibt es einladend gestaltete Orte der Begegnung? Wie sitzen Führungskräfte und Mitarbeitende – in einem Raum zusammen oder getrennt? Wie sehen die Arbeitsplätze aus? Was fällt Ihnen an der Technik auf? Desktop Computer oder Laptops? Whiteboards oder Touchscreens? All das sind wertvolle Hinweise auf die vorherrschenden Strukturen und das Arbeitsklima. Auch nach den Gesprächen vor Ort im weiteren, oft virtuellen Austausch können Sie Kultur erleben.

4. **Hält man, was man verspricht?** Bekommen Sie die Rückmeldungen, die Ihnen versprochen wurden, zu dem Ihnen zugesicherten Zeitpunkt? Verändert sich die Konstellation der Interviews? Gibt man Ihnen Feedback nach jedem Gespräch, und holt man Sie gut im Prozess ab? Das sind alles sehr gute Zeichen. Lange Pausen und wenig produktive Kommunikation hingegen nicht.

(wird fortgesetzt in Kapitel 4)

Assessments & Co – Und immer wieder sind Sie auf dem Prüfstand

Egal, ob Sie intern aufsteigen oder in einem anderen Unternehmen für eine neue Position in die engere Wahl kommen, Sie werden sich zwangsläufig der ein oder anderen Auswahlprozedur unterziehen müssen. Einige unserer Coachees haben fünf oder sechs Gespräche mit unterschiedlichen Akteur:innen geführt, um danach noch in ein Assessment oder Executive Audit geschickt zu werden.

Executive Audit wird ein Assessment häufig dann genannt, wenn es zur Besetzung von höheren, vor allem Vorstandspositionen durchgeführt wird. 60 Prozent der Unternehmen mit einem Headquarter in Deutschland nutzen Assessments oder Audits, und das keineswegs nur für Einsteiger:innen.[44] Da solche Verfahren also keine Seltenheit sind, auch hierzu noch einige Hinweise.

Die meisten Menschen, die sich bereits in den unterschiedlichen Positionen und Projekten behauptet haben, finden es mehr als befremdlich, dass sie nun noch einmal ihre Kompetenzen, ihre Talente und ihre Persönlichkeit auf den Prüfstand stellen und sich von internen und oder externen Beobachter:innen bewerten lassen müssen. Aber es hilft nichts. Wenn Sie den neuen Job haben wollen, müssen Sie da durch. Sie können rebellieren oder brillieren. Wir raten Ihnen zu Letzterem. Verschwenden Sie nicht zu viel Energie, um sich zu ärgern. Stecken Sie diese besser in eine gute Vorbereitung.

Wir führen diese Verfahren nicht nur seit zwei Jahrzehnten durch, sondern bereiten auch Coachingklient:innen intensiv auf Auswahlsituationen dieser Art vor. Daher hier einige Tipps aus unserer Erfahrung als Beobachterinnen und Bewerterinnen.

Was wird gemessen?

Für hohe Positionen führt man in der Regel Verfahren von drei bis vier Stunden durch, die vor allem aus strukturierten, häufig kompetenzbasierten Interviews bestehen und manchmal um eingeschobene Business Cases oder Szenarien aus dem Führungsalltag ergänzt werden. In solchen Gesprächen will man Sie als Mensch und Manager:in kennenlernen. Rechnen Sie mit Fragen nach Ihren Vorstellungen von Führung, Ihrem Konzept und Ihrer Philosophie. Auch Szenarien mit herausfordernden Situationen können vorkommen. Man will wissen, wie Sie diese analysieren und lösen würden. Seien Sie so konkret und verhaltensnah wie möglich, verlieren Sie sich nicht Pauschalisierungen.

Klassische Business Cases, Fragen nach der Anzahl von Tankstellen in Deutschland oder wie viele Bälle in ein Flugzeug passen, sind, mit Ausnahme von Strategieberatungen, veraltet. Sie müssen dennoch darauf vorbereitet sein. Hier wird überprüft, ob und wie gut Sie abstrahieren können. Ihr Gedankenprozess ist wichtiger als die richtige Antwort.

Auf den Job bezogene und oft eigens dafür konzipierte Business Cases sind sehr beliebt, vor allem, wenn es starke, analytische Fähigkeiten für die Position braucht.

Selbstvorstellung, Präsentationen zu einem bestimmten Thema, Gruppendiskussionen und Rollenspiele wie zum Beispiel Verkaufs- oder Mitarbeitendengespräche werden für die Besetzung von Vorstandspositionen selten verwendet.

Persönlichkeitstests

In den letzten Jahren und im Zuge der gestiegenen Absicherungsmentalität werden immer mehr Persönlichkeitstests und Tests zur Messung der kognitiven Leistungsfähigkeit eingesetzt. Hier scheiden sich die Geister. Während die einen Tests als objektive und valide Ergebnisse liefernd betrachten, verurteilen die anderen Tests als technokratisch und menschenverachtend.

Gerade Persönlichkeitstests können aber, wenn man von standardisierten Verfahren ausgeht, eine andere Perspektive aufzeigen.

So wirbt der Hogan-Persönlichkeitstest beispielsweise damit, dass Personalentscheidungen nicht nur präziser werden, sondern daraus auch effektivere Personalentwicklungsmaßnahmen abgeleitet werden können. Beim Hogan-Persönlichkeitsinventar werden vor allem drei Perspektiven der Persönlichkeit erfasst: die Erfolgsfaktoren im operativen Tagesgeschäft, das Verhalten unter Stress, Druck und Unsicherheiten (die mit Sicherheit spannendste und ungewöhnlichste Skala) sowie Werte, ideales Umfeld und bevorzugte Wege der Entscheidungsfindung. Hogan geht wie viele andere Persönlichkeitstest auf das schon in den 30er Jahren entwickelte Big-Five- oder Fünf-Faktoren-Modell zurück. Diese Faktoren sind: Gewissenhaftigkeit, Extraversion, Offenheit für Erfahrungen, Verträglichkeit und Neurotizismus.

Es gibt Menschen, die der Meinung sind, man könnte jeden Test manipulieren. Wenn Sie dazugehören, können Sie sich auf alle möglichen Tests mit Hilfe von Profis vorbereiten. Sie können es aber auch einfach lassen und auf Folgendes vertrauen: Wenn Ihr Testergebnis nicht gut ist, kann das vielleicht auch ein Zeichen sein, dass das Unternehmen nichts für Sie ist. Zumal es bei diesen Tests häufig kein Idealprofil gibt und damit auch kein richtig oder falsch. Wenn Sie alldem misstrauen, können Sie sich intensiv auch alleine darauf vorbereiten. Wichtig ist, dass Sie im Vorfeld erfahren, was auf Sie zukommt, welche Verfahren eingesetzt werden, wer beobachtet und im Idealfall welche Anforderungen und Kompetenzen beurteilt werden.

Zusätzlich werden immer auch Führungskompetenzen, strategisches Denken und unternehmerisches Handeln, analytische Fähigkeiten wie Komplexitätsreduktion, Leistungsbereitschaft, Motivation, Situationsgespür, Entscheiden unter Unsicherheit, operative Exzellenz, Arbeitstechniken, Technologiekenntnisse (zu Digitalisierung und KI), Umsetzungsorientierung, Kritikfähigkeit und Krisenfestigkeit geprüft. Dieser ohnehin lange Katalog lässt sich unendlich erweitern. Generell sind die untersuchten Kompetenzen drei Blöcken zuzuordnen: Erstens: Wer sind Sie als Mensch und Führungskraft, und was treibt Sie an? Zweitens: Wie arbeiten Sie, wie lösen Sie Probleme und wie treffen Sie Entscheidungen? Drittens: Wie gehen Sie mit anderen Menschen um?

Generell gibt das ganze Auswahlprozedere schon Hinweise auf wesentliche kulturelle Aspekte. Wie geht man miteinander um, welches Menschenbild herrscht dort vor? Je mehr Tests und Analysen, umso wahrscheinlicher ist ein technokratisches und funktionales Menschenverständnis. Das ist gut, wenn Sie sich mit einer eher distanzierten, messbaren Umgangsweise wohlfühlen. Es wird schwierig, wenn für Sie Kooperation, Kollaboration und Menschenzentriertheit essenziell sind.

So oder so, schauen Sie sich die Qualität der Gespräche, die Gesprächspartner:innen und die Methoden jenseits des Interviews genau an. Auch, wie man mit Ihnen und den Ergebnissen nach dem Bewertungsverfahren umgeht.

Hier können Sie zahlreiche Hinweise über die Kultur des Unternehmens erkennen und mit Ihren persönlichen Kriterien abgleichen. Bereiten Sie sich gut vor, aber machen Sie sich nicht verrückt. Vor allem: Versuchen Sie, bei sich zu bleiben. Es geht um einen professionellen und authentischen Auftritt. Geben Sie nichts vor, was Sie nicht wirklich erfahren oder umgesetzt haben. Man kann heute leicht umfassend recherchieren und Gesagtes überprüfen. Finden Sie eine Balance zwischen Selbstbewusstsein und Selbstkritik. Holen Sie sich gute Sparringspartner:innen und sprechen Sie zusammen bestimmte Themen durch. Holen Sie sich Feedback zu Ihrer Wirkung und dem, was Sie ausmacht. Seien Sie menschlich und nahbar, ohne Nabelschau zu betreiben oder sich komplett in die Karten schauen zu lassen.

Ein wesentlicher Tipp, der auch von Dorothea Assig und Dorothee Echter wunderbar in ihrem Buch auf den Punkt gebracht wird: Hinterfragen Sie Absagen nicht.[45] Das ist schwierig, auf jeden Fall. Aber Sie werden selten aufrichtige Antworten bekommen.

Bevor Sie unterschreiben, verhandeln Sie Ihren persönlichen Erfolg

Egal, ob Sie ein »Weg von …« oder ein »Hin zu …« zum Karriereübergang bewegt hat, Sie müssen für sich einstehen. Das bedeutet, dass Sie Ihren eigenen Erfolg verhandeln (lernen). Damit ist nicht nur die Frage nach dem Gehalt oder anderen Extras gemeint, sondern das Gesamtpaket.

Erinnern Sie sich an die Edelsteine. Erstellen Sie im Vorfeld der Gespräche eine Liste mit Kriterien, die für Sie wichtig sind. Markieren Sie diese farblich. »Rot« bedeutet, dass die Forderung auf jeden Fall erfüllt sein muss. Dazu gehört beispielsweise das von Ihnen geforderte Minimalgehalt. »Gelb« sind Bedingungen, die erfüllt werden sollten, wie gewisse Extras (zum Beispiel die Unterstützung bei der gesundheitlichen Vorsorge oder ein Dienstwagen). Und »Grün« sind Wünsche, die als Verhandlungsmasse dienen (»nice to have«). Damit meinen wir, dass Sie diese nur aus einem Grund nennen: Sie wollen der Gegenseite die Chance geben, sie abzulehnen. Warum? Weil es hier um eine Verhandlung und somit auch um Spieltheorie geht. Wenn Ihr Gegenüber gewisse Forderungen ablehnen kann, stimmt es anderen eher zu. Es ist eine Illusion, dass ein Job zu hundert Prozent Ihre Wünsche und Erwartungen erfüllen kann. Die für Sie relevanten aber müssen unbedingt passen.

Den eigenen Erfolg verhandeln bedeutet auch, dass Sie aktiv und strategisch für Ihre eigene Karriere einstehen und selbstbewusst die Grundlage dafür legen, dass Sie in der neuen Rolle Erfolg haben können.

Überprüfen Sie die Voraussetzungen abschließend noch ein letztes Mal anhand der folgenden Fragen. Und sprechen Sie offene Punkte aktiv an.

1. Was erwartet man von Ihnen? Sind Sie dazu bereit?
2. Kennen Sie die Ressourcen, die Ihnen zu Verfügung stehen, und das genaue Maß der Verantwortung, die Sie tragen werden? Sind Sie damit einverstanden, »Ready for Success»?
3. Wie sieht das Machtgefüge im Unternehmen aus? Und was wird Ihr künftiger Rang darin sein?
4. Wer sind die wichtigsten Stakeholder? Dürfen Sie sich direkt mit diesen austauschen? Werden sie Ihnen vorgestellt?
5. Wie und wo können Sie gleich zum Einstieg glänzen?

Bei einem Auf- oder Umstieg im Unternehmen ist es natürlich einfacher, schon vor den Gesprächen Antworten zu finden. Aber auch dann, wenn Sie neu in einer Organisation beginnen, lässt sich viel im Vorfeld recherchieren. Überlegen wir also im folgenden Kapitel, was Sie wann in der Vorbereitungsphase tun, sagen und fragen sollten. Um darauf aufbauend zu klären, was an Tag 1 und den ersten 10 Tagen sowie den folgenden Monaten wichtig ist.

✓ Sie sollten vor einer Unterschrift unter einem Vertrag Antworten auf diese Fragen haben

- Warum wollen Sie diesen Karriereübergang?
- Warum jetzt?
- Warum denken Sie, dass das ein kluger Plan ist?
- Warum interessiert Sie diese Aufgabe? Was versprechen Sie sich davon?
- Warum könnten Sie vielleicht mit dieser Entscheidung danebenliegen?
- Warum denken Sie, dass Sie die Aufgabe bewältigen können?
- Warum will man Sie haben?

Der professionelle Abgang

Je höher Sie auf der Karriereleiter steigen, desto besser und frühzeitiger sollten Sie mit der Planung Ihres Übergangs beginnen. Beschäftigen Sie sich intensiv mit sich selbst und nutzen Sie die Zeit, um im alten Job einen ordentlichen Schlusspunkt zu setzen. »Man trifft sich im Leben immer zweimal« stimmt besonders in der Arbeitswelt!

Achten Sie darauf, keine verbrannte Erde zu hinterlassen, selbst wenn Ihnen gekündigt wurde. Testen Sie es an sich selbst. Was denken Sie, sind die Konsequenzen, wenn Peter aus Ihrem alten Unternehmen Ihrer künftigen Kollegin Sandra berichtet, wie unmöglich Sie in den letzten Wochen in Ihrer Position agiert haben? Genau. Und deshalb sollten Sie in dieser Phase so transparent und so konstruktiv wie möglich agieren.

Avisieren Sie Ihren Wechsel im alten Unternehmen, sobald der Vertrag unterschrieben wurde. Warten Sie damit nicht auf den nächsten Stichtag. So geben Sie Ihrem alten Team ausreichend Spielraum und der Organisation die Chance, frühzeitig die Nachfolge zu regeln. Bieten Sie an, dabei behilflich zu sein. Erarbeiten Sie gemeinsam mit den Verantwortlichen den Plan für die Wochen bis zu Ihrem Ausscheiden. Selbst wenn Ihnen gekündigt wurde: Bleiben Sie professionell und souverän. Wir haben dafür eine Schritt-für-Schritt-Anleitung für Sie zusammengestellt.

1. **Klären Sie alles Rechtliche.** Die Kündigungsfrist haben Sie schon vorab geprüft, jetzt geht es um Arbeitszeitausgleich, Urlaubsansprüche oder ob Sie ein Wettbewerbsverbot im Dienstvertrag berücksichtigen müssen. Steht vielleicht noch eine Bonuszahlung aus? Wie sieht es aus mit der Krankenversicherung, der Betriebsrente, Direktversicherungen und anderen? Gibt es hier etwas von Ihrer Seite zu regeln? Und wie sieht es mit Extras aus? Muss ein Firmenwagen, ein Ticket für Bahn und Nahverkehr oder bereitgestellte Hard- und Software übergeben werden? Vieles steht in Ihrem Vertrag. Darüber hinaus können Sie die Personalverantwortlichen direkt ansprechen.

2. **Kommunizieren Sie transparent und in der richtigen Reihenfolge.** Bevor Sie die schriftliche Kündigung einreichen, sollten Sie den künftigen Vertrag vollständig unterschrieben in Ihren Händen halten. Hört sich simpel an? Wir kennen gleich mehrere Beispiele von Menschen, die im Regen stehen gelassen wurden, weil sie auf Basis eines Handschlags gekündigt haben, ohne dass der neue Vertrag in trockenen Tüchern war. Wenn Sie Pech haben, nimmt Sie die alte Firma nicht mehr zurück.

   Nach der Vertragsunterzeichnung gibt es kaum einen Grund, um die Vorgesetzten nicht zu informieren. Wir empfehlen, dass Sie zuerst im persönlichen Gespräch mitteilen, dass Sie die Organisation verlassen, um dann die schriftliche Kündigung (idealerweise persönlich) nachzureichen. Gründe müssen Sie keine nennen, wenn Sie nicht möchten. Lassen Sie sich den Erhalt immer bestätigen. Setzen Sie dazu ein kurzes Schreiben auf oder bitten Sie per E-Mail darum. Bestehen Sie zudem darauf, Ihr Team selbst zu informieren oder stellen Sie sicher, dabei zu sein, wenn es andere tun.

   Manchmal wird Ihnen Ihr:e alte:r Arbeitgeber:in ein Gegenangebot unterbreiten, wenn Sie Ihre Kündigungsabsichten öffentlich machen. In diesem Fall dürfen Sie zuhören, aber sollten sich selbst die Frage stellen, welche Fakten dafür sprechen, zu bleiben. Was ist Ihnen mehr wert? Geht es nur um den finanziellen Aspekt? Werden Sie beim bestehenden Arbeitgebenden wirklich neue Chancen bekommen? Größeren Spielraum? Andere, weitere Aufgaben? Ja, manchmal braucht auch ein Unternehmen einen Denkanstoß.

3. **Gehen Sie nicht einfach mit Ihrem Know-how weg.** Planen Sie eine saubere Übergabe und bieten Sie an, Ihre Nachfolgerin, Ihren Nachfolger einzuarbeiten. Das sollten Sie auch dann tun, wenn Ihnen gekündigt wurde. Es ist nicht einfach, spricht aber für Sie und Ihre Integrität. Schließen Sie offene Projekte ab und sprechen Sie mit Ihrem Team, Ihren Kolleginnen und Kollegen und auch mit wichtigen Stakeholdern. Klären Sie offene Fragen, aber lassen Sie sich nicht dazu verleiten, etwas Negatives zu sagen. Bereiten Sie Ihre Antwort auf die Frage vor, warum Sie gehen. Diese wird Ihnen sehr oft gestellt werden. Seien sie dabei diplomatisch.

4. **Bleiben Sie positiv, freundlich und korrekt.** Auch wenn Sie vielleicht andere Gefühle haben: Hinterlassen Sie kein böses Blut. Gehen Sie anständig und mit erhobenem Haupt. Und seien Sie bis zum letzten Tag geistig präsent.
5. **Bestehen Sie auf Arbeitszeugnis, Referenzen und Empfehlungsschreiben.** Wir empfehlen, diese immer durch Expert:innen prüfen zu lassen. Und gestalten Sie auch hier mit. Idealerweise bekommen Sie das Zeugnis schon gegen Ende Ihres Arbeitsverhältnisses. Dann ist es leichter, Änderungen vorzunehmen. Oder machen Sie selbst einen Textvorschlag.

Der Schlussstrich sollte persönlich gehalten sein. Behalten Sie sich vor, Ihre Abschieds-E-Mail zu schreiben. Gehen Sie jedoch gezielt darüber hinaus auf eine persönlichere Ebene. Handgeschriebene Dankeskarten oder, wie bei einer Klientin gesehen, ein Abschlussvideo, eine Abschiedsfeier können erinnerungswürdige Zeichen sein. Man soll Sie positiv im Gedächtnis behalten. Sie müssen es ja nicht wie der Fußballspieler Erling Haaland machen, der zum Abschied allen Teamkollegen von Borussia Dortmund eine Rolex schenkte.[46] Ihr Abschied sollte angemessen sein und zu Ihnen passen. Menschen werden vergessen, was Sie gesagt haben. Basierend auf einem Zitat von Maya Angelou: Sie werden sich kaum daran erinnern, was Sie getan haben. Sie werden aber immer wissen, wie Sie sich im Kontakt mit Ihnen gefühlt haben.[47]

Zeit, um die Batterien aufzuladen

Investieren Sie Zeit, um sich selbst noch besser und intensiver kennenzulernen. Jetzt ist eine gute Gelegenheit, um an sich zu arbeiten. Es ist der perfekte Zeitpunkt für ein anonymes 360°-Feedback. So ehrlich wie jetzt werden Kolleginnen und Kollegen selten sein.

Wenn es Ihnen gelingt, verhandeln Sie eine Freistellung oder eine Auszeit zwischen der bisherigen und der neuen Position. Vier bis sechs Wochen sind fast immer möglich, ideal wären drei bis sechs Monate.

Auch wenn es unmöglich erscheint, wissen wir aus Erfahrung, dass es möglich ist.

Erholen Sie sich, wie es auch immer für Sie passt. Das kann alles sein: Heilfasten, ein Ayurveda-Retreat in Indien, der Jakobsweg oder kümmern Sie sich um Ihren Garten. Oder schreiben Sie ein Buch, verbringen Sie Zeit mit der Familie oder tun Sie einfach gar nichts. Nehmen Sie sich Zeit für alles, was Ihnen guttut und Ihre Batterien auflädt. Sie werden die Energie brauchen für den Neubeginn. Und bereiten Sie sich auf den Übergang und die neue Position umfassend vor, indem Sie eine Erfolgsstrategie und einen Plan für die ersten Tage, die ersten Wochen, die ersten Monate entwickeln.

Übergangsplanung – Starten Sie gestärkt in die neue Rolle, dank der besten Vorbereitung

Was tun Sie am besten wann und warum? Folgend finden Sie einen Plan, der Ihren Übergang begleitet und das Ziel verfolgt, diesen gekonnt zu meistern. Beginnend 100 Tage vor dem Start bis zu den ersten Jahren in der neuen Rolle. Wobei die Zeitangaben nicht in Stein gemeißelt sind: Übergange sind fließend.

So werden Sie nicht immer 100 Tage zur Vorbereitung haben und nicht immer 100 Tage, um sich zu beweisen. Die eingängige 100-Tage-Marke ist ohnehin ein Trugschluss. Wir kennen niemanden, der nach 100 Tagen voll in seiner oder ihrer Rolle angekommen ist. Der Zeitraum für Übergänge liegt eher bei einem bis anderthalb Jahren! Und beweisen müssen Sie sich ohnehin jeden Tag wieder aufs Neue. Es gibt Fehlschritte, die sind korrigierbar, und es gibt solche, die sich nicht revidieren lassen. Bitte verstehen Sie die Zeitfenster als Vorschläge. Es liegt in Ihrer Hand, den zeitlichen Ablauf für Sie passend zu gestalten.

100 Tage vor dem Start: Der neue Arbeitsvertrag ist unter Dach und Fach

Coaching ist natürlich nur ein Weg, der eine gute Vorbereitung auf den erfolgreichen Karriereübergang ermöglicht. Es gibt unzählige andere Möglichkeiten, die wichtig und richtig in der Vorbereitung sind. Doch ist der Vertrag unterschrieben und die Kündigung eingereicht, sollten Sie zuerst erleichtert sein und durchatmen. Freuen Sie sich: Sie haben den Übergang gewagt und die ersten wichtigen Schritte hinter sich gebracht. Nun geht es darum, die nächsten, so gut es geht, abzusichern. Und egal, ob Sie auf- oder umgestiegen sind, ob Sie einfach nur noch froh sind, endlich aus dem Hamsterrad entkommen zu sein: Auf Sie wartet eine neue Aufgabe. Sie erhalten die Chance, sich zu beweisen.

Was Sie also auch zum Jobwechsel angetrieben hat, nun steht er bevor und will gut geplant sein. Und der alte Job will nicht stiefmütterlich zurückgelassen werden. Doch genau das passiert häufig. Kaum ist der neue Vertrag unterschrieben, verabschiedet man sich gedanklich von der alten Position und Rolle. Und das tut weder Ihnen noch dem Unternehmen gut.

Lassen Sie nicht plötzlich alles los, sondern durchleben Sie den Übergangsprozess mit seinen verschiedenen Phasen. Um sich dann in der neuen Rolle noch »prachtvoller« zu präsentieren.

Und in der Zeit dazwischen sollten Sie den Fokus darauf richten, Ihre Energie zu stärken und die Verbindungen, die Sie tragen. Legen Sie die Grundlage, sich selbst optimal zu positionieren, indem Sie das Bisherige analysieren, um das Neue zu organisieren.

10 Tage vor Start

Spätestens jetzt sollten Sie nicht mehr im alten Job tätig sein. Wir hoffen, dass Sie vielleicht sogar schon ein paar Tage oder ein paar Wochen lang frei hatten. Durchatmen ist wichtig, das Neue wird Sie fordern. Ein Karriereübergang ist anstrengend, kognitiv, emotional, aber auch energetisch. Machen Sie Urlaub, gewinnen Sie Abstand von dem Alten und lassen Sie los, bevor Sie in das Neue starten. Gehen Sie nicht nahtlos von einem Job in den nächsten über. Sie werden in alten Mustern steckenbleiben. Sie brauchen Abstand und eine Auszeit, um körperlich voll präsent zu sein, Ihre Story zu verinnerlichen, Ihre »Lessons learned« aufzuarbeiten und, um frühere Fehler zu analysieren. Werden Sie sich klar, wie und wo Ihre Weiterentwicklung stattfinden kann und sollte.

Gerade in den letzten beiden Wochen vor dem Start sollten Sie, wann immer es denn machbar ist, auf Aufregung verzichten. Tun Sie sich viel Gutes in diesen Tagen. Die letzten 14 Tage vor dem Start dienen dem Feinschliff. Sie sollten Ihre Strategie für die ersten Wochen fertigstellen. Dazu gehört Ihr persönlicher Onboarding-Plan, ein Lernplan und ein »Was wäre wenn«-Plan. Welche unangenehmen Fragen könnten Ihnen gestellt werden? Wie antworten Sie darauf? Was ist das Schlimmste, das in den ersten Wochen passieren kann, und wie würden Sie damit umgehen? Der Was-wäre-wenn-Plan wirkt wie ein Regenschirm. Wenn man ihn dabeihat, braucht man ihn meistens nicht.

Und auch Ihre Antrittsrede will in dieser Zeit final durchdacht sein. Wir gehen später noch auf Reden und Präsentationen ein. Für Sie kurz zusammengefasst: Ihre ersten Worte an Kolleg:innen sollten ehrlich, kurz und zu Ihnen passend sein. Und geht Ihre Einwechslung mit einer organisatorischen Veränderung einher, dann sollten Sie diese thematisieren. So ganz unter uns, die Neubesetzung einer Rolle ist eigentlich immer mit dem Wunsch verbunden, dass sich etwas verändert. Daher sollten Sie bereits ab Tag 1 das Herz und erst dann den Kopf der neuen Kolleg:innen ansprechen. Machen Sie keine leeren Versprechungen, erst recht keine, auf die man Sie später festnageln kann. So versprach eine Klientin, dass sie jeden Morgen durchs Büro gehen und alle Mitarbeitenden persönlich begrüßen würde. Schon nach einigen Tagen war das vergessen. Das wird ihr heute noch vorgehalten.

Auch erste Termine sollten in Ihrer Agenda stehen. Wen wollen Sie und wen sollten Sie in der Anfangszeit näher kennenlernen? Diese Frage klären Sie bitte vor Arbeitsantritt und vereinbaren entsprechende Gespräche im Vorfeld. Bitten Sie Ihre neue Vorgesetzte, Ihren neuen Vorgesetzten darum, Ihnen eine Liste mit den zehn wichtigsten Personen außerhalb Ihres Teams zusammenzustellen. Gemeint sind

Menschen, die zwar nicht in Ihrer Abteilung arbeiten, aber relevant für Ihren Erfolg sind. Zudem wichtige Stakeholder wie Kund:innen, Anteilseigner:innen und extern Beratende.

Sollten Sie außerdem die Chance haben, eine Übergabe von Ihrer Vorgängerin, Ihrem Vorgänger zu bekommen, sollten Sie den Kontakt zu ihr oder ihm in diesen zehn Tagen noch intensivieren und gemeinsam einen Plan für die Übergabe ausarbeiten.

Ebenfalls spätestens jetzt sollten Sie sich einfühlsam, aber sehr detailliert mit Ihren neuen Kolleg:innen und Ihren Vorgesetzten beschäftigen. Nicht ausfragen, sondern im positiven Sinn kennenlernen. Sicher ist das deutlich schwieriger, wenn Sie noch nicht vor Ort sind. Und einfacher, wenn Sie innerhalb des Unternehmens wechseln. Doch auch so hält die digitale Welt viele Informationen für Sie bereit. LinkedIn-Profile, soziale Medien, all das macht es möglich, sich ein Bild von einer Person zu machen. Glauben Sie uns, wir machen das nicht anders.

Zu guter Letzt ist jetzt die Zeit gekommen, mit Hilfe von Suchmaschinen wie Google oder DuckDuckGo so viel wie möglich über die Organisation zu lesen. Was finden Sie in den Medien? Analysieren Sie den letzten Jahresabschluss. Ist das Unternehmen börsennotiert? Hören Sie sich die letzten Investor:innen-Calls an, lesen Sie die transkribierten Zusammenfassungen. Wurde das Institut gerade ausgezeichnet, sollten Sie wissen, wofür. Der Lehrstuhl bekommt Fördermittel? Von wem? Die Kanzlei ist Mitglied von Vereinigungen? Seien Sie eine Spürnase bei der Recherche. Glassdoor[48] und andere Rankingseiten geben Einblick.

Nutzen Sie die letzten Tage vor dem Start auch, um sich weiter zu vernetzen. Welche Branchentreffen, welche Communitys sind für Ihre neue Rolle wichtig? Warten Sie nicht, bis man auf Sie zukommt. Gehen Sie auf die Menschen zu. Innerhalb der Organisation, aber auch auf Außenstehende. So behalten Sie einen offenen Blick, was Ihnen mit zunehmender Zeit innerhalb eines Systems immer schwerer fallen wird.

Tag 1 vor dem Start

Unsere Ratschläge für diesen Tag sind eher banal. Doch in der Aufregung kann immer etwas schiefgehen …

Bringen Sie sich in Idealform. Gönnen Sie sich etwas, schalten Sie ab. Gehen Sie essen, verbringen Sie Zeit mit Ihren Kindern, den Menschen, die Sie lieben. Oder lesen Sie ein Buch, gehen Sie spazieren. Alles, was Sie entspannt und erdet, ist richtig an diesem Tag. Genießen Sie ihn. Lachen Sie viel, und gehen Sie früh ins Bett.

Vorher jedoch, und so selbstverständlich es klingen mag, sollten Sie Ihre Kleidung für den nächsten Tag bereitlegen. Oder sich zumindest klar sein, was Sie tragen werden. Einst schrieb der Dichter Gottfried Keller *Kleider machen Leute*[49]. Und glauben Sie uns, am ersten Tag werden die Menschen Sie genau unter die Lupe nehmen.

Kapitel 4

Jetzt zählt's

Leisten Sie in den ersten Tagen, Wochen und Monaten erfolgreiche und gut geplante Aufbauarbeit

Das erste Jahr wird Ihre größte Bewährungsprobe. Wenn sich die Meinung über Sie frühzeitig verfestigt hat, lässt sie sich schwer wieder ändern; da können Sie tun und machen, was Sie wollen. Gedankliche Schubladen öffnen sich schnell und schließen sich langfristig.

Daher sollten Sie sich gerade als Führungskraft bewusst sein, dass Sie glaubwürdiger sind, wenn Sie bereits zum Start durchblicken lassen, wer Sie sind, was Sie planen und warum das zum Wohle aller ist. Sie sollten also:

- anspruchsvoll sein, aber zufriedengestellt werden können,
- erreichbar, aber nicht zu vertraut sein,
- entscheidungsfreudig, aber nicht zu schnell mit Entscheidungen sein,
- fokussiert, aber flexibel sein, indem Sie sich auf ein Thema konzentrieren, aber auch andere konsultieren und zu Beiträgen ermutigen,
- fordernd sein, ohne Aufregung zu verursachen, und vermeiden, dass Menschen bis zum Burnout getrieben werden, und
- bei allen klaren und eindeutigen Entscheidungen menschlich bleiben

Es geht los – Tag 1

Um bei William Bridges zu bleiben: Sie sind die ersten Schritte auf der Brücke gegangen und bewegen sich nun in der neutralen Zone. Nun kommt es darauf an, dass Sie offenen Auges und mit wachen Sinnen voranschreiten. Wir sagen bewusst »schreiten«, denn Sie sollten es elegant angehen, erhobenen Hauptes, um ein wenig theatralisch zu werden. Machen Sie es wie der Schwan, gleiten Sie selbstbewusst an der Oberfläche, während Sie unelegant mit Ihren Füßen im Wasser strampeln.

An Tag 1 betreten Sie die Bühne. Alle schauen Sie an. Einige haben sich vorher über Sie informiert, andere kennen Sie in Aktion. Können Sie alle überzeugen, indem Sie Ihre Unsicherheit nicht offensichtlich machen? Es ist schwierig, aber es ist machbar. Vorbereitung erspart viele Lerneinheiten.

Wir wissen, wie gerne Menschen so etwas wie eine Blaupause für den Karriereübergang in den Händen halten würden. Doch das eine Geheimrezept gibt es nicht. Es gibt jedoch Methoden, die sich in der Praxis bewährt haben, die wir selbst in unseren Jobs verwendet haben oder die, die unsere Klientinnen und Klienten beim Übergang besonders nützlich oder herausfordernd fanden. Wir hoffen, dass vor allem die Aussagen der Menschen hier im Buch, die einen Übergang gewagt und gemeistert haben, Sie motivieren werden, ab dem ersten Tag alles zu geben.

Der erste Eindruck erzeugt Rücken- oder Gegenwind

Es gibt keine zweite Chance auf einen ersten Eindruck. Daher ist dieser Tag so wichtig und das erste »Hallo« so bedeutend.

Wer am ersten Tag hilflos und unstrukturiert wirkt, wird es schwer haben, dies zu revidieren, egal, wie perfekt sie oder er es danach angehen werden. Tag 1 ist der Tag der Tage. Er entscheidet, ob der Übergang gelingt oder zu einem Drahtseilakt oder sogar Absturz wird. Übernehmen Sie daher die Verantwortung dafür, wie er ablaufen soll. Machen

Sie der Unternehmensseite einen Vorschlag, wie Ihr Onboarding und die Agenda an diesem Tag aussehen kann. Erklären Sie, warum das auch für das Unternehmen am besten ist. Ein Vorschlag:

- **Ankunft:** Seien Sie auf jeden Fall etwas früher als zum verabredeten Zeitpunkt da. Planen Sie Unvorhergesehenes ein. Gewiss haben Sie vor Jobantritt geklärt, wer am Empfang auf Sie warten wird …?
- **Vormittag:** Gespräch mit Ihrer Chefin, Ihrem Chef und ein Rundgang durchs Gebäude. Vorstellung vor dem Team mit Antrittsrede, (nicht länger als 10 bis 20 Minuten), Kennenlernen der Teammitglieder. Am besten im Anschluss direkt erste Einzelgespräche mit den Schlüsselpersonen (die Sie ja zuvor ermittelt haben, siehe Kapitel 3). Anschließend ein Gespräch mit der HR-Abteilung, um noch offene Themen zu klären bezüglich beispielsweise Firmenwagen, Versicherungen, Hard- und Software und anderem. Stellen Sie alle Fragen, die Sie haben.
- **Mittag:** Wenn machbar, nutzen Sie diese Zeit, um beim Essen erste Gespräche mit Ihren Teammitgliedern zu führen. Fragen Sie nach Arbeitsabläufen, nach internen Zielen, aber auf keinen Fall nach der Unternehmenskultur (siehe Kapitel 3).
- **Nachmittag:** Verschaffen Sie sich einen Überblick über aktuelle Projekte und Prozesse. Sprechen Sie mit Einzelnen, aber auch der Gruppe über Arbeitsweisen und die an Sie gerichteten Erwartungen. Stellen Sie Ihre Onboarding-Strategie und Ihre Lernziele für die ersten Wochen als Entwurf vor. Fragen Sie: Was steht noch nicht auf Ihrer Liste? Sind die Prioritäten richtig gesetzt? Wo sehen die Teammitglieder wichtige Schwerpunkte? Auch hier wieder: kurz, verständlich und auf den Punkt. Seien Sie kreativ und packen Sie nicht die 20-seitige PowerPoint-Präsentation aus. Schließen Sie den Tag mit einem letzten kurzen Check mit Ihrer Chefin, Ihrem Chef und/oder dem Team. Und dann gehen Sie heim und atmen durch.
- **Abend:** Halten Sie Ihre Eindrücke und Erkenntnisse schriftlich fest.

Ein guter erster Eindruck, der das Vorschussvertrauen stärkt, ist wichtig. Wenn Sie es schaffen, dass eine nahbare Atmosphäre entsteht und man Sie sympathisch findet, dann haben Sie schon einiges gewonnen. Dies ist auch in einer Videokonferenz möglich. Erzählen Sie von sich: Was bringt Ihnen Freude in der Arbeit, auf was freuen Sie sich in der neuen Rolle? Erzählen Sie etwas zu ihrer persönlichen Situation, das über den Ehestand und die Kinderanzahl hinausgeht. Das sind alles wichtige Elemente des ersten Kontakts mit Ihnen.

Ihre Antrittsrede

Unabhängig von Ihrer Funktion und Ihrer künftigen Rolle: Sie werden sich vorstellen müssen. Wir nennen das etwas hochtrabend »Antrittsrede«, meinen damit aber jede Form der Erstvorstellung vor einer Gruppe von Menschen. Jetzt ist Ihr kommunikatives Talent gefragt.

Stimmige Kommunikation in beruflichen Übergängen erfordert ein tiefes Verständnis für die eigene Person und die Fähigkeit, diese Authentizität nach außen zu tragen. Es geht darum, Einfühlungsvermögen zu zeigen und zu empfangen, die nonverbalen Signale zu lesen und in Einklang mit den verbalen Botschaften zu bringen.

Unsere Körpersprache ist ein mächtiges Instrument der Kommunikation, das oft lauter spricht als unsere Worte. Sie ist der ungeschriebene Text unserer Geschichten, die stumme Sprache unseres innersten Selbst. Ein Mangel an Bewusstsein oder Verständnis für unsere eigenen nonverbalen Signale kann zu Missverständnissen und Konflikten führen, sowohl im beruflichen als auch im persönlichen Kontext. Die Harmonisierung unserer verbalen und nonverbalen Kommunikation erfordert daher eine tiefgreifende Auseinandersetzung mit der eigenen Körpersprache und dem, was sie über uns aussagt. Tics, Körperhaltungen und Angewohnheiten können andere abschrecken oder verunsichern.

REDE VOR SITZENDEM PUBLIKUM

Stellen Sie sich vor, Sie halten eine Keynote. In der ersten Reihe sitzt eine Frau die ganze Zeit über mit verschränkten Armen da. Der Saal lacht, es wird applaudiert, es gibt zustimmende Zwischenrufe. Die Frau sitzt unbeweglich da. Je länger Sie sprechen, desto mehr sind Sie auf diese eine Frau fixiert. Warum geht die nicht mit? Die müsste doch zu knacken sein? Es gelingt Ihnen nicht. Nach Ihrem Vortrag kommt ebendiese Frau auf Sie zu. Sie wappnen sich im Inneren schon für negatives Feedback, rechnen mit Angriffen. Doch sie sagt: »Was für ein großartiger Vortrag. Ich konnte so viel für mich mitnehmen.« Sie fallen aus allen Wolken und sagen: »Sie saßen mit verschränkten Armen da. Da dachte ich fast schon, es habe Ihnen nicht gefallen ...« »Um Himmels willen, nein. Das hatte mit Ihnen gar nichts zu tun. Mir war nur so kalt von der Klimaanlage.«

Nehmen Sie die folgenden Anregungen als Leitlinie für Ihre Antrittsrede. Sie muss nicht witzig oder originell sein, aber einprägsam:

1. Begrüßen Sie alle Anwesenden, nennen Sie Ihren Namen. Sprechen Sie kurz etwas Persönliches an, Ihre Kinder, Ihren Lieblingsurlaubsort, ein Hobby.
2. Erklären Sie Ihre neue Rolle und Ihre Aufgabe im Unternehmen mit einem Satz.
3. Geben Sie einen kurzen Überblick über Ihren beruflichen Hintergrund. Achten Sie darauf, dass Sie nur Dinge ansprechen, die für Ihre neue Aufgabe relevant sind.
4. Bringen Sie eine persönliche Note ein, indem Sie Ihre Motivation ansprechen: Warum wollen Sie diese neue Aufgabe übernehmen, was reizt Sie an diesem Unternehmen und an dieser Herausforderung?
5. Sprechen Sie darüber, was Sie erreichen wollen. Erklären Sie Ihr Ziel in Ihrer betrieblichen Funktion und wohin die Reise gehen soll.

6. Schließen Sie mit einer Einladung zum Dialog ab: »Ich freue mich darauf, Sie alle kennenzulernen und mehr über Ihre Arbeit zu erfahren. Bitte fühlen Sie sich frei, mich jederzeit mit Fragen oder Anregungen anzusprechen.« Machen Sie auch klar, was Sie sich von den Mitarbeitenden wünschen.

Vertrauensbildende Maßnahmen – Wie baut man aktiv Vertrauen auf?

Vertrauen ist die Basis für Erfolg. Es geht dabei um mehr als um die Vermittlung von Informationen, nämlich um die Er- wie Vermittlung von Werten, Erwartungen und einer Kultur. Im Fokus stehen Dinge wie Transparenz und Integrität, Glaubwürdigkeit und Respekt. Daher abschließend noch einmal die wichtigsten Aspekte auf einen Blick:

1. **Authentizität und Konsistenz:** Seien Sie authentisch und ehrlich in Ihren Aussagen. Sagen Sie nichts, was Sie nicht leben wollen oder können. Handeln Sie entsprechend Ihrer eigenen Werte und Überzeugungen.
2. **Verlässlichkeit und Zuverlässigkeit:** Versprechen Sie nichts, was Sie nicht sicher umsetzen können. Halten Sie sich an die Dinge, die Sie in Aussicht gestellt haben. Erfüllen Sie Ihre Verpflichtungen. Seien Sie pünktlich. Zeigen Sie in Ihren Taten, dass man sich auf Sie verlassen kann.
3. **Offene Kommunikation:** Fördern Sie eine offene und transparente Kommunikation, indem Sie Vorbild sind. Hören Sie zu und nehmen Sie die Anliegen und Bedürfnisse aller Menschen ernst. Behalten Sie jedoch Ihre eigene Meinung weiterhin für sich.
4. **Respekt und Empathie:** Zeigen Sie Respekt für andere und deren Meinungen. Versuchen Sie, sich in die Lage anderer Menschen hineinzuversetzen. Respektvolles Verhalten und das Verständnis für die Perspektiven anderer stärken das Vertrauen. Kommunizieren Sie nicht abwertend, sondern fragen Sie nach, seien Sie interessiert.

5. **Kompetenz und Fachwissen:** Bauen Sie auf Ihr Fachwissen und Ihre Fähigkeiten, aber passen Sie sich immer auch an. Entwickeln Sie sich weiter. Seien Sie kompetent in dem, was Sie tun, und zeigen Sie Ihr Wissen und Ihre Fähigkeiten. Übernehmen Sie Verantwortung dafür, dass Ihre Handlungen und Entscheidungen stimmig sind, und sprechen Sie darüber.
6. **Beziehungen leben von Worten:** Investieren Sie Zeit und Energie in den Aufbau von Beziehungen. Pflegen Sie positive und unterstützende Beziehungen zu anderen Menschen. Fordern Sie diese auch ein und warten Sie nicht ab. Machen Sie den ersten Schritt überlegt und kommunikativ durchdacht. Nutzen Sie eine:n neutrale:n Sparringspartner:in, um diese Dialoge zu testen.

»RESPECT BUT ACT«

Maša Schmidt gehört zu den Top 40 unter 40, des Magazins *Capital* und ist das Gesicht einer neuen Management Generation. Sie ist VP Head of Marketing und Member of the Management Board von SAP Deutschland. Davor war sie sieben Jahre bei Microsoft, wo sie die jüngste Managerin jemals war, und anderen Unternehmen in Marketing- und Businessfunktionen tätig. Rückblickend sagt sie, dass die Besonderheit bei ihrem Wechsel von Microsoft zu SAP ein durch und durch virtueller Einstieg aufgrund des coronabedingten Lockdowns und somit auch geschlossenen Büros war. Es war also nicht zuerst der Wechsel in einen neuen Konzern oder in das Management Board, sondern der Aufbruch in die rein virtuelle Welt und Kommunikation. Nachfolgend ihre Tipps, die sie aus diesem Wechsel für sich reflektiert:

1. **Listen first, plan fast.** Hören Sie Ihren Teams und Stakeholders zunächst aktiv und gut zu, aber seien Sie nicht zu lange zu passiv. Denn auch ein klarer Plan und Handeln sind gefragt.
2. **Respect but act.** Respektieren und würdigen Sie, was war und geschehen ist. Doch zeigen Sie auch auf, wie man darauf aufbauen und somit auch neue Richtungen einschlagen kann. Und das immer gemeinsam als Team und mit dem Blick auf schnelle Gewinne, auf denen Sie wiederum komplexere Veränderungen aufbauen können.

3. **Don't fake it!** Sie wissen, was Sie können und was Sie nicht können. Bauen Sie auf Ihren Stärken auf und holen Sie gleichzeitig das Beste aus Ihrem Team heraus, indem Sie schnell deren Stärken erkennen und auf diese setzen. Dadurch bleiben Sie authentisch.
4. **Embrace the culture.** Tauchen Sie in die Unternehmenskultur ein und verstehen Sie, wie Miteinander, Hierarchien und Netzwerke funktionieren. Bringen Sie Wandel durch Arbeit mit der Kultur und nicht gegen sie ein.
5. **Expand your network.** Ihr Netzwerk ist Ihr Kapital. Netzwerken Sie bewusst und nachhaltig. Und das nicht nur mit Menschen, die wichtig für Ihren Bereich sind, sondern auch darüber hinaus, um einen ganzheitlichen Blick für das Unternehmen zu bekommen.
6. **Lead yourself and care for yourself.** Achten Sie gut auf sich selbst und seien Sie sich bewusst, dass die ersten Monate viel von Ihnen abverlangen werden. Nutzen Sie Ihre Freizeit zum Auffüllung Ihrer Energiereserven mit Dingen wie Sport, Yoga und Meditation. Machen Sie sich viele Notizen und schreiben Sie ein Tagebuch, um Ihre Gedanken zu ordnen. Achten Sie auf ausreichend Schlaf und eine gute Ernährung.

Die Beziehung zu Vorgesetzten

Eine Schlüsselkomponente für Ihren beruflichen Erfolg ist immer der Aufbau einer positiven Beziehung zu Vorgesetzten. Ehrliche Kommunikation, nachhaltiger Vertrauensaufbau und eine produktive Arbeitsbeziehung brauchen den Willen und Einsatz von beiden Seiten. Doch liegt es an Ihnen, herauszufinden, was Ihre Vorgesetzten antreibt und welche Werte ihnen wichtig sind. Folgende Tipps möchten wir Ihnen in diesem Kontext mit auf den Weg geben:

- Sprechen Sie niemals schlecht über frühere Vorgesetzte.
- Machen Sie den ersten Schritt: Es ist nicht immer Absicht, wenn Vorgesetzte gefühlt keine Zeit für Sie haben. Es kann auch an der Gesamtsituation liegen, dass wirklich keine Zeit da ist, weil es aktuell viele Herausforderungen gibt. Machen Sie den ersten Schritt. Bitten Sie um einen Termin, der nicht zu lang, aber auch nicht zu kurz ist. Der erste sollte an Tag 1, und daher von Ihnen schon vor dem ersten Arbeitstag, vereinbart worden sein. Seien Sie optimal vorbereitet. Das bringt Pluspunkte.
- Teilen Sie positive Ergebnisse stets mit Ihrer Führungskraft und dem Team. Der Erfolg sollte gemeinschaftlich präsentiert werden, also nicht »Ich habe …«, sondern »Weil wir … getan haben, konnten wir … und das brachte folgenden positiven Nutzen für das Unternehmen, unsere Abteilung …«.
- Bringen Sie niemals eine Checkliste mit zum Termin. Und arbeiten Sie darin auch keine ab. Lassen Sie einen gut organisierten Fluss zu. Starten Sie mit den Dingen, die Ihnen wichtig sind. Fokussieren Sie sich im ersten Gespräch auf drei relevante Themen, sprechen Sie dann darüber, was in den Wochen danach wichtig sein wird. Vereinbaren Sie Folgegespräche, in denen Sie die ersten erreichten Meilensteine präsentieren können.
- Menschen lassen sich nicht ändern, das gilt auch für Vorgesetzte. Finden Sie heraus, welcher Typ Ihr:e Chef:in ist. Was ist nötig im Umgang mit ihr oder ihm? Klären Sie auch, wie Sie in Verbindung bleiben. Wie mag sie oder er informiert werden? Was nervt sie oder ihn? Wie wollen Sie kommunizieren? Über welche Kanäle?

Wie wichtig und abhängig Ihr Karriereweg von der Beziehung zu Vorgesetzen ist, sehen wir an einem Beispiel aus unserer Praxis: Ein Klient wurde direkt von einem Vorstandsmitglied rekrutiert. Man verstand sich gut, man verfolgte die gleichen Ziele. Als der Klient jedoch ein halbes Jahr später seine neue Aufgabe antrat, war dieses Vorstandsmitglied entlassen und durch einen anderen Manager ersetzt worden. Sowohl Ziele als auch Werte waren zwischen den beiden nun nicht mehr kompatibel. Es knarzte an allen Ecken und Enden, und das Gastspiel hatte ein schnelles Ende.

Die Beziehung zu Ihrer Führungskraft liegt nicht immer und nicht alleine in Ihrer Hand. Es gibt überraschend viele Führungspersönlichkeiten mit pathologischen Störungen wie zum Beispiel einer narzisstischen Störung[50], Psychopathie[51]. In solchen Situationen raten wir Ihnen dringend, sich professionelle Hilfe zu suchen, um einen gesunden Umgang mit dem/der Vorgesetzen zu finden. Gerne geben wir Ihnen auch eine Buchempfehlung als Unterstützung mit auf den Weg: *Der ganz normale Wahnsinn – Wie wir schwierige Menschen verstehen und besser mit ihnen umgehen können* von Francois Lelord und Christophe André.

Menschentypen verstehen und dadurch Beziehungen stärken

Wir stellen Ihnen ein paar Persönlichkeitstypen vor, anhand derer Sie Ihre Vorgesetzten und auch andere Menschen einordnen können. Sicher lassen sich Menschen nicht so einfach in Schubladen stecken, aber die Einteilung in gewisse Typologien wird Ihnen dabei helfen, mit Ihrem Gegenüber eine bessere Arbeitsbasis zu finden. Sie können verstehen, wie eine Person tickt und was sie von Ihnen im Umgang braucht, um sich abgeholt zu fühlen.

Damit das gelingt, ist es gut, wenn Sie lernen, Menschen zu »lesen«. Wir nutzen dafür ein schlichtes, aber sehr einprägsames Modell von Paola Molinari: die »Fünf Persönlichkeitstypen«[52]. Muster der Persönlichkeit prägen unser Verhalten sowohl im Alltag als auch in Krisen. Sie erklären, wie wir Verbindung aufnehmen und in Beziehung gehen, unseren zwischenmenschlichen Umgang und wie wir Informationen erfassen und mit anderen teilen. Ein Beispiel, wie die fünf Typen auf ihre eigene Art in Beziehung gehen: Während das Kleinkind sofort warm und herzlich sein Herz auf der Zunge trägt, dafür aber auch ein Fähnchen im Wind sein kann, bricht der Clown mit Witzen und Charme das Eis, Persönliches über ihn erfahren Sie allerdings erst viel später. Eine Besserwisserin wird stets versuchen Ihnen im Kontaktaufbau hilfreich zu sein, mit Rat und Tat zur Seite zu stehen, verkennt aber möglicherweise, wenn dieser Rat nicht erbeten wurde. Einer Anklägerin geht es in erster Linie um die Sache, das Ergebnis. Dazu wird sie Sie gleich im Erstkontakt befragen, um herauszufinden, welchen Mehrwert Sie bringen. Unnahbare Typen dahingegen sind verhalten in der ersten Tuchfühlung und auch darüber hinaus. Sollten Sie aber jemanden mit dem Muster »Unnahbar« zum Freund gemacht haben, bleibt die Verbindung wahrscheinlich lebenslang.

Jedes Muster hat seine Stärken[53] und Ressourcen, aber auch seine Mängel und sein typisches Verhalten in Krisen. Selten sind wir zu 100 Prozent nur das eine. Wir sind in der Regel eine Mischform, wobei ein Muster meist dominiert.[54]

Typ Kleinkind: Für Menschen mit hohem Kleinkindmusteranteil ist soziale Interaktion eine Selbstverständlichkeit. Sie sind geborene Netzwerkende, ihre Loyalität und Spontaneität wird von Freund:innen geschätzt. Sie lassen sich gerne helfen und unterstützen selbst auch. Sie tanken Energie unter Menschen, brauchen Nähe und auch Wertschätzung in Form von Lob und Zuspruch. Werte wie Dazugehörigkeit, Lust auf Spielen, Harmonie, Leichtigkeit sind sehr wichtig. Sie sind Teamplayer, lassen sich schnell begeistern, sind stets motiviert und kreativ. Sie leben im Moment und können Augenblicke intensiv genießen. Ihr Veränderungswille kann Menschen überfordern, denn sie gehen häufig unkonventionelle Wege. Regeln sind eher schmückendes Beiwerk. Sie können neidlos Erfolge anderer mitfeiern und diese auch von Herzen gönnen.

Die Stärken liegen im zwischenmenschlichen Bereich. Empathie, Beziehungen aufbauen und pflegen, Menschen für sich gewinnen und eine sympathische Naivität macht sie nahbar und in der Regel beliebt. Sie bringen Freude, Leichtigkeit und Spaß in die Zusammenarbeit. Wenn es etwas zum Ausprobieren gibt, dann stehen sie zur Stelle. Sie tanken dort auf, wo Menschen sind, sie gebraucht werden und für Spaß gesorgt ist. Sie gewinnen andere nicht nur für sich, sie können diese auch dazu bringen, für sie in die Bresche zu springen.

In der Krise finden Frauen mit diesem Muster einen »Retter in der Not« und Männer eine »Mutter«, die für sie sorgt. In kritischen Situationen geht dieser Typ in der Regel in eine Opferhaltung. Dann brauchen sie Zuwendung, bevor sie wieder einen konstruktiven Beitrag leisten können. Sie werden abhängig von der Meinung anderer, sehr selbstkritisch und geben Verantwortung ab. Sie schaffen es in Krisen, immer andere zu beschäftigen, und beziehen alles auf sich.

Wie geht man mit diesem Typ um? Sie wollen gelobt werden, müssen sich gesehen fühlen und brauchen persönlichen Kontakt über die Sachebene hinweg. Sie werden aber auch gerne mal gerettet und können hilfloser erscheinen, als sie sind. Dieser Typ will einbezogen sein, dabei sein ist alles. Investieren Sie in die persönliche Beziehung mit diesem Muster.

Typ Ankläger: Diese Menschen treten kompromisslos für die Dinge ein, die ihnen wichtig sind. Lebensfroh und voller Tatendrang und Energie setzen sie Veränderungen um. Sie kennen keine Grenzen, was bezogen auf ihren Antrieb gut, im Umgang mit anderen Menschen jedoch schwierig sein kann. Die Lernkurve kann gar nicht steil genug sein, das nächste Ziel nicht hoch genug. Stichwort: geborene Transformateure, Performende und Optimierende der Sache. Auch dieser Typ hat Lust auf Veränderung. Antrieb, Kritik, Hartnäckigkeit und eine starke Argumentation zeichnen ihre Persönlichkeit aus. Sie akzeptieren keine Grenzen, sind schnell im Handeln, was in ihrem Fall bedeutet, dass sie Mut zur Lücke haben. Hauptsache, die Sache bleibt am Laufen. Sie sind analytisch, strukturiert, klar und erkennen auf einen Blick, wo Unterstützung notwendig ist. Sie sehen jeden Fehler. Kaum gesichtet, greifen sie auch schon ein, in aller Regel ungefragt, was andere vor den Kopf stoßen kann. Zielerreichung ist ein höherer Wert als die Menschen. Performancemaxime ist wesentlich. In einer Freundschaft setzen sie sich immer für Gerechtigkeit ein. Selten haben sie einen großen Freundeskreis.

Die Stärken zeichnen sich aus durch eine rasche Auffassungsgabe, Ideenvielfalt und Spontaneität. Sie sprechen direkt und sachlich Missstände an und haben einen Röntgenblick für Fehler. Man weiß genau, woran man bei diesem Typus ist. Gerechtigkeit, Leistung und Durchsetzungskraft sind wichtige Werte. Sie tanken da auf, wo es um Anerkennung, Anstrengung und Leistung geht. Der Wettkampf ist eine Chance, um sich zu messen und auch verausgaben zu können. Nicht selten gehören Ultramarathon oder Gipfelerklimmen zu ihren Hobbies.

In der Krise kann dieses Muster keine Kritik vertragen oder eingeengt werden. Termindruck oder das Gefühl, man will ihnen etwas vorschreiben, erzeugt impulsive Reaktionen. Wut und Verärgerung zeigen sie offen. Es entsteht ein Tunnelblick auf die Sache hin, Konsequenzen für die Beziehung spielen keine Rolle.

Wie geht man mit diesem Typ um? Am besten bleiben Sie nahe an der Sache. Machen Sie keine großen Umschreibungen, sondern kommen Sie schnell zum Punkt. Leiten Sie mit einer Kurzzusammenfassung ein, Menschen mit diesem Muster nehmen sich ungerne Zeit für längere Erklärungen. Wenn Sie etwas präsentieren müssen, sollten Sie lieber einmal mehr kontrollieren, dass sich keine Fehler eingeschlichen haben. Bedanken Sie sich, wenn sie dennoch eine Korrektur haben. Gerne können Sie die Leistung des Anklägers bewundern. Wenn Ihnen angeboten wird, Sie zu unterstützen, nehmen Sie dieses Angebot dankend an. Vermeiden Sie jede Diskussion über Gerechtigkeit, wenn Sie anderer Meinung sind, werden Sie in der Regel abgeschrieben.

Typ Besserwisser: Menschen mit diesem Muster planen, bringen andere zusammen und können ein Team so aufstellen wie auch motivieren, dass es gemeinsam erfolgreich wird. Stichworte: Organisationstalent, zuverlässige Problemlösende und eben (manchmal unangenehme) Besserwissende. Diese Menschen bringen Projekte zum Erfolg, koste es, was es wolle. Sie sind selbstbewusst, halten Kritik gut aus und haben stets einen Überblick und einen Zeitplan. Sie können klar argumentieren, sind aber auch zuverlässige Freunde, die gerne Verantwortung übernehmen und denen Sie vertrauen können. Sie werden darauf achten, dass die Aufgabenverteilung gleichmäßig verteilt ist, aber niemanden überfordern. Sie haben einen natürlichen Radar dafür, wer bereit ist, Verantwortung zu tragen und wie viel davon.

Die Stärken liegen im Organisieren, Aufgaben zu verteilen, Teams zusammenzustellen und Menschen ihren Fähigkeiten entsprechend einzusetzen. Diese Menschen sind gute Führungskräfte und haben stets einen guten Überblick und fundiertes Wissen, das sie gerne teilen. Sie haben ein ausgezeichnetes Gedächtnis und wissen immer, wer was wann gesagt hat und wie es um etwas steht. Sie denken in die Zukunft gerichtet und visionär. Energie tanken sie mit einem Gespräch auf hohem Niveau, einem Besuch im Museum oder einem guten Buch und ganz generell in neuen Lernerfahrungen.

In der Krise haben Besserwisser auf alles eine Antwort. Sie wissen es besser, geben ungebetene Ratschläge und können stur werden, wenn man diese nicht umsetzt. Es fehlt ihnen dann auch die Teamfähigkeit oder das Gespür für andere. Sie hören auf zu delegieren und machen lieber alles alleine. Etwas recht machen kann man ihnen in dieser Situation nicht.

Wie geht man mit diesem Typ um? Diesem Muster sind Menschen ebenso wichtig wie die Sache. Jedoch steht die Sache im Ernstfall etwas höher. Sie sind ausgezeichnete und geduldige Lehrende. Sie können getrost nach oben delegieren mit diesem Muster, Verantwortung zu schenken ist für sie ein Zeichen von Vertrauen. Stellen Sie sicher, dass Sie Raum haben für die Beziehungsebene. Dieser Typ erklärt Ihnen gerne die Welt, und ihre Identität lebt davon, viel zu wissen und dieses Wissen auch zeigen zu dürfen. Lassen Sie das zu. Und bringen Sie schwere Probleme zu Besserwissern, sie werden wahrscheinlich eine Lösung parat haben.

Typ Unnahbar: Menschen mit diesem Muster agieren im Hintergrund. Sie fallen selten auf. Sie schenken einem einzelnen Thema über Stunden ihre Aufmerksamkeit, Menschen jedoch schenken sie weniger Zeit. Dieser Typ ist sich selbst am Nächsten, führt aber in dieser Stille jede Arbeit in Perfektion aus. Wirklich zufrieden sind sie erst, wenn jede Facette betrachtet wurde und alle Details stimmen. Stichworte: Perfektionist, gute Beobachtungsgabe und sicherheitsliebend. Sie brauchen unbedingt das Gefühl von Sicherheit und wissen sich gut zu schützen und für sich selbst zu sorgen. Sie brauchen Distanz und Freiheit, um sich wohlzufühlen, zwischenmenschliche Nähe dagegen nur gelegentlich. Ihr Augenmerk sind Gegenstände und Aufgaben. In Freundschaft sind sie großzügig mit bedachten Geschenken oder Hilfestellungen, weil das greifbar für sie ist.

Die Stärken des Musters sind Liebe fürs Detail und Perfektion. Diese Typen gehen klar ihren Weg, sie agieren lieber im Verborgenen und in einer vertrauten Umgebung. Sie tanken gerne alleine und in der Natur auf oder überall dort, wo sie ungestört sind.

In der Krise ist zu viel Nähe meist ihr Problem. Ihr Innerstes oder persönliche Probleme sollten Sie diesem Typ nur in kleinen Dosen verabreichen. Sie kommen in Panik, wenn sie vor Publikum sprechen müssen, erst recht, wenn sie dabei emotionale Zustände ausdrücken sollen. Multitasking ist ein rascher Weg, eine Krise bei diesen Menschen zu erzeugen.

Wie geht man mit diesem Typ um? Diese Menschen sollte man in erster Linie machen und in Ruhe lassen. Warten Sie nicht auf eine sofortige Rückmeldung. Sie werden sie bekommen, aber eben in der Zeit, die es braucht. Sprechen Sie immer nur ein Thema an und lassen Sie Raum für Ihr unnahbares Gegenüber zu entscheiden, wann was gemacht wird und wie viel Nähe die Beziehung verträgt. Bleiben Sie sachlich und reduzieren Sie Emotionen im Umgang.

Typ Clown: Menschen dieses Typs können Sie nicht übersehen. Sie sind humorvoll, stehen im Mittelpunkt, sind auch oft in Kleidung und Auftreten auffällig. Die Welt ist ihre Bühne. Sie reißen Menschen mit, sind aber selbst eher unorganisiert und unmotiviert, wenn es um strukturierte Arbeit geht. Man bekommt häufig das Gefühl, man stehe Clowns näher, als es tatsächlich der Fall ist, denn sie mögen innere Distanz und lassen sich ungerne binden. Was tatsächlich in ihnen vorgeht, sieht man selten. Stichworte: kreative Motivierende, visionär und meist auf vielen Partys zu Hause. Sie sind oft sehr gebildet und teilen ihr Wissen einprägsam gerne von einer Bühne. Bewunderung ist das Lebenselixier der Clowns. In Freundschaften können sie gut zuhören und sind immer da, um Sie aufzumuntern.

Die Stärken der Clowns sind die Fähigkeit, Menschen zu begeistern und auch den langweiligsten Inhalt intelligent, redegewandt und schnell zu vermitteln. Sie sind geborene Optimisten. Sie tanken überall dort auf, wo es geistige, seelische und körperliche Intensität gibt. Kein anderes Muster kann mehr Intensität ertragen.

In der Krise wird der Humor der Clowns giftig, sie agieren zynisch oder erzählen unpassende Witze. Je weniger Aufmerksamkeit ein Clown bekommt, desto härter arbeiten sie dafür. Sie können verletzend sein, um sich von anderen abzuschotten.

Wie geht man mit diesem Typ um? Die Währung des Clowns ist die Bewunderung und sie sind dafür in jedem Aspekt ihres Lebens empfänglich. Seien Sie nicht verwundert, dass Sie jahrelang mit diesem Typ zusammenarbeiten, viele schöne gemeinsame Erlebnisse auf Klausuren haben, ohne diesen Menschen wirklich zu kennen.

Die ersten 10 Tage

Mit dieser Anleitung schaffen Sie bereits in den ersten zehn Tagen eine Einordnung der Menschen in Ihrem Umfeld. Aber vergessen Sie nicht: Sie ist nur eine Unterstützung für den Aufbau eines ersten Rapports und soll nicht zu Schubladendenken verleiten. Rapport zu bauen bedeutet, eine Ebene der Verbundenheit zu schaffen, auf der sich Personen wohl, akzeptiert und verstanden fühlen. Dies kann durch aktives Zuhören, Empathie, offene Kommunikation und die Spiegelung von Körpersprache oder Tonfall erreicht werden.[55]

Nun, in den anfänglichen Kontaktmöglichkeiten, haben Sie die Chance, den positiven Eindruck von sich zu verstärken. In den ersten zwei Wochen legen Sie damit den Grundstein für Ihren Erfolg. Neben dem Aufbau von Beziehungen werden Sie die Unternehmenskultur erkunden und auch frühe Ideen für Ihre Vision Ihrer neuen Rolle entwickeln. Sammeln Sie die ersten Gedanken und Ideen wie einen Schatz. Manches werden Sie verwerfen, anderes wird Ihren Übergang nachhaltig positiv beeinflussen.

Es ist sicher viel los in dieser Zeit, aber beobachten Sie, wann immer Sie können. Nutzen Sie diese Anleitung als Orientierung, zeichnen Sie eine Landkarte. Legen Sie sich ein Notizbuch zu. Analysieren Sie die Dynamik und die Arbeitsprozesse Ihrer Teams. Nehmen Sie auf, was Sie in der nahen Zukunft analysieren, um nachhaltig ableiten zu können, was Sie tun sollten. All diese Dinge sollten auf den bislang weißen Seiten ein Zuhause finden. Machen Sie sich bewusst Notizen zu allen Mitarbeitenden. Halten Sie fest: Wie stehen sie in Beziehung zueinander? Wer kennt sich mit welchen Prozessen aus? Wer besetzt eine Schlüsselposition?

Wenn machbar, finden Sie am Ende der ersten Arbeitswoche einen ruhigen Ort. Ziehen Sie sich zurück, schauen Sie zurück. Es geht darum, dass Sie nach fünf Tagen ein grundlegendes Verständnis für Ihr Team und dessen Aufgaben gewonnen haben sollten. Darauf aufbauend können Sie an diesem Wochenende kurz- bis mittelfristige Ziele festlegen. Wobei Sie bereits während der Vorbereitung erste Ideen festgehalten haben sollten. Es gewinnt der Mensch, der stringent, aber flexibel genug ist.

In der zweiten Woche sollten Sie erste Projekte anstoßen und im besten Fall schon einen ersten Erfolg vorweisen können. Wir reden hier von den »low hanging fruits«, den schnell zu erreichenden Erfolgen. Nehmen Sie mit, was möglich ist. Und organisieren Sie das Team und sich selbst. Das bedeutet, dass Sie beispielsweise die Einführung regelmäßiger Meetings oder die Neustrukturierung von Arbeitsprozessen anstoßen. Wichtig: Achten Sie darauf, das Feedback Ihres Teams einzuholen und zu berücksichtigen.

Die ersten zehn Tage sind eine Zeit des intensiven Lernens. Es geht darum, vertrauensvoll zu agieren und nicht zu reagieren. Geben Sie eine klare Richtung vor, versuchen Sie jedoch nicht, irgendwelche Dinge, von denen Sie überzeugt sind, durchzudrücken. Regen Sie an. Fördern Sie.

Die ersten 100 Tage

In den ersten 100 Tagen sollten Sie sich bemühen, persönliche Glaubwürdigkeit aufzubauen und die Organisation in Schwung zu bringen – und diese nicht auf den Kopf zu stellen. Einzige Ausnahme: ein harter Turnaround steht an. Ansonsten geht es darum, Ruhe und Vertrauen zu schaffen. Zudem müssen Sie nun die Kultur en détail und in ihrer Dynamik verstehen.

Erzielen Sie in diesen Tagen erste Erfolge, pflücken Sie die »low hanging fruits«

Die Kulturanalyse sollten Sie sich zur täglichen Aufgabe machen. Zehn bis 15 Minuten reichen aus, werden aber die wichtigsten in Ihrem Arbeitstag sein. In dieser Zeit können Sie auch prüfen, ob irgendwo dunkle Wolken aufziehen. Den Rest der Zeit nutzen Sie bitte, um schnell und gezielt erste Erfolge zu erzielen. Setzen Sie also Ihre Energie entsprechend wohldosiert ein und pflücken Sie die »low hanging fruits«. Gemeint sind Dinge, die Sie schnell erreichen oder eben umsetzen können, ohne sich dafür übermäßig anstrengen zu müssen, die jedoch für das Unternehmen ein Gewinn sind. Das bestätigt die Verantwortlichen darin, dass man mit Ihnen die richtige Wahl getroffen hat, und erweitert Ihren Spielraum für kommende Maßnahmen.

Vertrauen wächst, das stimmt. Dennoch ist es wichtig, dass Sie alles tun, damit man den Vertrauensbonus, den man Ihnen geschenkt hat, in den ersten Wochen bestätigt findet. Beweisen Sie nun, dass Sie ihn verdienen, indem Sie entsprechende Leistungen erbringen.

Um herauszufinden, was genau das sein könnte, sind geschickte Fragen hilfreich. Beispielsweise könnten Sie am Ende eines Gesprächs mit Ihrer Führungskraft in einem ungezwungenen Ton fragen: »Gibt es eigentlich Dinge, die Sie im Berufsleben von null auf hundert bringen?« Dabei ist es wichtig, dass das Verhältnis nicht zu streng oder hierarchisch ist. Alternativ können Sie auch Kolleg:innen fragen: »Was müsste man tun, um gekündigt zu werden?« Wichtig ist dabei, dass das Gespräch, eher ein »Small Talk«, locker und persönlich statt formal gehalten ist.

Wir sprachen bereits über die Kraftfeldanalyse von Kurt Lewin (siehe Kapitel 2). Diese sollten Sie ebenfalls nutzen. Finden Sie heraus, wo hemmende und wo stärkende Faktoren im Unternehmen oder im Team zu finden sind. Das hilft Ihnen, einen Plan zu erarbeiten, wie Sie die hemmenden Kräfte möglichst galant aus dem Weg räumen oder zumindest nicht zu stark werden lassen und wie Sie die stärkenden Faktoren noch stärker machen können.

Strategische Allianzen sind wichtig. Knüpfen Sie diese frühzeitig und sorgen Sie für einen Doppelknoten, denn Sie brauchen Verbündete. Sie unterstützen Sie dabei, die richtigen Entscheidungen zu treffen. Und genau das ist es, was in den ersten 100 Tagen über Erfolg und Misserfolg entscheidet.

In dieser Zeit müssen Sie die DNA des neuen Unternehmens verstehen und fühlen können. Jede Entscheidung, die Sie treffen, muss damit konform gehen. Tut sie es nicht, was gerade in Change-Prozessen passieren kann, kommunizieren Sie klar, transparent und aktiv. Sprechen Sie über das »Warum« und das »Wie«. Tauschen Sie sich mit anderen Entscheider:innen aus. Das öffnet Ihre Sichtweise, sorgt nicht selten für einen anderen Blickwinkel. Nutzen Sie zudem die zur Verfügung stehenden Daten. Sichern Sie sich die Unterstützung von Analysierenden. Handeln Sie immer wohlüberlegt, aber nicht übervorsichtig, gehen Sie ein gewagtes Risiko ein, aber überschätzen Sie sich nicht. Machen Sie es wie die Spitzensportler:innen. Menschen wie zum Beispiel die Schweizer Skifahrerin Lara Gut-Behrami oder der niederländische Rennfahrer Max Verstappen: Beide gehen immer auf volles Risiko, wissen um ihr Können und um den schmalen Grat des Überlebens. Sie wollen beide sicher durch den Parcours kommen und gehen daher ein kalkuliertes Risiko, kein unüberlegtes.

Röntgenblick für das Ökosystem der Organisation

Sie fragen sich vielleicht, was wir mit Ökosystem in einer Organisation meinen? In diesem Abschnitt bezieht es sich auf die Kultur und die gruppendynamischen Prozesse innerhalb eines Unternehmens. Beide wirken auf das Klima ein, in dem Sie sich befinden. Mit einem unvoreingenommenen Blick – dem Röntgenblick – können Sie Ihr neues Unternehmen, Ihre Abteilung oder Ihr Team durchleuchten. Er wird Ihnen dabei helfen, die ersten Schritte und Ihre strategische Positionierung zu planen.

Während Kultur und Kulturwandel in der vorherrschenden Managementliteratur breit diskutiert werden, wird Gruppendynamik unseres Empfindens nach etwas stiefmütterlich behandelt. Dabei betrifft sie uns und unseren Arbeitsalltag, wir leben und gestalten sie – bewusst oder unbewusst – jeden Tag mit. Insbesondere für Menschen mit Führungsverantwortung ist ein grundlegendes Verständnis von gruppendynamischen Prozessen ein Wissensschatz, der Sie sinnvoll in allen Führungslagen unterstützen wird.

Erfolgreichen Menschen ist gemein, dass sie sich sehr schnell in eine neue Kultur einfinden können, ohne sich selbst zu verlieren. Sie sind gute Beobachtende, nehmen mit allen Sinnen wahr und verstehen so schnell die Prinzipien einer Organisationskultur.

In der Kultur adäquat navigieren

Aufbauend auf dem Kulturscan in Kapitel 3 und in Verbindung mit Ihren Notizen über den ersten Eindruck ist jetzt die Zeit gekommen, Ihre Annahmen und Vermutungen zu überprüfen. Sobald Sie im Unternehmen angekommen sind, ist die Zeit reif für den zweiten Teil der Kulturanalyse.

KULTURSCAN – TEIL 2

1. **Die Veränderungsbereitschaft.** Wie flexibel reagiert man innerhalb der eigenen Reihen auf Veränderungen? Wehren sich die Menschen grundsätzlich gegen Veränderungen oder lehnen sie es ab, sich selbst den neuen Bedingungen anzupassen? Oder sind sie offen dafür, Weiterentwicklung zu unterstützen? Wie sieht es mit der Einstellung zum lebenslangem Lernen aus? Werden die Mitarbeitenden hier unterstützt?
2. **Die unscheinbaren Held:innen der Anerkennung.** Oft unbeachtet, aber mächtig sind die kleinen Gesten der Wertschätzung, die wie magische Sprüche wirken und Motivation und Zugehörigkeitsgefühl stärken. Können Sie diese wahrnehmen? Wird gelobt oder nur kritisiert? Ist Kritik emotional und persönlich oder sachlich und auf berufliche Dinge konzentriert? Eine Idee dazu, die auch ein schnelles Erfolgssignal sein kann: Set-

zen Sie für Ihr Team einen Online-»Yay-Chat-Kanal« auf. Es soll ein Ort sein, an dem alle ihre Erfolge teilen können. In unserem Unternehmen ist das der meist genutzte Informationskanal.

3. **Flurfunk und Chat-Geschichten.** Achten Sie auf das, was auf den Fluren geflüstert, in Pausenräumen geteilt und in virtuellen Chat-Räumen diskutiert wird. Hier erfahren Sie eine ganze Menge darüber, wie man miteinander umgeht. Wie ist der Tonfall? Welche Worte werden gewählt? Wie emotional, wie respektvoll ist die Stimmung?
4. **Zwischen den Zeilen.** Studieren Sie natürlich auch die offizielle interne Kommunikation, lesen Sie aber vor allem zwischen den Zeilen und in den Kommentarfeldern. Finden Sie hier Wertschätzung und Respekt? Haben Sie das Gefühl, es wird klar und transparent informiert? Oder geht es darum, Menschen zu instrumentalisieren? Wie ist der Ton der Kommentare? Passiv, defensiv, aggressiv oder offen und freundlich? Wer spielt gegen wen? Welche Unternehmensbereiche sind unzufrieden oder stehen in Wettbewerb zueinander?

Kultur wächst und entwickelt sich stetig. Doch einige Charakteristika oder Gesetzmäßigkeiten sind recht hartnäckig und robust. Diese Muster können wir auf jeder Ebene des Systems erkennen. Der Fachbegriff dafür ist »Parallel Process«.[56] Sie können davon ausgehen, dass sich Beobachtungen aus Ihrem direkten Umfeld auch auf anderen Hierarchieebenen wiederfinden.

Ein Beispiel: Nehmen wir an, Ihre Organisation baucht Messias- (Heilsbringende) und Sündenbock-Figuren (tragen die Schuld an allem). Sie werden Menschen beider Rollenzuschreibung auf jeder Ebene der Hierarchie finden. Auch in der Dynamik zwischen Geschäftseinheiten werden Sie auf diese Muster stoßen. Es kann sein, dass die Strategieabteilung als Messias gesehen wird, der IT dagegen Schuld an allem gegeben wird (Sündenbock). Auf die Dualität der Rollen gehen wir im Gruppendynamik-Teil näher ein. An dieser Stelle ist es hilfreich für Sie zu verstehen, dass Sie Ihre Thesen nutzen und sie auf die Organisation hin abstrahieren können.

Es gibt zahlreiche Theorien zu Unternehmenskulturen. Dabei taucht immer wieder die Frage auf, wie man Kultur möglichst schnell dechiffrieren kann.

Der renommierte Sozialwissenschaftler und Mitbegründer der Organisationsentwicklung, Professor Edgar Schein (1928–2023), entwickelte das Kultur-Ebenen-Konzept. Es beschreibt die drei Ebenen »sichtbare Verhaltensweisen«, »kollektive Werte« und »Grundannahmen«. Sich mit Ritualen und Mythen einer Organisation zu beschäftigen ist genauso wichtig wie die Auseinandersetzung mit kollektiven Werten und Normen, so sein Fazit. Was ist richtig und rechtens in dieser Organisation? Was wird sanktioniert? Was sind die impliziten Regeln und ungeschriebenen Gesetze? Und schließlich die unterste Ebene: Was sind Grundannahmen und Überzeugungen der Organisation im Hinblick auf sich und auf andere? Das Schein'sche Model hilft Ihnen, Eindrücke zu strukturieren und einzuordnen.

Um Kultur noch eine Ebene tiefer zu betrachten – um beispielsweise eine Turnaround-Situation zu erreichen und möglichst schnell Veränderungen zu implementieren –, nutzen Sie das Modell von Prof. Hendrik Geert Hofstede (1928–2020). Der renommierte niederländische Sozialpsychologe und Kulturanthropologe beschäftigte sich mit dem Zusammenhang zwischen nationalen und kulturellen Besonderheiten und ergänzte dieses Wissen um die Dimensionen von Unternehmenskulturen. Er wollte wissen: Wie ist die Macht innerhalb eines Unternehmens verteilt? Herrscht eher Individualismus oder Kollektivismus? Hat die vorherrschende Kultur eher maskuline oder feminine Attribute? Wie hoch ist die Unsicherheitsabneigung? Wie sieht es mit der lang- und kurzfristigen Ausrichtung des Unternehmens aus? Wie mit Muse und Disziplin?

Sie müssen dabei nicht empirisch vorgehen. Nutzen Sie Hofstedes Skala und entscheiden Sie für sich selbst, wo Sie die Kultur verorten würden. Richten Sie Ihre Strategie danach aus. Sind im System beispielsweise langfristige Ziele wichtiger, dann brauchen Sie eine Vision für die längere Sicht. Wenn die Kultur eher egalitär ist, sollten Sie darauf achten, viele Menschen an Entscheidungen zu beteiligen.

Abbildung 6: Hofstedes Dimension der Kultur
Quelle: MagnoliaTree adaptiert von Hofstede

Letztlich aber kommt es auf Sie an: Sprechen Sie mit so vielen Leuten wie möglich, machen Sie sich Notizen, erkennen Sie Widersprüche, Spezifisches, Außergewöhnliches.

Gruppendynamik dechiffrieren

Die wesentliche Aufgabe jeder Gruppe ist ihr Überleben.[57] Um das sicherzustellen, unternehmen Gruppen gemeinsam und jedes einzelne Mitglied für sich einiges. Auch wenn Sie sich über die aufrührerischen Kräfte innerhalb Ihres Teams empören, müssen Sie bedenken, dass jede Person in einem Team oder einer Gruppe die Rolle annimmt, die die jeweilige Gruppe braucht und mit der sie bereits Vorerfahrungen hat.

Damit sind wir bei zwei Kräften, die in allen Gruppenprozessen wirken: 1. Auf der offenkundigen Ebene alles, was messbar und überprüfbar ist, sowie bewusste Absichten der Gruppe. 2. Auf der verdeckten Ebene: alles, was implizit ist, was gedacht und gefühlt, aber nicht ausgesprochen wird.

Auf der zweiten Ebene befinden sich die Rollen, die Menschen annehmen. Expert:innen der Gruppendynamik sprechen von einer nonverbalen Übereinkunft der Mitglieder einer Gruppe darüber, welche Rollenmuster in der Gruppe gebraucht werden und wer diese Rollen besetzt. Im Fachjargon nennt man diese anhaftenden Rollen »Velcro«.[58] Rollen, in denen wir uns nicht wiederfinden, nennt man »Teflon«. Sie gleiten an uns ab wie ein Spiegelei, das nicht an einer Pfanne haften bleibt.

Genauso verhält es sich mit Rollenmustern. Die Rollen, die wir in Gruppen einnehmen, kennen wir meist recht gut. Wir kennen sie aus unserer Ursprungsfamilie. Waren Sie das Kind, das sich fürsorglich um Geschwister oder einen Elternteil gekümmert hat? Dann werden Sie das sehr wahrscheinlich auch in einem anderen Gruppensetting tun. Sie haben gelernt, mit Humor zu deeskalieren? Auch diese Eigenschaft werden Sie wohl in anderen Gruppen fortsetzen.

Solange wir unsere Rollen mögen, ist daran auch nichts auszusetzen. Es gibt jedoch auch Rollen, denen wir uns eigentlich gerne entledigen würden. Das kann jedoch zur Herausforderung werden. Je länger Sie in einer Gruppe sind, desto schwerer wird es werden, diese Rollen abzulegen. Auch hier hilft Ihnen der Beginn Ihres Übergangs.

Warum sind wir motiviert, diese Rollen einzunehmen? In der Regel gibt es dafür zwei Gründe (die rasch wechseln können): Wir wollen angenommen und Teil der Gruppe sein oder wir wollen Individuum bleiben und nicht von der Gruppe assimiliert werden.

In dieser kognitiven Dissonanz bewegen wir uns fast jederzeit und in allen Gruppenformationen. Für viele Menschen sind Gruppen nicht sicher. Wir haben Angst davor, ausgelacht, ausgeschlossen zu werden. Wir fürchten Gruppenzwang. Daher ist es hilfreich zu verstehen, welche Rolle Sie meist einnehmen.

Sind Sie bereit, diese Rolle weiterzuleben? Wenn Sie Klarheit darüber haben, können Sie durch Selbstbeobachtung darauf achten und bewusst gegensteuern, falls Sie Gefahr laufen, wieder dieselbe ungewollte Rolle einzunehmen.

Mögliche Rollen sind: Pessimist:innen, Optimist:innen, Narr:innen, Cheerleader:innen, Opfer, Täter:innen, Rebell:innen, Märtyrer:innen, Meinungsmachende, Beobachtende, Leader:innen, Bindeglieder, Türsteher:innen, Macher:innen, Herausfordernde, Skeptiker:innen, Zyniker:innen, Mamas und Papas, Kinder, Lehrende, Musterschüler:innen, Messiase und Sündenböcke.

Messias- und Sündenbock-Rollen

Manche Gruppen und Organisationen brauchen, um zu funktionieren und schlussendlich zu überleben, zwei extreme Rollenzuschreibungen: Messias und Sündenbock. Das sind zwei Seiten derselben Medaille: Auf die eine Seite wird das Gute, Reine und Erfolgreiche projiziert, die andere Seite steht für alles Negative. Beide Zuschreibungen sind unfair, beide Rollenbilder können nicht das erfüllen, was von ihnen erwartet wird.

In der Theorie der Gruppendynamik wird der Sündenbock oder, nach C.G. Jung das »Opferlamm«, der »Schatten der Gruppe« genannt. Alles Negative, das die Gruppe nicht sehen möchte, wird auf eine Person oder Gruppe übertragen. Der Sündenbock tut auch tatsächlich alles, um diesem Bild zu entsprechen.[59] Das heißt allerdings nicht, dass er die Verantwortung dafür übernimmt. Sollten Sie die Vermutung haben, dass es eine derartige Dynamik in Ihrem Einflussbereich gibt, zitieren Sie dieses Kapitel und sprechen Sie mit Ihren Kolleg:innen darüber. Schon alleine das Erkennen und darüber sprechen kann viel an dieser Dynamik lösen.

Sind die Fronten allerdings sehr verhärtet und Sie befinden sich in einem Rollenverschluss – Veränderung kann nicht mehr stattfinden –, muss die Person in der Sündenbock-Rolle gehen, um das Überleben der Gruppe zu sichern. Ab einem bestimmten Grad gibt es keine andere Lösung mehr. Was aber haben diese beiden Personen von ihrer Rolle? Beide bekommen viel Aufmerksamkeit und gerade Sündenböcke sehr viel Energie aus der Gruppe, auch wenn sie nie ganz Teil der Gruppe sind. Man spricht viel über sie.

Arbeitsgruppe vs. Team

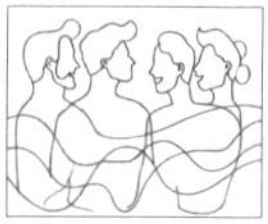

Dimension	Arbeitsgruppe	Team
Leadership	eine klar definierte Führungspersönlichkeit haben	Verteilung der Führungsaufgaben nach dem Ermessen jedes Mitglieds
Verantwortlichkeit	individuelle Verantwortlichkeit übernehmen	gegenseitige kollektive Rechenschaftspflicht
Grund	gleiche Aufgabe wie die breitere Organisation	definiert seinen eigenen Zweck (und erfüllt ihn
Arbeitsprodukte	liefert individuelle Produkte oder Ergebnisse	liefert kollektive Produkte oder Ergebnisse
Meetingstil	führt effiziente Meetings durch	ermutigt zu offenen Diskussionen und aktiven Problemlösungssitzungen
Arbeitsstil	diskutiert, entscheidet und delegiert	diskutiert, entscheidet und arbeitet wirklich zusammen
Index der Effektivität	misst die Effektivität indirekt durch ihren Einfluss auf andere (z. B. finanzielle Leistung)	misst die Leistung direkt durch die Bewertung der gemeinsamen Arbeitsprodukte

Abbildung 7: Arbeitsgruppe oder Team
Quelle: adaptiert von Jon Stokes[60]

Arbeitsgruppe oder Team

Neben den Rollen in Gruppen sollten Sie auch den Unterschied zwischen Arbeitsgruppe und Team kennen. Der Begriff Team wird inflationär als positiver Begriff in Organisationen genutzt. In der Organisationspsychologie allerdings ist er nur eine Art eines Gruppensettings, die der Arbeitsgruppe gleichwertig gegenübersteht. Fast alle Vorstandsteams, die wir kennen, sind per definitionem keine Teams, sondern korrekterweise Arbeitsgruppen. Arbeitsgruppen sind loser zusammengeschlossen, erlauben mehr Eigenbestimmung und Freiheit in der Erzielung der Ergebnisse. Teams hingegen sind gemeinsam verantwortlich für den Erfolg und tragen auch gemeinsam die Konsequenzen für Misserfolg. Sie müssen sich viel näher abstimmen und informieren. Hohes Frustrationspotenzial entsteht in »Teams«, die de facto Arbeitsgruppen sind. Umso wichtiger ist daher ein Verständnis über die Abgrenzungen zwischen diesen beiden Gruppensettings.

Survival Task – Die Sache, an der Sie gemessen werden

Ebenso wie das Thema der Gruppendynamik findet die Überlebensaufgabe selten einen Raum in der gängigen Karriereliteratur und ist unserer Meinung nach doch so essenziell. Darum machen wir gemeinsam einen kurzen Exkurs in die Theorie.

Die Kernaufgabe einer jeden Gruppe, eines jeden Teams, eines jeden Systems ist es, der Entropie entgegenzuwirken, also das sichere Ende möglichst lange hinauszuzögern. Oder noch einfacher: zu überleben. Warum zum Beispiel wehren sich Menschen gegen Neuerungen, sind Kulturveränderungen so oft zum Scheitern verurteilt? Weil uns oft unbewusst das sichere Heute Stabilität zum Überleben bietet, das Neue aber ungewiss ist und bedrohlich auf uns wirkt. Die Überlebensaufgabe einer Gruppe konzentriert sich auf das grundlegende Bestreben, als Kollektiv zu überleben. Dieses elementare Ziel ist oft nicht offensichtlich oder wird verschleiert, stellt aber dennoch eine zentrale Motivation und eine latente Triebkraft für alle Gruppenmitglieder dar.

Es gibt also verschiedene Aufgabenebenen in Ihrer neuen Funktion, und das ist schon einmal die erste wichtige Erkenntnis. Es gibt die primäre Aufgabe, die der Mission einer Organisation entspricht. Um die primäre Aufgabe gut zu erfüllen, braucht es Struktur und Prozesse und damit Prozessabläufe und Regeln.

Wenn eine Gruppe an Aufgaben arbeitet, haben die Mitglieder der Gruppe immer – wenn auch meist unbewusst – das Überleben der Gruppe im Sinn. Wir nennen dies die »Überlebensaufgabe« oder »Survival Task« der Gruppe. »Obwohl diese grundlegende Aufgabe häufig getarnt oder maskiert ist, wird das Überleben als Gruppe zur primären Beschäftigung und latenten Motivationskraft für alle Gruppenmitglieder…«[61] Die primäre Aufgabe und die Überlebensaufgabe koexistieren, manchmal dient die Überlebensaufgabe der primären Aufgabe und ist komplementär, aber meist steht sie in Konflikt mit der primären Aufgabe.

Die Überlebensaufgabe ist also ein zentrales, wenn auch oft verborgenes Element der Gruppendynamik, das sowohl die Motivation als auch das Verhalten der Gruppenmitglieder grundlegend beeinflusst.

Durch das Verständnis und die Anerkennung dieser Dynamik können Gruppen effektiver an ihren Aufgaben arbeiten und Konflikte, die aus divergierenden Wahrnehmungen und Zielen entstehen, besser bewältigen. Und Sie können besser agieren, wenn Sie die Überlebensaufgabe finden und erfüllen.

Die Erkenntnis über Ihre Überlebensaufgabe kann darüber entscheiden, ob Sie als Erfolgs- oder als Fehlbesetzung gesehen werden. Sie müssen verstehen, dass diese Kraft alle möglichen Dissonanzen in Ihrer Organisation auslöst und Sie sich nicht auf das gesprochene Wort in Zielvereinbarungen oder das geschriebene Wort in Stellenbeschreibungen verlassen können. Die Überlebensaufgabe zu kennen wird darüber entscheiden, wie effektiv Sie Ihre neue Rolle navigieren können und, mehr noch, wie kompetent Sie von anderen wahrgenommen werden. Es geht darum, ein tiefes Verständnis dafür zu entwickeln, was wirklich erforderlich ist, um langfristig erfolgreich zu sein, statt nur die unmittelbaren, offensichtlichen Ziele zu erreichen. Dies umfasst die Erkenntnis, dass die Dynamik innerhalb Ihres Teams und die Beziehung zwischen Teammitgliedern einen erheblichen Einfluss darauf haben können, wie Aufgaben angegangen und gelöst werden.

Ein Beispiel mag das illustrieren: Eine Klientin wurde in den Vorstand eines Finanzdienstleisters bestellt. Sie verantwortete unterschiedliche Ressorts. Sowohl der Vorstandsvorsitzende als auch der Aufsichtsrat baten sie, Themen wie Mitarbeitendenmotivation, den Einstellungsprozess und Diversität voranzutreiben. Man müsse in allen Bereichen besser werden. Dies war aber nicht ihre Überlebensaufgabe. Auf der Suche danach wurde uns klar, dass Ihre Überlebensaufgabe in der Zukunftsfähigkeit des Vertriebs lag. Hätte sie nur das getan, was von ihr explizit erwartet wurde, wäre sie über kurz oder lang gescheitert. Darum ist es einer unserer sich wiederholenden Ratschläge: *Tun Sie niemals genau das, was man von Ihnen verlangt*. Versuchen Sie die Lücken zu erkennen, überlegen Sie auch, was nicht gesagt wurde und was Sie wirklich erreichen müssen. Sie müssen Ihre Survival Tasks erkennen.

Das Starmodell kann Ihnen auf der Suche nach der Überlebensaufgabe helfen. Wir geben Ihnen hier zwei Starmodelle für Ihre Analyse mit.

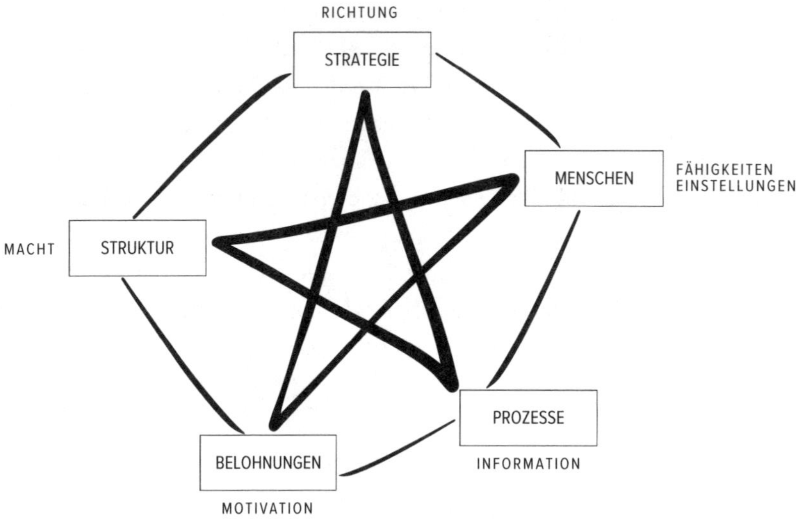

Abbildung 8: Das Starmodell in Anlehnung an Jay R. Galbraith[62]

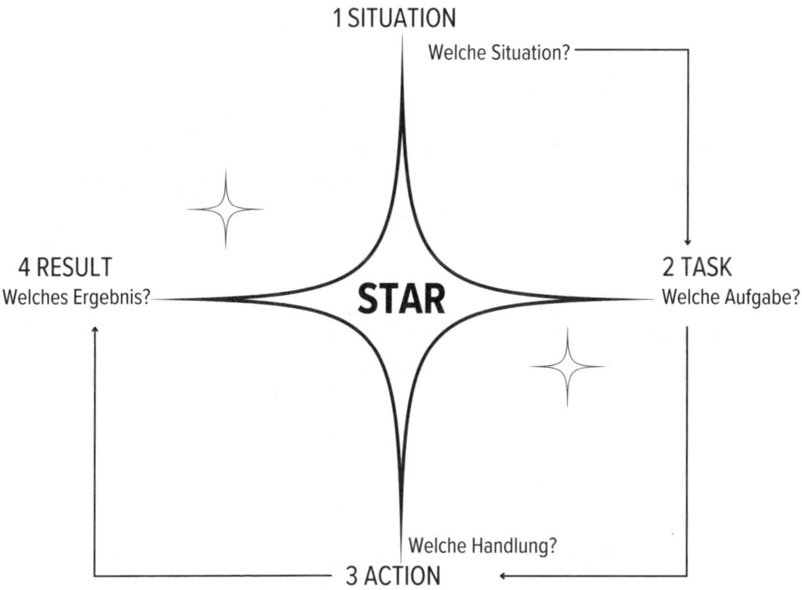

Abbildung 9: Das Starmodell als Diagnostikmethode

Das erste (Abbildung 8) hilft Ihnen vor allem bei der Analyse Ihrer Survival Task. Analysieren Sie genau die Strategie, um die Richtung des Unternehmens zu kennen. Wie werden die Mitarbeitenden beurteilt, nach ihren Fähigkeiten oder nach ihren Einstellungen? Wie sehen die Belohnungssysteme aus, das heißt, wie wird motiviert? Und welche Struktur(en) können Sie analysieren im Sinne von: Wo und wie ist die Macht verteilt?

Das zweite Modell (Abbildung 9) ist gut zur Strukturierung aller Gespräche oder Interviews geeignet. Zunächst hinterfragen Sie die genaue Situation, dann welche Aufgabe der-/diejenige dort innehatte oder gelöst hat, dann welche Handlungen er oder sie vollzogen hat und schließlich, was das Ergebnis war.

Das erste halbe Jahr und darüber hinaus

Wir neigen dazu zu glauben, dass wir in den ersten Wochen und Monaten bleibende Spuren in unserer neuen Rolle geschaffen haben, die uns tragen werden und uns »Ready for Success« machen. Doch noch ist die Arbeit nicht getan.

Nach ungefähr sechs Monaten ist die »Honeymoon-Phase« endgültig vorbei. Alles, was Sie jetzt nicht wissen, jedoch wissen sollten, kann nunmehr zu Ihren Ungunsten negativ ausgelegt werden. In manchen Kulturen werden Sie auch noch nach zwei oder mehr Jahren der oder die Neue sein. In den meisten Fällen aber gehören Sie nach einem halben Jahr schon mit dazu.

An dieser Stelle ist es uns ein Anliegen, Sie daran zu erinnern, dass erfolgreiche Übergänge ein Marathon und kein Sprint sind. Die ersten Wochen mögen die anstrengenderen sein. Wie erfolgreich Sie sich in Ihrer Rolle etablieren, hängt aber maßgeblich von Ihren Schritten in den ersten 12 bis 18 Monaten ab.

Hier wird es für uns schwer, Ihnen aus der Distanz gute Ratgeberinnen zu sein. Zu sehr kommt es in dieser Phase auf Ihre individuelle Situation, Ihre Ziele und die Erwartung der anderen an Sie an. Aber wir möchten Ihnen wenigstens ein paar praktische Tipps für diese Phase geben.

MEIN ZIEL FÜR DAS JAHR

Priorität #1 ______

Monat #1 ______

Monat #2 ______

Monat #3 ______

Monat #4 ______

Priorität #2 ______

Monat #1 ______

Monat #2 ______

Monat #3 ______

Monat #4 ______

Priorität #3 ______

Monat #1 ______

Monat #2 ______

Monat #3 ______

Monat #4 ______

3-Jahresziel
Was ist das eine Ziel, das ich in den nächsten drei Jahren erreichen will?

______

1-Jahresziel
Basierend auf meinem 3-Jahresziel, was ist mein Ziel in diesem Jahr?

______

Quartalsziel
Basierend auf meinem 1-Jahresziel, was ist mein Ziel in diesem Quartal?

______

Monatsziel
Basierend auf meinem Quartalsziel, was ist mein Ziel in diesem Monat?

______

Wochenziel
Basierend auf meinem Monatsziel, was ist mein Ziel in dieser Woche?

______

Abbildung 10: Planung

Quelle: adaptiert von Keller, Gary und Papasan, Jay. The ONE Thing, 2013

Auch wenn es mühsam scheint: Erstellen Sie einen Mehrjahresplan mit Zielen. Legen Sie ausgehend von diesen Zielen fest, welche Schritte quartalsweise gesetzt werden sollen. Fokussieren Sie anschließend darauf, was in den jeweiligen Monaten geschehen soll. Selten raten wir zu einem wöchentlichen Plan, aber auch das kann für einige Führungskräfte und Projektleitungen von Vorteil sein.

Nehmen Sie sich genügend Zeit zur Reflexion. Es hört sich nach einem simplen Rat an, ist aber in der Hektik des Alltags eines der Elemente, die durch das Raster fallen. Erfolgreiche Menschen verbringen mindestens 15 Prozent ihrer Arbeitszeit mit Rückschau und Analyse. Auch Stefan Barth (siehe Kapitel 2) spricht in seinem Interview mit uns darüber. Nehmen Sie sich Zeit für wichtige Fragen wie: Was läuft gerade gut? Wo sollte ich mehr meiner Energie investieren? Was könnte in den kommenden Wochen schwierig/zum Problem werden? Und was kann ich heute tun, um das zu vermeiden? Wem sollte ich danken? Mit wem sollte ich sprechen? Was ist im Strategiemeeting passiert? Was sind die Positionen meiner wesentlichen Kolleg:innen?

Bauen Sie Ihren Einfluss aus. Dieser Ratschlag kommt aus dem Buch *High Performance Habits*. Sie sollten in den kommenden Monaten Ihr Netzwerk erweitern. Sehen Sie zu, dass Sie an den für Sie wichtigen Entscheidungstischen sitzen, ein Geben und Nehmen praktizieren und ein:e Fürsprecher:in für andere sind.[63] Investieren Sie ausreichend Zeit in Beziehungen. CEOs großer Konzerne verbringen in der Regel bis zu 30 Prozent Ihrer Zeit mit Beziehungspflege ihres externen Netzwerkes.[64] Sie sollten sich überlegen, wie viel Zeit Sie investieren wollen, aber vergessen Sie diesen wichtigen Punkt nicht.

Aufgrund aller vorangegangenen Aspekte ist der erfolgreiche Karriereübergang für uns erst nach den ersten 18 Monaten abgeschlossen.

Kapitel 5

Zwischen den Zeilen – Kommunikationsstrategien für erfolgreiche Karriereübergänge

Karriereübergänge erfolgreich zu meistern bedeutet auch, aktiv, bewusst, effektiv und geschickt zu kommunizieren. Was Sie jetzt sagen, wirft morgen seine Schatten. Wann sagen Sie was, und wann halten Sie sich lieber zurück? In diesem Kapitel sprechen wir darüber, mit *wem* Sie *wie* über *was* und *wann* sinnvoll und verständlich kommunizieren.

Keiner hat die Prinzipien der Kommunikation so klar dargelegt wie Paul Watzlawick[65]. Seine fünf Axiome der Kommunikation helfen uns, die Grundlagen der menschlichen Kommunikation zu verstehen und Konflikte und Missverständnisse zu vermeiden. Wir konzentrieren uns hier auf die beiden ersten:

1. **Man kann nicht nicht kommunizieren:** Jedes Verhalten ist eine Form der Kommunikation. Selbst wenn wir nonverbal kommunizieren, senden wir Botschaften durch unsere Gestik und Mimik, auch durch unser Schweigen.
2. **Jede Kommunikation hat einen Inhalts- und einen Beziehungsaspekt:** Jede Nachricht besteht aus dem Inhalt (*was* gesagt wird) und der Beziehung (*wie* es gesagt wird). Eine rein informative Kommunikation gibt es nicht, da die Beziehung zwischen den Gesprächspartner:innen – der Beziehungsaspekt – immer bestimmt, wie die Information – der Inhaltsaspekt – verstanden wird. Wenn Menschen kommunizieren, die sich nicht mögen, kann das zu Konflikten führen, da die Beziehungsebene den Informationsfluss stört.

Was hilft es, das zu wissen? Achten Sie auch in der Rolle des/der Botschaftsempfangenden immer auf die Inhalts- und die Beziehungsebene. Das Getane, nicht nur das Gesagte, spielt eine große Rolle. Hören und schauen Sie hin. In unserer hektischen Welt passiert es viel zu häufig, dass wir bereits eine Antwort formulieren, bevor unser Gegenüber seine Gedanken abgeschlossen hat. Aktives Zuhören erfordert Geduld, Empathie und die Bereitschaft, sich voll und ganz auf die Perspektive des anderen einzulassen. Es ist ein Zeichen des Respekts und der Wertschätzung, das Türen öffnet und Wege zu einem konstruktiven und kreativen Austausch ebnet.

Wie und wann kommuniziere ich stimmig?

Was stimmig bedeutet, dafür ist entscheidend, in welcher Phase Ihres Karriereübergangs Sie sich befinden. Stecken Sie noch in der Planungs- und Vorbereitungsphase, ist Schweigen Gold, würdevolle Zurückhaltung Ihr Paradigma.

Sie sollten stets die Hoheit über die Informationen, die Ihren Wechsel betreffen, haben. Nicht alles ist zu diesem Zeitpunkt für das Außen reif, vorschnelle Nachrichten über Ihre neue Aufgabe könnten zu früh durchsickern. Bestehen Sie darauf, den Zeitpunkt und die Art der Kommunikation Ihrer neuen Position gegenüber der Öffentlichkeit mitbestimmen zu dürfen. Erbitten Sie sich Mitsprache- und -gestaltungsrecht in Bezug auf Pressemitteilungen und/oder die interne Kommunikation. Achten Sie darauf, dass klar kommuniziert wird, warum Sie die erste Wahl waren.

Wenn Sie intern auf- oder umsteigen, kennen Sie das Unternehmen, seine Gesprächskultur und die Regeln der Kommunikation im Innen und nach außen. Sie wissen um die Eigenheiten und Ausnahmen. In diesem Fall können Sie sich darauf konzentrieren, sich in der neuen Rolle zu positionieren: Besetzen Sie Themen, die die Menschen schnell mit Ihnen verbinden, mit dem Ziel, als glaubwürdige integre Person wahrgenommen zu werden, die transparent, nahbar und klar ist.

Jeder Karriereübergang bietet die Chance, sich ein Stück weit neu zu erfinden. Das gilt insbesondere dann, wenn Sie das Unternehmen wechseln. Gerade wenn das Umfeld neu ist und Sie unbekannt sind, kann es Ihnen gelingen, eine andere Facette ihrer Persönlichkeit stärker zu zeigen oder zu leben als bislang. Wichtig ist es nur, dabei authentisch zu bleiben. Auch die Kommunikation muss zu Ihrem neuen Umfeld, Ihrer Rolle und zu Ihnen als Person passen.

Den eigenen Auftritt zu üben und zu perfektionieren ist gut und wichtig. Sich etwas anzutrainieren, das nicht zu Ihrem Charakter und/oder Ihren Werten passt, funktioniert auf Dauer nicht. Wer sich extrovertiert gibt, aber introvertiert ist, läuft Gefahr, dissonant zu wirken.

Schleifen und schärfen Sie Ihre Kommunikation hinsichtlich Ihrer Marke, vergessen Sie jedoch dabei Ihre Zielgruppe nicht. Kommunizieren Sie gezielt in Richtung der Menschen, die Sie erreichen wollen.

Authentizität

Menschen sollten sich mit Ihren Botschaften identifizieren können. Sie müssen verstehen, warum Sie Ihnen das sagen und warum es sie betrifft, auch wenn ihnen die Botschaft nicht gefällt. Sprechen Sie in kurzen und klaren Sätzen, zeigen Sie Probleme und Herausforderungen auf, und sprechen Sie danach Lösungsansätze an. Bleiben Sie mit all Ihrer Aufmerksamkeit bei Ihrem Gegenüber. Dabei müssen Sie nicht perfekt, aber nahbar sein.

»Die Menschen vergessen, was du sagst und was du tust. Aber wie sie sich in deiner Gegenwart gefühlt haben, vergessen sie nie.«[66] Damit trifft Maya Angelou ins Schwarze. Dieses Prinzip sollte im Kern Ihrer Kommunikationsstrategie stehen. Indem Sie Ihre Menschlichkeit zeigen, etwa durch das Eingestehen von Herausforderungen oder das Offenlegen eigener Gefühle, bauen Sie Brücken und stärken Beziehungen.

In der Arbeit mit unseren Klient:innen werden wir oft gefragt, wie authentisch man am Arbeitsplatz sein darf. Lassen Sie es uns so formulieren: Authentisch zu handeln fördert das persönliche Wohlbefinden, stärkt zwischenmenschliche Beziehungen und steigert die Bindung der Mitarbeitenden, was wiederum zu einer erhöhten Motivation und Arbeitszufriedenheit führt.

Authentizität am Arbeitsplatz wird als Übereinstimmung zwischen der eigenen Selbstdarstellung und dem inneren Selbstverständnis definiert. Sie entsteht, wenn verschiedene Versionen unseres Selbst integriert und Handlungen sowie Verhaltensweisen in Einklang mit unseren Kernwerten, Überzeugungen und Motivationen gebracht werden. Forschungen zeigen, dass Authentizität insbesondere dann eine Ressource am Arbeitsplatz ist, wenn Führungskräfte Demut zeigen.[67] Wobei der Begriff »Demut« so zu verstehen ist, wie sein Wortursprung es meint: Bereitschaft zum Dienen. Oder nach unserer Interpretation: die Einstellung, Gutes tun zu wollen, den Menschen bessere Bedingungen zu schaffen und sie zu unterstützen.

Ein guter erster Eindruck, der den Vertrauensbonus stärkt, ist wichtig. Ihre Kommunikation ist ein wichtiger Teil davon, der das möglich macht. Stimmige Kommunikation in beruflichen Übergängen erfordert ein tiefes Verständnis für die eigene Person und die Fähigkeit, diese Authentizität nach außen zu tragen. Es geht darum, Einfühlungsvermögen zu zeigen, zu empfangen, nonverbale Signale zu lesen und in Einklang mit verbalen Botschaften zu bringen.

Arbeiten Sie hier ruhig mit Expert:innen, arbeiten Sie an Stimmigkeit und Ihrer Wirkungsexzellenz. Zwei hoch professionelle Vertreterinnen aus unserem Netzwerk, die wir gerne empfehlen, sind zum Beispiel Monika Matschnig[68] und Nikola Vodicka[69].

NICHT ECHT SEIN

Unsere Klientin war eine patente und erfolgreiche Führungskraft. Mitarbeitende, Kolleginnen und Kollegen fanden sie jedoch »nicht echt«. Sie würde, so sprach man über sie, versteckte Absichten haben, und es ginge ihr immer nur um Wettbewerb. Sie selbst jedoch empfand sich als empathisch, loyal und wertschätzend im Umgang mit jeder und jedem. Nach einer Weile und eine Führungsklausur später fanden wir heraus, woher diese Diskrepanz kam: Sie sprach in dieser Sitzung – wie vermutlich bei allen Meetings – deutlich tiefer als sonst. Zudem senkte sie ihre Stimme zum Ende jedes Satzes noch einmal um eine Tonlage. Was zur Folge hatte, dass jeder Satz klang, als würde er mit einem Ausrufezeichen enden und damit besonders wichtig sein. Außerhalb von Sitzungen sprach sie in einer hörbar höheren Tonlage. Dadurch wurde sie unstimmig und unauthentisch, als nicht »echt« wahrgenommen. Mehr noch: Man hielt sie durch die Art, wie sie Sätze in Sitzungen betonte, für arrogant. Wir arbeiteten also an ihrem Tonfall, ihrer Stimme und daran, dass sie am Ende von Sätzen öfter im Tonfall nach oben ging. Sie schaffte es schließlich, in Meetings natürlicher zu kommunizieren. Neun Monate später wurde sie befördert.

Viele Führungskräfte sind sich der Macht ihrer (nonverbalen und verbalen) Kommunikation nicht bewusst. Es gibt ausgezeichnete Sprach- und Stimmtrainer:innen. Sich eine Stunde Analyse zu gönnen und daraus Tipps mitzunehmen, was man anders machen könnte, halten wir für ein wirklich sinnvolles Investment.

Was unserer Klientin passiert ist, ist übrigens keine Seltenheit. Frauen, die vor allem in männerdominierten Branchen oder Umfeldern agieren, passen sich an. Unter anderem auch verbal, also in Wortwahl und Tonlage. Viele trainieren sich dieses Verhalten sogar eigens an.[70]

Die sozialen Medien

In der heutigen Arbeitswelt ist die Präsenz auf Social Media für viele Fach- und Führungskräfte eine Selbstverständlichkeit. Plattformen wie LinkedIn, Xing oder auch X bieten zahlreiche Möglichkeiten zur Vernetzung, zur Präsentation der eigenen Fähigkeiten und Erfolge sowie zur Interaktion mit potenziellen Arbeitgebenden oder Geschäftspartner:innen.

Doch so verlockend die Chancen auch sein mögen, die Schattenseiten und Risiken von Social Media im Berufsleben dürfen nicht unterschätzt werden. Die positiven Aspekte von Social Media im Berufsleben sind vielfältig.

Es kann aber auch heikel werden. Machen Sie sich mit der geltenden Firmenpolitik vertraut und den nicht ausgesprochenen Regeln. Sie wären nicht die und nicht der Erste, die oder der mit einem einzigen Post Vertrauen, Akzeptanz und Ansehen verliert.

Es gibt Unternehmen, in denen es nicht gut ankommt, wenn man zu viel Wert auf die eigene Darstellung bei LinkedIn oder auf anderen Plattformen, legt. Hier wird Vertraulichkeit in den eigenen Reihen geschätzt, Selbstdarstellung ist schwierig. Gleiches gilt für Organisationen mit einem sozialen Hintergrund oder Gesellschaften, die für internationale Zusammenarbeit stehen. Sie werden also vorsichtig navigieren müssen. Orientieren Sie sich an den Profilen der Vorstandsetage oder denen der Unternehmenskommunikation. Weniger ist mehr, ist unsere Erfahrung. Sie repräsentieren auf Business-Plattformen nie nur sich selbst, sondern immer auch Ihre Organisation, Ihren Bereich und deren Werte und Schwerpunkte.

Gesprächsanleitungen – Wissen, wie man wem was und warum sagt

Der Ton, die Sprache, die Themen, das alles sind wichtige Differenzierungsmerkmale, die helfen können, Sie in neuen Rollen sowohl extern als auch intern zu etablieren. Es ist dabei nicht nur wichtig, was und wie Sie kommunizieren, sondern auch mit wem. Hier sind einige Kommunikationsfallen:

1. Sie reflektieren nicht, mit wem Sie sprechen.
2. Sie lassen Ihren Worten keine Taten folgen.
3. Sie führen Standardgespräche.

Zu Punkt 1: Sie müssen schnell herausfinden, mit wem Gespräche zu welchem Zeitpunkt wichtig sind, um Informationen dort und dann zu platzieren, wo und wann sie wichtig sind. Überlassen Sie nicht dem Zufall, mit wem Sie sprechen. Denn hier liegt möglicherweise eine Stolperfalle für Sie: zum Beispiel, wenn Sie Einzelgespräche nur mit einer Auswahl von Menschen aus einem Team führen und nicht mit allen. Sie schließen damit aktiv die anderen aus und das hinterlässt ein »Geschmäckle«. Da gilt: besser mit allen oder gar nicht.

Zu Punkt 2: Predigen Sie kein Wasser, wenn Sie selbst Wein trinken. Wenn Sie zwar stimmig kommunizieren, aber Ihren Worten keine Taten folgen, oder schlimmer noch, wenn Sie das Gegenteil vom Gesagten tun, wird das über kurz oder lang nicht für Sie funktionieren.

Wenn Sie versprechen, sich morgen zu melden, dann müssen Sie das auch tun. Wenn Sie versichern, Ihnen sei es wichtig, offen und wertschätzend zu kommunizieren, dann müssen Sie das selbst praktizieren.

Wir erleben oft, dass gerade in Übergangsphasen der Karriere die Angst vor Veränderung oder Unsicherheit die Kommunikation beeinträchtigt. Unsicherheit führt zu Kommunikationsstilen, die nicht der wahren Persönlichkeit entsprechen, oder zu falschen Versprechungen, die sich im Moment gut anfühlen, aber nicht oder erst später erfüllt werden können. Bitte versuchen Sie das zu vermeiden.

Helfen Sie sich mit dieser kleinen Unterscheidungsübung: *Was ist wahr und absolut mit Fakten gesichert? Was sind Thesen? Welche Fragen machen jetzt Sinn?* Wenn Sie Fakten klar von Thesen abgrenzen, können Sie wenig falsch machen. Sollten Sie nicht sicher sein, sagen Sie lieber: »Ich werde es versuchen« als: »Ich werde es tun«.

Zu Punkt 3: Warum Standardgespräche aus der Zeit gefallen sind, werden wir im nächsten Abschnitt erklären.

Tiefenstrukturgespräche

Tiefenstrukturgespräche nennen wir Gespräche im Coaching, die darauf abzielen, die tieferliegenden Überzeugungen und Emotionen zu erforschen, die das Verhalten und die Entscheidungen eines Menschen beeinflussen. In Ihren Erstgesprächen ist es wichtig, in kurzer Zeit einen guten Eindruck vom Status quo aus möglichst vielen Blickwinkeln zu bekommen.

Wir empfehlen, die nachfolgenden Themen-Eckpfeiler im ersten oder spätestens zweiten Gespräch einzubauen. Nutzen Sie vorerst nur einige der Punkte. Es kann vielsagend sein zu sehen, wie unterschiedlich die Menschen auf Ihre Fragen reagieren. Davon können Sie ableiten, wie offen Ihr Gegenüber mit Ihnen ist und welche Sichtweisen es gibt oder wem gegenüber Sie besser mit Vorsicht auftreten.

Erstgesprächsimpulse für Führungskräfte

Stellen Sie Ihren Mitarbeitenden folgende drei Fragen. Versprechen Sie in diesen ersten Terminen nichts, was Sie nicht sicher halten können. Erkundigen Sie sich in der HR-Abteilung, was Sie zu Führung in diesem Unternehmen wissen müssen. Schauen Sie, welche Angebote es für Mitarbeitende gibt. Sie wollen nicht, dass Ihre Mitarbeitenden Chancen verpassen, nur weil Sie nichts davon wissen.

1. Was motiviert Sie? Was ist Ihnen wichtig im Berufskontext?

Die meisten Mitarbeitenden werden nie oder selten gefragt, was ihnen wirklich wichtig ist und sie motiviert. Menschen können sehr unterschiedlich motiviert sein. Manche streben nach Titeln und Aufstiegschancen, anderen wollen so viel Geld wie möglich verdienen, wieder andere möchten eine gute Work-Life-Balance haben. Wieder andere wollen mit ihrer Arbeit einen gesellschaftlichen Beitrag leisten. Wenn Sie wissen, was Ihre Mitarbeitenden motiviert, können Sie bessere Entscheidungen treffen.

2. Was wünschen Sie sich von mir als Führungskraft (Wie war Ihre schlechteste Führungskraft, wie Ihre beste?)

Viele Führungskräfte haben gelernt zu sagen, was sie sich von den Mitarbeitenden wünschen. Das ist auch ein wichtiger Punkt. Aber nicht der einzige. Finden Sie heraus, was Ihre Mitarbeitenden unter Ihrer Führung brauchen. Es gibt Mitarbeitende, die brauchen Ihr Feedback und Ihre Rückmeldungen. Andere wollen weitestgehend in Ruhe gelassen werden und eigenverantwortlich arbeiten. Wieder andere brauchen Struktur und regelmäßige Kontrollen. Gute Führung bedeutet schlicht, Ihr Gegenüber gut zu kennen und individuell zu führen.

3. Wie lernen und verarbeiten Sie Informationen am besten?

Die dritte Frage zielt auf das Lernverhalten ab. Als Führungskraft sollten Sie stetig Lernangebote machen. Dazu ist es wichtig zu verstehen, wie Ihr Gegenüber am besten lernt. Nutzen Sie dazu auf freiwilliger Basis den Vark-Test[71]. Manche von uns lernen durchs Erleben und Tun, andere lesen sich gerne ein, wieder andere brauchen zuerst eine verbale Erklärung und Einführung.

Lassen Sie sich den Bereich der Verantwortung kurz vorstellen. Lassen Sie gerne für die Bereiche, für die Sie verantwortlich sind, eine kleine Präsentation Ihres Arbeitsumfeldes machen. Sie können nach einer SWOT (Stärken, Schwächen, Chancen und Risiken)-Analyse fragen und nach einem Überblick über die wesentlichen Kennzahlen. Wie Menschen antworten, zeigt Ihnen viel über den Grad der Befähigung und des Einblicks.

Weitere Fragen, die in neuen Positionen helfen

Aus den Informationen, die mit Ihnen geteilt werden, können Sie grob ableiten, wie offen Ihr Gegenüber ist. Wenn Sie einigen Menschen dieselbe Frage stellen, werden Sie Muster erkennen können.

Was würden Sie an meiner Stelle als Erstes angehen?

Das lädt Ihr Gegenüber ein, sich in Sie hineinzuversetzen. Sie können sehen, wie viele Gedanken sich die Person gemacht hat. Sollte Ihr Gegenüber sich auch auf Ihre Stelle beworben haben, so ist das eine gute Gelegenheit, sie oder ihn einzuladen, mitzugestalten und ihr oder ihm zu vermitteln, dass Sie gerne mit ihr/ihm zusammenarbeiten wollen. Zeigen Sie Empathie in dieser Situation, ohne von oben herab zu agieren.

Gibt es Schwelbrände, von denen ich wissen sollte?

Diese Frage sollten Sie direkt im Gespräch stellen. Die nonverbale Art der Antwort ist mindestens so interessant wie die gesprochenen Worte.

Was waren die Höhepunkte, was waren die Tiefen in unserem Bereich in den letzten Jahren?

Das hilft Ihnen, einen guten Überblick über wesentliche Ereignisse zu bekommen. Sie bekommen eine (subjektive!) innere Landkarte der Wegstrecke Ihrer neuen Organisation.

Mit welchen Personen sollte ich sprechen? Was zeichnet sie aus?

Versuchen Sie, eine Netzwerkanalyse zu machen. Personen, die oft genannt werden, sind in der Regel starke informelle Anführende, zu denen Sie rasch Rapport aufbauen sollten.

Haben Sie Ideen, wie man den Aufgabenbereich erfolgreicher machen kann? Warum wurden diese bis jetzt nicht umgesetzt?

Das dient der Ideensammlung und kann Ihnen dabei helfen, einfache Erfolge zu erzielen.

Gibt es ungeschriebene Gesetze, die ich kennen sollte?

Vielleicht erfahren Sie so, was »zwischen den Zeilen« in der Organisation passiert.

Der erste Eindruck ist so wichtig, weil es unglaublich schwer ist, ihn zu revidieren. Merken Sie sich diese Faustregel: drei Mal mehr hinhören und zuhören, als selbst zu reden.

Etwas anders sieht es in den Gesprächen mit Ihrer direkten Führungskraft aus.

Ihre direkte Führungskraft – Drei Gespräche

Wie wichtig Ihre Beziehung zu Ihrer Führungskraft für Ihren erfolgreichen Einstieg ist, haben wir schon erläutert. Wir wollen Ihnen hier eine Gesprächsanleitung für die ersten Gespräche an die Hand geben. Wir beziehen uns dabei auf Michael Watkins. Er schlägt fünf Gespräche vor[72], wir halten drei für angebrachter.

In diesen drei Gesprächen sollten Sie Vereinbarungen über Ihren gegenseitigen Kommunikationsstil und Informationsfluss treffen, Ihre gegenseitigen Erwartungen klären, festlegen, was Sie wie entscheiden können und wie Sie am besten die nächsten Schritte und Monate angehen (Strategie, Ziele, Verhandeln von Ressourcen). Wenn Sie gut vorbereitet sind, schaffen Sie diese Gespräche in 45 bis 60 Minuten.

Selbstverständlich können Sie den Ablauf an Ihre Bedürfnisse anpassen, stellen Sie aber sicher, unsere Themenempfehlungen abzudecken. Diese Gespräche können online, am Telefon oder persönlich geführt werden.

In allen drei Gesprächen sollte der Ton und Ablauf zum Persönlichkeitsmuster Ihrer Führungskraft passen. Sie sollten Zeit für die Beziehungsebene einplanen und den Dialog interaktiv gestalten.

Gespräch 1: Situation, Stil, interne & externe Stakeholder (innerhalb der ersten Tage)

Selbstverständlich haben Sie und Ihr:e Vorgesetzte schon miteinander gesprochen. Sie haben gerade Ihre neue Rolle angetreten, und Vorgesetze können Ihnen im Dickicht an neuen Informationen ein guter Kompass sein. Es bietet sich nun an, einige der Fragen aus den initialen Gesprächsimpulsen zu nutzen, um sich zu orientieren. Vermeiden Sie im ersten Gespräch das Ausagieren der Appelle Ihrer Vorgesetzten und verfallen Sie nicht vorschnell in Aktivismus. Bevor Sie »Herrn Maier in die Schranken weisen« oder »dieses Projekt neu aufsetzen« sollten Sie sich erst ein eigenständiges Bild von der Situation machen.

Klären Sie im ersten Gespräch die Erreichbarkeit Ihrer Führungskraft, seine oder ihre Grenzen bezüglich der Tageszeiten und seine oder ihre bevorzugten Kommunikationskanäle. Was sind Ihre eigenen Grenzen? Sie wollen abends Ihre Kinder ins Bett bringen und sind nach 19 Uhr nicht mehr erreichbar? Sprechen Sie das jetzt schon an, bevor es für Ihre Führungskraft zur Normalität wird, Sie abends anzurufen. Welche Form der Kommunikation ist die beste? MS Teams, SMS, E-Mail, WhatsApp, Anruf, Video oder nur Audio? Wählen Sie den Kanal, auf dem Sie beide am besten erreichbar sind. Versuchen Sie, sich nach den Präferenzen Ihres Gegenübers zu richten oder einen Kompromiss zu finden.

Lassen Sie sich Empfehlungen für Kennenlerngespräche mit wichtigen internen und externen Ansprechpersonen geben. Mit wem sollten Sie in den kommenden Wochen sprechen? Gibt es schon jetzt Abstimmungsgespräche, die passieren sollten, um zum Beispiel Prozessschritte zu vereinbaren? Lesen Sie zwischen den Zeilen. Von wem wird mit Wertschätzung gesprochen? Sie sollten gerade bei diesen Menschen einen positiven Eindruck hinterlassen. Wenig gibt Ihnen so viel Rückenwind wie die Rückmeldung »Da hast du eine tolle Wahl getroffen« von Dritten an Ihre Führungskraft.

Gespräch 2: Autorisierung, Entscheidungen und Rollenklarheit (gegen Ende des ersten Monats)

Sie konnten sich schon etwas einarbeiten und haben mehr Durchblick als im ersten Gespräch. Jetzt können Sie sich Ihren Entscheidungsbefugnissen und dem genauen Verständnis Ihrer Rolle widmen.

Versuchen Sie so klar wie möglich zu verstehen, worüber Ihre Führungskraft informiert werden möchte, welche Entscheidungen Sie selbst treffen können und welche gemeinsam besprochen werden sollten. Fragen Sie explizit nach, in welchen Fällen sich Ihre Führungskraft ein Veto vorbehält, um Missverständnisse und Konflikte zu vermeiden. Es wäre ungünstig, in den ersten Wochen Entscheidungen zu treffen, die dann von Ihrer/m Vorgesetzten oder anderen revidiert werden.

Sie können jetzt noch sehr gut Fragen zu Ihrer Position, Aufgabe und Rolle stellen, ohne das Gesicht zu verlieren. Nutzen Sie die Gelegenheit, jegliche Unklarheiten zu den Erwartungen an Sie aus dem Weg zu räumen. Sprechen Sie auch das Thema Ressourcen offen an, um zu verstehen, welche Budgets und Unterstützungsstrukturen Ihnen zur Verfügung stehen und wie Sie diese effektiv nutzen können.

Gespräch 3: Strategie, Ziele und das Verhandeln von Ressourcen (nach rund 100 Tagen)

Nach rund 100 Tagen werden Sie Ihre Diagnostik abgeschlossen haben. Das dritte Gespräch kann stattfinden. Es dient der Vorstellung und Abstimmung Ihrer Strategie und der definierten Ziele. Testen Sie Annahmen, und bringen Sie auch gerne die Überlebensaufgabe (siehe Kapitel 4) ins Spiel (ohne sie so zu nennen).

Jetzt ist ein guter Zeitpunkt, um Erwartungen zu schüren oder zu begrenzen und um Ressourcen neu zu verhandeln. Beispielsweise: »Was wird bis wann möglich sein und was nicht?« Die wenigsten Führungskräfte werden sich festlegen wollen. Das ist auch nicht notwendig. Bereiten Sie für sich einen Plan vor, den Sie im Gespräch vorstellen und diskutieren. Heben Sie bereits erzielte Erfolge hervor und machen Sie deutlich, was Sie benötigen, um die gesteckten Ziele zu erreichen. Zögern Sie nicht, auch schwierige Themen anzusprechen.

Gespräche mit Personen, die Ihren Job wollten

Meist machen die Diagnostikgespräche und das Kennenlernen von Kolleg:innen Spaß, und die Gespräche mit Ihren Vorgesetzten schaffen eine gute gemeinsame Basis. Es gibt allerdings Gespräche, die wir lieber vermeiden würden. Diesen widmen wir uns jetzt.

So, wie Sie sich mit einigen Menschen schwerer tun als mit anderen, geht es auch anderen Menschen. Auch die gilt es zu identifizieren. Vielleicht haben Sie jemandem im Team, der eigentlich Ihre Stelle wollte. Vielleicht gab es vor Ihnen Absprachen darüber, die nicht eingehalten wurden. Oder Ihr Gegenüber ist befreundet mit einem anderen Kandidaten oder einer Kandidatin, der oder die den Job ebenfalls haben wollte. Suchen Sie das Gespräch mit diesen Menschen. Es ist immer besser, die Karten offen auf den Tisch zu legen und sich um einen guten gemeinsamen Start zu bemühen.

Für diesen Dialog sollten Sie sich gut vorbereiten, indem Sie die folgenden Fragen gedanklich durchgehen und beantworten:

- Wie begegnen wir allen Beteiligten auf Augenhöhe?
- Was ist die stärkste Win-win-Situation, die wir uns vorstellen können und auf die ich hinweisen kann?
- Welche Anerkennung verdient das Dagewesene?
- Was soll sich auf keinen Fall ändern?
- Was darf sich verändern?
- Was bedeutet Sicherheit und Vertrauen im Kontext unserer Beziehung und der gemeinsamen Arbeitszukunft?

- Wie kann ich anerkennen, dass die andere Person verletzt/gekränkt/verärgert ist, und dennoch eine positive Basis für unsere gemeinsame Arbeitsbeziehung schaffen?

Fierce Conversations – Wenn Kommunikation schwierig wird

Wie man erfolgreich potenziell unangenehme Gespräche führt, kann man lernen. Dafür gibt es eine hilfreiche Anleitung, die Sie ermächtigt und durch spannungsgeladene Gespräche führt.

Vielen von uns fallen diese Gespräche aus unterschiedlichen Gründen schwer. Wir haben Angst, unser Gegenüber zu verletzen, haben Sorge, die Beziehungsebene zu stören, stellen unsere eigene Verletztheit mit einem »das war nicht so schlimm« oder »es war vielleicht nicht so gemeint« unten an. Dabei übersehen wir die Chance, die in solch einem Dialog liegt. Wenn wir uns mit unserem Gegenüber auseinandersetzen, ist das ein Zeichen von Wertschätzung und eine Chance zur Klärung. Erfolgreich angewandt hat die »Fierce Conversations«-Gesprächsanleitung das Potenzial, Beziehungen zu stärken, neue Akzeptanzräume zu öffnen, aber auch gesunde Grenzen zu ziehen und aufrechtzuhalten.

In ihrem Buch *Fierce Conversations*[73] spricht Susan Scott darüber, dass zwischenmenschliche Schwierigkeiten oft direkt auf unsere Unfähigkeit zur Kommunikation zurückzuführen sind. Ihr Buch enthält Prinzipien, Werkzeuge und Aufgaben zum Navigieren durch heikle Beziehungs- und Gesprächssituationen. Auf Basis ihres Ansatzes haben wir einen Zehn-Schritte-Gesprächsleitfaden entwickelt.[74] Es ist eines der Werkzeuge, das wir am häufigsten in unseren Coachingprozessen weitergeben, weil es – wenn man die Schritte befolgt – garantiert funktioniert.

Der Leitfaden in Kürze

Das Führen von echten, kraftvollen Dialogen setzt voraus, dass wir mit klarer Absicht handeln. Überlegen Sie sich also vorher das Ziel dieses Gesprächs. Was wäre das optimale Ergebnis, was das schlechteste?

Und gibt es Fragen oder Rückmeldungen, vor denen Sie sich fürchten? Dann bereiten Sie schon vorab eine Antwort darauf vor.

Dieser Leitfaden dient als Wegweiser, um Sie bestmöglich durch die Untiefen schwieriger Gespräche zu navigieren, stets mit dem optimalen Ergebnis vor Augen. Unser Zielbild ist es, wann immer möglich, eine Win-win-Situation zu erzeugen. Wir haben diesen Leitfaden aber auch schon mit Coachees vorbereitet, wenn es um persönliche Grenzüberschreitungen ging, die geklärt werden mussten und das Ziel hatten, ein Stoppschild zu setzen.

Bitte gehen Sie die Schritte im Gespräch stets in der vorgegebenen Reihenfolge durch. Die Reihenfolge baut aufeinander auf und führt Ihr Gegenüber geschickt durch unsere natürlichen Einwände und Abwehrmechanismen. Indem Sie etwa Ihre Gefühle teilen, zeigen Sie, dass Sie bereit sind, sich zu öffnen, und dass Ihnen dieses Gespräch wichtig ist. Danach erst werden die Konsequenzen genannt. Das ist bewusst so gewählt, denn mit diesem Vorwissen ist Ihr Gegenüber sicherlich bereiter, die Konsequenzen anzunehmen, als wenn Sie diese direkt nach der Problemnennung auflisten.

Während Sie diese Schritte vorbereiten, raten wir Ihnen, innezuhalten und Ihre Reflexionen zu jedem Punkt zu Papier zu bringen – nehmen Sie diese Notizen als Ihren Kompass mit in das Gespräch. Ein Klient hat einmal gefragt: »Sieht das nicht unprofessionell aus?« Wir finden nicht, denn Sie zeigen damit, dass Ihnen das Gespräch und Ihr Gegenüber wichtig sind und dass Sie sich Gedanken gemacht haben. Für das Ergebnis ist es besser, Sie haben die Struktur und Ihre Mitschriften dabei, als dass Sie sich im Eifer des Gefechts verheddern.

1. **Benenne das Problem, und zwar klar und nicht interpretierbar.** Seien Sie so kurz und präzise wie möglich. Stellen Sie sich vor, Sie formulierten die Überschrift eines Artikels. Vermeiden Sie unbedingt »Du-Appelle«. Sie führen Ihr Gegenüber in die Defensive. »Ich-Botschaften« bringen Sie viel weiter. Zum Beispiel könnten Sie statt des vorwurfsvollen »Du delegierst nicht an mich« sagen: »Ich möchte mit dir über eine effektive Aufgabenaufteilung sprechen.«

   Es ist wichtig, das Problem knapp zu beschreiben. Wenn Sie zu sehr ausufern, fällt Ihnen Ihr Gegenüber ins Wort, und das wollen

Sie an dieser Stelle vermeiden. Es ist viel besser, zuerst eine kurze Aussage zu machen und diese dann mit Beispielen zu untermauern.

2. **Liefern Sie konkrete Beispiele.** Versuchen Sie so zu berichten, wie es objektiven Nachrichten gelingt. Bleiben Sie bei den Zahlen, Daten, Fakten. Was ist Ihnen aufgefallen, wie ließe sich dies quantifizieren und in welcher Häufigkeit trat jenes auf? Stützen Sie sich ausschließlich auf Beispiele aus Ihrem eigenen Erleben und Beobachten. Sie müssen dabei gewesen sein. Alles, was durch Hörensagen an Sie herangetragen wurde, kann einzig mit der Erwiderung »Das war doch gar nicht so« ausgehebelt werden. Und dann stehen Sie unverrichteter Dinge da. Auch geht ein Gegenüber meist in Widerstand, wenn es mitbekommt, dass Sie mit anderen darüber gesprochen haben. Sie tun sich damit also keinen Gefallen.
3. **Was haben Sie dabei empfunden, und wie geht es Ihnen jetzt?** Sich emotional auszudrücken, ist im Berufsleben und in vielen Kulturen eine echte Herausforderung. Doch genau hier liegt der Schlüssel. Wenn man merkt, Sie sind emotional bei der Sache, erkennen wir als soziale Wesen einfach, dass es Ihnen wichtig ist. Gefühle kann man Ihnen auch nicht absprechen, es sind ja Ihre. Also trauen Sie sich ruhig. Anstatt einfach zu sagen: »Ich bin aufgebracht«, sollten Sie konkret werden. Sind Sie vielleicht angespannt, in erhöhter Alarmbereitschaft, zögerlich, fühlen Sie sich angegriffen? Eine differenzierte Betrachtung unserer emotionalen Landschaft ist nicht nur ein Zeichen von Reife, sie ermöglicht auch, schwierige Gespräche auf eine produktivere Weise zu führen.

   Viele von uns kennen nur eine begrenzte Palette an Begriffen, um ihre Emotionen zu beschreiben – oft nicht mehr als acht verschiedene Zustände[75]. Das greift zu kurz, um unser Gegenüber wirklich abzuholen. Unsere Gefühlswelt ist weit komplexer, und genau deshalb ist es so wichtig, unsere Fähigkeit, Emotionen auszudrücken, zu erweitern.

   Je präzisier Sie benennen können, was in Ihnen vorgeht, desto mehr öffnen Sie die Tür für Ihr Gegenüber, Sie zu verstehen.[76] Und ganz grundsätzlich: Die Fähigkeit, unsere Emotionen klarer zu kommunizieren, macht es einfacher, gemeinsam Lösungen zu finden und die Situationen, die uns herausfordern, produktiv zu bewältigen.

4. **Was steht auf dem Spiel? Was sind die Konsequenzen, wenn sich nichts ändert?** Geht es um das Zwischenmenschliche, steht ein geschäftliches Ziel auf dem Spiel oder betrifft es die berufliche Entwicklung? Oft ist sich unser Gegenüber nicht vollends der Auswirkungen bewusst, die diese Umstände mit sich bringen. Es ist unsere Aufgabe, die Tragweite der Situation aufzuzeigen. Es ist dabei entscheidend, dass dieser Schritt nicht missverstanden wird: Es geht nicht darum, Drohungen auszusprechen oder ein Ultimatum zu setzen. Vielmehr teilen wir mit, welche elementaren Bereiche unseres Miteinanders oder unserer geschäftlichen Beziehung auf dem Spiel stehen, wenn keine Lösung gefunden wird. Dieser Austausch soll nicht als Druckmittel dienen, sondern als Klärung, welche Beziehungsbasis oder Ziele durch die ungelöste Situation bedroht sind.
5. **Was war Ihr eigener Beitrag zur Situation?** Sie tragen Mitverantwortung. Und wenn es nur ist, dass Sie es bereits in der Situation selbst hätten ansprechen können oder dass Sie früher schon etwas hätten sagen können. War Ihre Kommunikation zu Beginn unklar oder haben Sie voreilige Schlüsse gezogen? Indem man eigene Anteile am Problem einräumt, öffnet man der anderen Seite den Raum, eigene Missgriffe ebenfalls zuzugeben. Dies demonstriert nicht nur, dass Sie das Gespräch mit Bedacht und nicht bloß mit einer Anklage führen, sondern zeigt Ihre Bereitschaft, Verantwortung zu übernehmen.
6. **Unterstreichen Sie Ihren Lösungswillen.** Es ist entscheidend, klarzustellen, dass der Grund für dieses Gespräch Ihr Interesse an einer Problemlösung ist. Ein schlichtes »Ich möchte dieses Problem lösen« ist ein Anfang. Doch erst die Benennung Ihrer Bereitschaft, bestimmte Schritte zu unternehmen, verstärkt Ihre Botschaft. So könnten Sie formulieren: »Ich bin bereit, folgende Schritte zu gehen …« oder »Ich bin offen für eine andere Perspektive. Wie sehen Sie das?« Diese Herangehensweise zeigt Ihre Offenheit und Ihren Lösungswillen.

7. **Lassen Sie die andere Person antworten.** Nachdem Sie die ersten sechs Schritte durchgeführt haben, ist jetzt der Moment gekommen, in dem die andere Person antworten sollte. Obwohl es wichtig war, dass Sie zuerst gehört werden, da Sie die Person sind, die das Problem anspricht, handelt es sich hierbei um einen Dialog. Daher müssen Sie der anderen Person erlauben, ihre Gedanken mit Ihnen zu teilen. Wenn Sie diese Struktur durchführen, braucht es von Beginn bis jetzt nur wenige Minuten. Tatsächlich ist es ganz natürlich, Sie bis jetzt aussprechen zu lassen. Sollten Sie doch unterbrochen werden, dann erbitten Sie sich auszusprechen.
8. **Reflektieren Sie gemeinsam das Besprochene.** Diskutieren Sie, seien Sie offen. Es gibt immer Elemente, die verhandelbar sind. Begeben Sie sich gemeinsam mit Ihrem Gegenüber auf die Metaebene: Was haben Sie übereinander und voneinander gelernt? Jetzt, da beide Seiten ihre Gedanken geteilt haben, gilt es zu paraphrasieren: »Ich habe das und das von dir gehört und kann jetzt deine Perspektive besser verstehen.«

   Besprechen Sie die jeweiligen Einsichten oder Beobachtungen in einem Dialog und achten Sie darauf, sich auf Ihre konstruktiven Absichten am Ende dieses Gesprächs zu konzentrieren. Dies ist die Gelegenheit, etwaige neue Missverständnisse zu klären, bevor Sie weitermachen.
9. **Erstellen Sie gemeinsam einen Plan.** Sobald ein beidseitiges Verständnis etabliert ist, gilt es, eine Einigung über den Weg zur Lösung zu erzielen. Diese Einigung sollte spezifische Details enthalten, konkrete nächste Schritte, die von beiden Seiten erwarteten Aktionen und einen eindeutigen Zeitplan. Woran werden Sie beide in Zukunft erkennen, dass die Situation gelöst ist?
10. **Nehmen Sie sich gegenseitig in die Pflicht.** Verabreden Sie, sich gegenseitig zur Rechenschaft zu ziehen. Zu oft bleiben knifflige Unterhaltungen auf der Ebene der Planerstellung und -zustimmung stehen, ohne dass die Ergebnisse dieser Diskussionen und die daraus resultierenden Veränderungen wirklich überprüft werden. Das Ziel sollte sein, die Einhaltung Ihrer Vereinbarung sicherzustellen. Planen Sie zum Beispiel ein Folgetreffen oder definieren Sie ge-

meinsam, wie Fortschritte aussehen sollen. Dies gewährleistet, dass sich beide Seiten engagieren, um die beschlossene Lösung umzusetzen.

Es gibt nicht viele Dinge im Leben, die uns so eine einfache Anleitung bieten wie dieser Gesprächsleitfaden, um die Kunst schwieriger Gespräche Schritt für Schritt zu meistern. Mit jedem Mal wird es Ihnen leichter fallen, solche Gespräche zu führen, ja Sie werden dabei immer souveräner. Denn meist gibt es einen gegenseitigen Willen zur Lösung. Falls nicht, nun, dann erkennen Sie, wem Sie vertrauen können und wem nicht. Und können entsprechend handeln.

Das Vermeiden schwieriger Gespräche ist auf lange Sicht kostspielig und bereitet dem Drückeberger Magenschmerzen. Gerade in der ersten Zeit in einer neuen Rolle ist es wichtig, Störendes rasch und lösungsorientiert anzusprechen. Wenn Sie am zweiten Tag von Ihrem neuen Chef am Wochenende angerufen werden und Sie das nicht möchten, können Sie das anfangs besser klären als nach ein paar Monaten. Wenn es schon »immer« so war, ist es schwer es für das Gegenüber zu verstehen, wieso es jetzt nicht mehr geht.

Storytelling – Geschichten, die Sie erzählen müssen

Antrittsreden, Strategiepräsentation, Eintrittsinterviews – Sie werden in den ersten Wochen und in manchen Rollen auch den gesamten Zeitraum Ihres Mandats viele Gründe haben, um zu präsentieren. Diese sollten immer gut vorbereitet sein, doch selten sind sie so einprägsam und wichtig für den ersten Eindruck wie bei den ersten Gelegenheiten.

Für alle Gespräche gilt: Abstrakte und inhaltlich interpretierbare Botschaften funktionieren nur in rein faktenorientierten Präsentationen.

Für alle Situationen, in denen Sie die Menschen erreichen wollen, setzen Sie auf Storytelling. Indigene Völker geben auch heute noch Wissen in Geschichtenform weiter. Wir können uns Inhalte besser merken, wenn wir emotional auf eine Reise mitgenommen wurden.

Um das zu verdeutlichen, lesen wir abends auf einer Führungsklausur gerne eine Kurzgeschichte. Am darauffolgenden Morgen bitten wir die Teilnehmenden, sie wiederzuerzählen. Märchen, Fabeln und Metaphern erreichen uns, weil sie mehr als nur eine Gehirnregion aktivieren. Dadurch bleiben sie uns in Erinnerung.[77] Oder wie Harry-Potter-Erfinderin J. K. Rowling einmal sagte: »There's always room for a story that can transport people to another place.«[78]

Wenn es schnell gehen muss – Erzählen Sie einprägsame Geschichten wie Pixar

Wenn Sie wenig Zeit haben, aber sich recht rasch eine Geschichte zurechtlegen wollen, kann Ihnen Pixar helfen. Pixar hat insgesamt 22 Regeln zum Storytelling definiert. Die vielen Golden Globes, Grammys und Oscar-Auszeichnungen geben ihnen recht.[79]

Beginnen wir mit der Kernstruktur einer Pixar-Erzählung. Diese Struktur ist die Basis für Ihre Geschichte. Vervollständigen Sie die Satzanfänge mit Ihren Inhalten.

- Es war einmal ...
- Jeden Tag, ...
- Bis eines Tages ...
- Und aufgrund dessen ...
- Darum ...
- Bis letztendlich/schließlich ...

Lassen Sie uns gemeinsam eine Beispielgeschichte schreiben mit dieser Struktur und einer Heldin aus unserer Heldenreise als Hauptfigur. Dann könnten wir sagen:

***Es war einmal** eine Heldin, **jeden Tag** ging sie morgens in ein Bürogebäude und kam abends erschöpft wieder hinaus. Wie sie die Zeit füllte, konnte sie selbst nicht sagen. Doch sinnvoll war ihre Arbeit nicht. Sie wusste jedoch nicht, was sie ändern sollte. **Bis sie eines Tages** in einem Geschäft das Buch* Ready for Success *entdeckte. Sie kaufte es, las es und erkannte, dass sie viel mehr Möglichkeiten hatte, als sie sich hätte vorstellen können. **Und aufgrund dessen** begann sie sich aktiv mit sich selbst auseinanderzusetzen und ihre Wünsche und Ziele zu definieren und sich selbst besser kennenzulernen. **Darum** konnte sie nach einiger Zeit auch viel klarer erkennen, warum ihre Arbeit sie so sehr erschöpfte und was sie ändern musste, um erfüllter in ihrem Beruf zu sein. Sie fing an mit Angehörigen und Freund:innen über ihre Erkenntnisse zu sprechen, **bis sie schließlich** durch ihr Netzwerk ein passendes Angebot bekam und es glücklich annahm.*

Sie müssen selbstverständlich Ihre Erzählung nicht mit »Es war einmal« beginnen. Es geht um die Struktur: Sie beginnen in der Vergangenheit, zeichnen ein Bild davon, definieren ein Event, das auch in der Zukunft liegen kann und doch alles verändert, und erklären, was dadurch alles in Bewegung kommt, und schließen – wenn Sie Hoffnung verbreiten wollen – mit einem besseren Endzustand als am Anfang der Geschichte.

Wenn Sie eine Geschichte erzählen wollen, die aufweckt, kann die Geschichte auch kein Happy End haben. Sie werden in Ihrem Berufsalltag eventuell auch öffentlich sprechen müssen. Wie Sie dabei am besten vorgehen, darum geht es im kommenden Buchabschnitt.

Reden und Präsentationen

Öffentlich und auf einer Bühne zu sprechen ist für die allermeisten von uns eine extrem stressbelastete Situation (noch vor der Angst vor Tod, Spinnen oder Höhenangst, sagt das National Social Anxiety Center.[80])

Schon bei der Vorstellung, vor anderen sprechen zu müssen, bekommen wir schwitzende Hände, der Atem wird flacher. Wir sind in einem Alarmzustand. Und doch müssen wir in vielen Positionen auch »öffentlich« sprechen, seltener auf einer Bühne, aber oft in Meetings, vor Kleingruppen oder auch in die Kamera während eines virtuellen Termins.

Je besser die Vorbereitung und je öfter Sie Trockenübungen gemacht haben, desto stabiler werden Sie im Rampenlicht sein.

Tipp 1: Vorbereiten, vorbereiten, vorbereiten. Wir sprechen jede Präsentation, jeden Vortrag, jede Keynote mehrfach vor, stoppen die Zeit, nehmen uns auf Video auf und korrigieren und adjustieren uns. Vor allem die ersten 30 Sekunden bis zu einer Minute müssen sitzen. Wenn die erste Minute gut überstanden ist, werden die meisten Menschen innerlich ruhiger.

Tipp 2: Überlegen Sie sich einen starken Beginn. Etwas mit Charme und auf Augenhöhe.

Wenn Sie wissen, dass Sie sehr aufgeregt sein werden, überspielen Sie das nicht, sondern:

Tipp 3: Machen Sie sich Ihre Nervosität zunutze. Das macht Sie sympathisch und nahbar.

Ein Beispiel dazu: Es ist Sommer 2023, auf einer TED-Konferenz in Detroit, Tag 3. Hochkarätige Sprecher:innen, die Talks sind einstudiert, auswendig abrufbar, sekundengenau geplant und meist mit Hilfe von Coaches und Coachinnen einstudiert und geübt[81]. TED-Konferenzen sind die Kür für die meisten Speaker:innen. Alle Talks werden gefilmt und ungeschnitten auf der TED-Webseite[82] geteilt. Potenziell sehen Millionen Menschen diesen Vortrag. Der Druck ist also immens hoch.

Eine Frau kommt auf die Bühne, sie fängt an zu sprechen, und nach wenigen Minuten passiert ihr das, wovor wir uns alle fürchten: Sie leidet unter einem kompletten Blackout – nichts geht mehr. Sie nimmt zwei, drei weitere Anläufe, keine Chance. Doch sie hat das Publikum komplett auf ihrer Seite. Wir klatschen, wir feuern sie an. Wir wollen, dass sie es gut macht. Sie geht von der Bühne, um sich zu sammeln, kommt unter tosendem Applaus zurück, sie beginnt …

… und nach wenigen Minuten passiert es wieder. Der nächste öffentliche Blackout. Tränen treten ihr in die Augen. Das Publikum fühlt mit. Da beginnt sie zu sprechen und erklärt: »In der Nacht hat es in einer unserer Fabriken gebrannt, ich habe die ganze Nacht in Krisengesprächen verbracht. Es wurde niemand verletzt, aber bis vor 30 Minuten wussten wir das nicht. Es tut mir so leid.« Ein ganzes Publikum ist in ihrem Bann. Wir sind zu ihren Fans geworden. Sie bittet um zehn Minuten, um sich erneut zu sammeln. Geht von der Bühne, kommt nach dieser Pause wieder ins Scheinwerferlicht und liefert ab.

Das war einer solcher TED-Talks, die nicht in Vergessenheit geraten werden. Menschen erinnern sich vor allem an Emotionen, und wie kann man einen Moment vergessen, in dem rund 800 Menschen gemeinsam mit einer Fremden auf der Bühne mitgefiebert haben? Die Quintessenz daraus: Egal, was passiert, wenn Sie ehrlich und authentisch bleiben, wird man es Ihnen verzeihen. Mit einer Ausnahme:

Tipp 4: Fangen Sie keine Präsentation an mit »Ich bin nicht gut vorbereitet.« Damit stellen Sie sich selbst ein Bein, denn Sie kennen doch die Sache mit der Self-fulfilling prophecy …

Tipp 5: Langweilen Sie nicht! Es gibt vieles, das Sie über das öffentliche Sprechen lernen können. Neben dem Üben und Einstudieren ist die oberste Maxime, sich auf das Publikum einzustellen. Was möchte Ihr Publikum wissen, hören, erleben?[83] Lernen Sie über Ihr Publikum, was es zu lernen gibt, und gehen Sie immer davon aus, dass es Menschen in Ihrer Zuhörerschaft gibt, die mehr Wissen haben als Sie. Laden Sie das Publikum ein, ihr Wissen mit Ihnen und den anderen zu teilen. Gerade während eines Karriereübergangs sollten Sie sich nicht als Expert:in darstellen. Sie sind neu. In diesem Kontext wird Ihnen Demut gut zu Gesicht stehen.

Wir raten grundsätzlich allen, die regelmäßig präsentieren müssen, zu ein paar Stunden Stimm-, Sprech- oder auch Schauspieltraining. Sich selbst auf Band oder im Video sprechen und gestikulieren zu hören/sehen, ist sicherlich hilfreich. Profis können Sie mit ein paar Tipps und Techniken in Bezug auf Atemtechnik, Stimmtonalität und Haltung um Längen besser machen.

Strukturieren Sie Ihre Kernbotschaft

1. Das Wichtigste bei allem ist es, eine klare Botschaft zu haben. Wollen Sie informieren, motivieren oder wollen Sie sich mit dem Vortrag als Experte oder Expertin Ihres Fachgebiets positionieren?
2. Sprechen Sie an, um welches Thema es geht: Umstrukturierung, Information zum Unternehmen, Digitalisierung oder anderes?
3. Formulieren Sie eine Kernbotschaft oder Kernthese. Ideal wäre es, wenn Ihnen das in einem Satz gelingt. Untermauern Sie Ihre These mit Zahlen, Daten und Fakten.
4. Überraschen Sie Ihre Zuhörerschaft. Sie könnten einen Vortrag über Konsumentenverhalten einleiten mit: »1000 Liter Trinkwasser kosten 1,80 Euro[84]. Warum sind wir dann bereit, für eine 1-Liter Flasche Wasser im Schnitt 1,30 Euro[85] zu zahlen?«
5. Bringen Sie drei treffende Argumente. Wir nennen Sie auch die Magie der Drei. Finden Sie drei Kernargumente, für jedes Argument sammeln Sie drei Fragen. Überlegen Sie sich, welche Fragen man Ihnen dazu stellen könnte, die Sie noch nicht beantworten können und die Ihnen Kopfschmerzen machen würden, um dann in der Vorbereitung die Antworten darauf zu finden. Wenn Sie das tun, wird Ihre Präsentation sofort aufgewertet. Sie denken sich damit tiefer in das Thema, versetzen sich automatisch in die Zuhörenden und erkennen auch die Grenzen Ihres Wissens. Für jedes Kernargument suchen Sie informative Goodies in Form von Metaphern, Anekdoten, nützlichen Informationen und Daten.

Diese Struktur kann für fünf- bis zehnminütige Reden genutzt werden so wie für ein- oder mehrstündige Vorträge. Sie werden sehen, Ihre Präsentationen werden nicht nur besser, sondern Sie werden geschätzt und werden mehr Sicherheit gewinnen. Wir haben diese Struktur von Jeremy Adams übernommen, einem unserer Kommunikationscoaches[86], und für Sie adaptiert.

Transformationsgeschichte

Es ist sehr wahrscheinlich, dass Sie in Ihrem Karriereübergang über Veränderungen sprechen müssen. Wir leben in einer Zeitenwende, auf die sich Organisationen einstellen müssen. Transformationsgeschichten gut zu erzählen ist eine Kunst und braucht ein besonderes Geschick.

Sie müssen häufig Menschen von Themen überzeugen, gegen die sie sich sträuben. Bevor Sie sie für sich gewinnen können, müssen Sie klarmachen, dass eine Veränderung notwendig ist. Sprechen Sie das IST an und zeigen Sie das KANN auf. Wecken Sie in den Köpfen Ihrer Mitarbeitenden das Bild einer positiven Zukunft. Und sprechen Sie ihre Vernunft an. Erzählen Sie aber keine Märchen, machen Sie nie leere Versprechungen, und halten Sie Ihre Rede kurz und persönlich.

John Kotters Buch *Leading Change* ist unsere aufrichtige Buchempfehlung für Sie. Er spricht unter anderem darüber, wie wichtig eine starke Vision ist und dass sie deutlich öfter wiederholt werden muss, als wir das intuitiv erwarten würden.[87] Für ihn gibt es sieben wesentliche Bestandteile der Visionskommunikation, die Ihre Botschaft positiv anreichern: Einfachheit, Metapher, Vermittlung über verschiedenste Kanäle, Wiederholungen, Führung geht als Vorbild voran, Erklärung für vermeintliche Widersprüche und die Notwendigkeit von Geben und Nehmen.

METAPHERN IN VERÄNDERUNGSPROZESSEN

Hier möchten wir Sie ermutigen, gut über ein passendes Bild nachzudenken. Nehmen Sie nicht das erste Bild, das Ihnen einfällt, und auch kein schon sehr bekanntes Bild.

Wir berieten ein Vorstandsteam bei der Entwicklung einer Veränderungsstrategie. In unserer gemeinsamen Klausur überlegten wir, welche Metapher sich gut für die kommenden Jahre eignen würde. Sie war schnell gefunden: »Schnellboote für das Neue und Tanker für das Alte.« Einstimmig wurde der Einfall angenommen. Das Bild passte sehr gut und der Kontrast war klar. Leider lagen wir alle falsch. Wir hätten mehr reflektieren müssen. Das Bild des Tankers hat in der Organisation für Unruhe gesorgt. Die Belegschaft fühlte sich abgewertet. Und das zu Recht. Sie waren nachweislich agil und gut in der Integration neuer Kollegen und Kolleginnen.

Ihre Kernbotschaften sollten oft wiederholt werden. Im Beratungskontext empfehlen wir: mehr als 20 Mal. Es braucht Zeit und Wiederholung, bis eine Botschaft eine Organisation durchdringt und alle Menschen erreicht. Idealerweise packen wir das in eine Geschichte – eine Change Story –, da Geschichten leichter zu erinnern und zu behalten sind. Sprechen Sie auch Dinge an, die (scheinbar) inkongruent sind. Sie können einleiten mit: »Es ist vielleicht überraschend, dass …«, »Diese zwei Aspekte passen auf den ersten Blick nicht zusammen, doch …«. Versuchen Sie – gerade, wenn Sie in einer leitenden Funktion sind – diese drei Fragen in Ihrer Antrittsrede authentisch zu beantworten: Was ist jetzt möglich, was vorher nicht möglich war? Was wird sich nicht ändern? Was ist jetzt nicht mehr akzeptabel, was vorher akzeptabel war?

Sagen Sie nichts, was Sie auch nicht wirklich meinen. Lassen Sie es schlicht weg. Was beeindruckt Sie? Worüber sind Sie dankbar? Warum haben Sie sich für diese Aufgabe entschieden? Und laden Sie stets zu einem Dialog ein. Stellen Sie sicher, dass es Wege gibt, Ihnen Fragen zu stellen oder mit Ihnen in Kontakt zu treten.

Die McKinsey Change Story (adaptiert)

Der Aufbau einer guten Transformationsgeschichte oder Change Story kommt von der Strategieberatung McKinsey[88] und wir haben diese in folgende Anleitung adaptiert:

1. **Einleitung:** Erklären Sie, welche Veränderung ansteht, und machen Sie deutlich, welche Vorteile das für die Mitarbeitenden und das Unternehmen hat.
2. **Ausgangslage:** Schildern Sie sachlich, wo Sie jetzt stehen.
3. **Benennen Sie das Ziel:** Bringen Sie das Ziel in wenigen Worten auf den Punkt und benennen Sie die Vorteile, die mit dem Erreichen des Ziels einhergehen.
4. **Beschreiben Sie den Weg zum Ziel:** Definieren Sie Teiletappen und beschreiben Sie den Weg zum Ziel. Wann wird was und warum und wie getan? Sprechen Sie auch an, wenn der Weg beschwerlich sein wird.

5. **Einsatz einfordern:** Machen Sie deutlich, was Sie von den Mitarbeitenden in dieser Transformation erwarten. Fordern Sie Commitment ein.
6. **Zeigen Sie Einsatz:** Erklären Sie detailliert, aber auf den Punkt gebracht, was Sie in diesem Prozess an Aufgaben übernehmen und was Ihre Rolle ist.
7. **Fazit:** Ziehen Sie am Ende ein Fazit und fassen Sie den Plan für die kommende Zeit zusammen.

Kapitel 6

Bleiben Sie als Führungskraft im Erfolgsmodus

Es ist ein interessanter Trend, dass immer weniger Menschen führen oder in Führungspositionen gehen wollen. Gerade einmal knapp 13 Prozent haben das Ziel, ins Management aufzusteigen. Der Grund dafür sei, so gaben es die Befragten der Studie der Boston Consulting Group an, dass die Anforderungen an Führungskräfte komplexer, umfassender und herausfordernder geworden seien.[89]

Moderne Führungskonzepte und -stile

Führung zu übernehmen bedeutet, Verantwortung zu übernehmen und sich in der Lage zu fühlen, unterschiedliche Persönlichkeiten zu leiten. Nötig dabei sind Konstanz, Einfühlungsvermögen und Flexibilität. Fragen Sie mal eine Erzieherin, einen Erzieher, wie sie oder er mit den kleinen Persönlichkeiten im Kindergarten umgeht. Die Antwort wird lauten, dass jedes Kind ein wenig anders behandelt werden möchte, wobei man als Erzieher:in natürlich dennoch über einen verlässlichen Stil verfügt. Das Gleiche gilt für Führungskräfte: Sie brauchen einen erkennbaren Stil, wenn es um ihr Führungsverhalten geht. Er bietet den Menschen Verlässlichkeit.

Wie findet man die Balance zwischen berechenbarer Führung und angemessener Flexibilität? Die Antwort: Seien Sie ein Chamäleon, das seiner Art immer treu bleibt, sich aber den Umständen anpassen kann. Es geht daher im ersten Schritt darum, dass Sie Ihren persönlichen Führungsstil finden und diesen im zweiten Schritt kontinuierlich modifizieren und durch Elemente anderer Stile ergänzen. Das gelingt, indem Sie sich selbst regelmäßig hinterfragen, als Mensch, als Führungskraft, im Kontext Ihrer Rolle. Das können Sie in aller Stille tun oder im Austausch mit anderen.

Zwei Fragen sollten Sie dabei beantworten: »Was ist mir wichtig?« und »Was ist gerade für das Unternehmen wichtig?« Oder anders: Braucht es jetzt die moderne, ansprechbare, nahbare Führungskraft, die ihre Mannschaft in das neue Zeitalter navigiert, ohne auf alles eine Antwort zu haben? Oder braucht es kurzfristig eine Entscheidung, die Sie treffen und durchsetzen müssen, indem Sie den Mitarbeitenden die Dringlichkeit aufzeigen?

Verfallen Sie nicht in operative Hektik und versuchen Sie unter die Oberfläche zu schauen. Setzen Sie nicht automatisch bei dem Offensichtlichen wie der Strategie, der Organisationsstruktur oder der Teamzusammenstellung an. Manchmal sind Dinge wie der Aufbau und die Unterstützung von vertrauensvollen Beziehungen sowie organisationales Engagement relevanter.

In der Pandemie haben wir gelernt, dass wir mit mehr Offenheit und Kollaboration nicht nur effizienter sind, sondern dass die Zusammenarbeit wesentlich freudvoller ist. Eine Studie von Spencer Stuart propagiert daher überzeugend ein anderes Führungsverhalten für die Zukunft.[90] Die generelle Aussage lautet: Je unsicherer und unvorhersehbarer die Lage, umso mehr sind neben den »hard facts« sowohl auf individueller Ebene – was kann derjenige (CV, Trackrecord, Erfahrungen) – als auch auf organisationaler Ebene (Organisationsstruktur, Strategie, Agenda-Seeting) – die »soft facts« entscheidend.

Die traditionellen Command- & Control-Mechanismen sind in wirtschaftlich und gesellschaftlich unsicheren Zeiten an mancher Stelle sicher noch sinnvoll, aber nur ergänzend dazu, dass Leader von heute und morgen ihre Teams mit Sinn, Werten, modernen Unternehmenskulturen inspirieren und involvieren müssen. Für Führungskräfte sind das vor allem Menschlichkeit, Empathie, Resilienz, Anpassungsfähigkeit, Authentizität und Transparenz. Mitarbeitende und Teams wollen nicht als »Resources« gesehen werden, sondern als Menschen. Je stärker Sie Ihren Leuten Beachtung schenken, desto stärker stehen Sie – auch in schwierigen Situationen – hinter Ihnen. Die Studie von Spencer Stuart benennt die folgenden vier Punkte als Grundpfeiler von Erfolg:

1. **Klarheit:** Schaffen Sie eine für alle nachvollziehbar formulierte Mission und Zielsetzung, ausgedrückt durch Zweck, Vision, Strategie und eine Zielkultur.
2. **Ausrichtung:** Stellen Sie sicher, dass die wichtigsten Mitarbeiter:innen der Organisation verfügbar, organisiert und strategisch eingesetzt sind, um die Leistung zu maximieren.
3. **Vitalität:** Ihre Aufgabe ist es, Menschen in der gesamten Organisation zu motivieren und inspirieren, dafür zu sorgen, dass sie sich energiegeladen fühlen und ihren Mehrwert für die Organisation kennen, damit sie mit Ihnen die Extrameile gehen und Außergewöhnliches leisten.
4. **Kohärenz:** Stellen Sie sicher, dass die Bedingungen im Miteinander und mit den Bedürfnissen des Unternehmens in einem hochdynamischen und schnelllebigen Umfeld abgestimmt sind.

Wie bereits beschrieben, braucht eine Führungskraft starke Nerven oder eine bemerkenswerte Resilienz gegenüber externem Druck und ebensolchen Herausforderungen. Und dazu braucht es neben einem gesunden Selbstbewusstsein und schneller Anpassungsfähigkeit die Fähigkeit zur Antifragilität.

Kontextuelle Intelligenz

Auf der anderen Seite ist Führung eng mit Zeitgeist, Politik und gesellschaftlichem sowie technologischem Wandel verknüpft. Der Wandel findet immer schneller sowie unkontrollierbarer statt. Wir begleiten unsere Klient:innen oft über einen langen Zeitraum. In unseren Rollen als Expertinnen für die Besetzung und das Coaching von Top-Executives setzen wir uns nicht nur intensiv mit den Anforderungen an Führungskräfte auseinander, sondern vor allem mit dem sich laufend verändernden Kontext, in dem sie wirken.

Eine der Kernkompetenzen für Führungskräfte ist die kontextuelle Intelligenz, die Fähigkeit, Muster, Trends und Signale aus dem jeweiligen Umfeld wahrzunehmen, zu analysieren und einzuordnen.[91]

Ein Teil der kontextuellen Intelligenz ist es, spontan in der Lage zu sein, die Perspektive zu wechseln. Dafür braucht es Empathie, also das Einfühlen sowie Einschätzen von Stimmungen und Bedürfnissen, Motiven und Befindlichkeiten. Aus diesem Grund sind heute andere Leader gefragt als noch vor fünf, zehn, 20 Jahren. Wir brauchen anpassungsfähige Menschen in leitenden Rollen. Menschen, die neugierig sind und sich auf verschiedene Generationen und deren Themen einlassen können und wollen. Persönlichkeiten, die offen für KI und andere technologische Quantensprünge sind. Entscheider:innen, die sich nicht permanent absichern, die ein Stück weit in sich ruhen und die Zukunft der Arbeit und ihre Rolle als Führungskraft mit all ihren Möglichkeiten, Herausforderungen und Gefahren überdenken.

Die begrenzte Anzahl an Menschen mit modernem Führungsstil liegt teilweise an den Unternehmen selbst, die oft noch Entwicklungsbedarf aufweisen. Viele Führungskompetenzmodelle sind nicht mehr zeitgemäß und bedürfen einer grundlegenden Erneuerung. Führungskräfte müssen Menschen inspirieren und auf eine Reise mitnehmen können, in eine Zukunft, die zunehmend ungewiss, risikoreich und unplanbar ist, aber auch enorm spannend sein kann. Solches Verhalten muss gefordert und gefördert werden.

Das Verfallsdatum – Jede:r hat seine Zeit

Karriere und Erfolg hängen oft mit dem richtigen Timing und dem passenden Kompetenzportfolio zusammen. Es gibt Phasen, in denen Unternehmen entschlossene Sanierende und Restrukturierer:innen benötigen, und dann wieder solche, in denen Charismatiker:innen gefragt sind. Weitsichtige Menschen erkennen, wo ihre Stärken liegen. Sind Sie eher eine innovationsstarke und gestaltende Persönlichkeit? Eine, die sich in der Krisenbewältigung und im Management bewährt? Oder sind Sie ein:e Experte:in in der Konsolidierung? Je früher Sie Ihre wahren Kernkompetenzen identifizieren (siehe Kapitel 2), desto besser können Sie die für sich geeignete berufliche Veränderung wählen.

TEAMGEIST VOR KENNZAHLEN

Auf den Kosten- und Effizienzoptimierer Kaspar Rorsted folgte Anfang 2023 bei Adidas ein authentischer, teamorientierter Branchenkenner. Bjørn Gulden ist ehemaliger Fußballprofi und war danach über viele Jahre aktiv am Erfolg der Marke Deichmann beteiligt. Ein Mann mit Ausdauer. Er war fast ein Jahrzehnt Vorstandsvorsitzender bei PUMA. Genau dieses Durchhaltevermögen konnte der angeschlagene Adidas-Konzern gut brauchen. Vor allem jedoch brauchte er die Kompetenzen, die Gulden mitbrachte. Der neue CEO priorisiert den Teamgeist gegenüber reinen Kennzahlen. Ihm ist bewusst, dass Analysen notwendig sind, doch der Sieg wird auf dem Spielfeld errungen – durch die praktische Umsetzung strategischer Pläne. Wie Gulden einst auf die Frage antwortete, was in herausfordernden Zeiten erforderlich ist: »Geschwindigkeit und Wendigkeit sind entscheidend. Flexibilität ist der Schlüssel.«[92]

Follower gewinnen

Sie brauchen Mut, sich gegebenenfalls lächerlich zu machen, wenn Sie etwas Neues ausprobieren. Suchen Sie sich einen ersten »Follower« und stellen Sie sicher, dass andere in Ihrem Team dieser Person gut folgen können. Sie sollten ebenbürtig sein mit Ihrer Nummer zwei; es sollte leicht sein, Ihnen beiden zu folgen. Sie müssen offen auftreten, Chancen bieten, sich zu beteiligen, und durch Taten zeigen, was Sie sich wünschen und erwarten. Menschen folgen nicht unbedingt Ihnen, möglicherweise aber anderen, die Ihnen vertrauen. Diese Art von informeller Führung ist eine wesentliche Erkenntnis, die wir gerne mehr Führungskräften wünschen.

Dass Leader-Follower-Partnerschaften bestens funktionieren, wissen wir aus den Geschichten, die uns unsere Coachees erzählen. Wer ist Ihr Watson zu Ihnen als Sherlock oder Ihr Spock zu Ihnen als Captain Kirk? Fällt Ihnen dabei etwas auf? Idealerweise sind die Fähigkeiten in diesem Duo komplementär. Damit decken Sie nicht nur Ihre potenziellen blinden Flecken ab, Sie nutzen Ihre Fähigkeiten besser.

Sollten Sie an Veränderungsprozessen arbeiten, brauchen Sie ein Drittel der Menschen in Ihrem Verantwortungsbereich auf Ihrer Seite. Erst dann lässt sich die angestoßene Veränderung so gut wie nicht mehr aufhalten. Diesen Wendepunkt sollten Sie unbedingt erreichen. Stellen Sie sich die Frage: »Wer sind die Menschen, die zu den 33 Prozent gehören könnten?« Investieren Sie nicht zu viel Zeit auf Skeptiker:innen. Was bitte nicht heißen soll, dass Sie nicht auf berechtigtes Feedback und Bedenken hören sollten. Unsere Empfehlung ist es vielmehr – statt Überzeugungsarbeit zu leisten, die in den meisten Fällen verpufft, wenn jemand partout nicht will – einen Zugeffekt zur Veränderung zu erzeugen … indem Sie genug Multiplikator:innen im System haben, die diese vorantreiben.

Zuletzt teilen wir mit Ihnen die Erkenntnisse von Gallup[93], die mit ihren weltweiten Recherchen zu Führung, Arbeitszufriedenheit und Engagement in Organisationen festgestellt haben, dass die vier wichtigsten Qualitäten, die eine Führungskraft leben muss, Vertrauen, Mitgefühl, Stabilität und Hoffnung sind. Alle vier werden Sie auch bei der Führung unterschiedlicher Generationen unterstützen.

Generationenübergreifende Führung

In der heutigen Arbeitswelt begegnen wir einem faszinierenden Mosaik verschiedener Generationen, jede mit ihren eigenen Werten, Erwartungen und Arbeitsstilen. Diese Vielfalt bietet eine einzigartige Chance für Innovation und Wachstum, stellt aber auch Führungskräfte und Teams vor Herausforderungen. Um diese zu meistern, ist es entscheidend, die charakteristischen Merkmale und Bedürfnisse jeder Generation zu verstehen und zu schätzen.

Die Babyboomer (geboren zwischen 1946 und 1964)

Die Babyboomer-Generation, geprägt von Nachkriegszeit und Wirtschaftswunder, ist bekannt für ihre starke Arbeitsmoral und Loyalität gegenüber ihren Arbeitgebenden. Sie bevorzugt traditionelle Kommunikationswege wie persönliche Treffen und Telefonate. Babyboomer schätzen Sicherheit und Stabilität im Beruf. Für sie ist Arbeit nicht nur ein Mittel zum Zweck, sondern ein zentraler Lebensinhalt.

Generation X (geboren zwischen 1965 und 1980)

Als die Generation der »digitalen Pionier:innen« erlebte Generation X den Aufstieg der Technologie und das Ende des Kalten Krieges. Wer hierzu gehört, ist selbstständig, wertorientiert und strebt nach einem Gleichgewicht zwischen Beruf und Privatleben. Diese Generation schätzt Flexibilität, etwa in Form von Gleitzeit oder der Möglichkeit, im Homeoffice zu arbeiten. Ihre Mitglieder sind technisch versiert, bevorzugen jedoch eine Mischung aus digitaler und persönlicher Kommunikation.

Millennials (geboren zwischen 1981 und 1996)

Millennials, auch bekannt als Generation Y, sind mit dem Internet und sozialen Medien aufgewachsen. Sie suchen nach Sinn und Zweck in ihrer Arbeit und wollen einen positiven Beitrag zur Gesellschaft leisten. Millennials bevorzugen eine offene, transparente Kommunikation und legen großen Wert auf Feedback und Anerkennung. Sie sind bekannt für ihre Flexibilität und Anpassungsfähigkeit, wünschen sich aber auch Entwicklungsmöglichkeiten und Karriereperspektiven.[94]

Generation Z (geboren ab 1997)

Die zweitjüngste Generation im Arbeitsmarkt ist von klein auf mit Smartphones, Tablets und sozialen Netzwerken vertraut. Sie legt Wert auf Gesundheit, Individualität, Diversität und Inklusion.[95] Generation Z ist besonders an nachhaltigen und ethischen Unternehmenspraktiken interessiert. Sie bevorzugt schnelle, visuelle Kommunikationsformen und erwartet eine technologiegestützte Arbeitsumgebung. Trotz ihrer digitalen Affinität schätzen »Generation Z«-Angehörige persönliche Interaktionen und Mentoring.

Generation Alpha (geboren ab 2010)

Diese Generation umfasst Kinder, die ab dem Jahr 2010 geboren wurden und die sich bis etwa ins Jahr 2025 erstrecken wird. Generation Alpha ist die erste Generation, die vollständig im 21. Jahrhundert geboren wird und von Anfang an in einer Welt aufwächst, die von digitaler Technologie, sozialen Medien und dem Klimawandel geprägt ist. Die Kinder der Generation Alpha sind von klein auf mit Smartphones, Tablets und dem Internet vertraut. Sie gelten als die technologisch versierteste Generation bisher. Ihre Erziehung und Bildung werden stark von Technologie beeinflusst, sei es durch Onlinelernen, Apps oder interaktive Spiele, die sowohl unterhaltend als auch lehrreich sind.

Es wird erwartet, dass die Generation Alpha mit Herausforderungen wie dem Klimawandel, der zunehmenden Automatisierung und der künstlichen Intelligenz konfrontiert wird, die ihre Arbeits- und Lebensweise prägen werden. Ihre Präferenzen, Verhaltensweisen und Erwartungen an die Arbeitswelt werden sich wahrscheinlich von denen früherer Generationen grundlegend unterscheiden, was Arbeitgebende dazu zwingen könnte, ihre Ansätze zur Mitarbeitendenführung, Arbeitsplatzgestaltung und Unternehmenskultur zu überdenken.

Obwohl es noch zu früh ist, um definitive Aussagen über die Charakteristika und den Einfluss der Generation Alpha zu treffen, deuten erste Beobachtungen darauf hin, dass sie eine progressive, technologieorientierte und möglicherweise umweltbewusste Generation sein wird. Ihre vollständige Prägung und der Einfluss auf die Gesellschaft wird sich jedoch erst in den kommenden Jahren zeigen, wenn die Alphas beginnen, ins Erwachsenenalter einzutreten und aktiv am öffentlichen und beruflichen Leben teilzunehmen.

Als Führungskraft stehen Sie vor der Aufgabe, Verbindungen zwischen unterschiedlichen Generationen zu schaffen, und vielleicht stellen Sie fest, dass die Kunst des Führens sich neuen, noch nicht erforschten Herausforderungen gegenübersieht.

Die Führung über verschiedene Generationen hinweg erfordert ein tiefes Verständnis für die einzigartigen Werte, Kommunikationsstile und Motivationsfaktoren jeder Generation.

Fördern Sie das gegenseitige Verständnis

Die erste und vielleicht größte Herausforderung beim Führen unterschiedlicher Generationen ist das gegenseitige Verständnis. Jede Generation bringt ihre eigenen Erfahrungen, Erwartungen und Vorurteile in die Arbeitswelt ein. Leider erleben wir es viel zu selten, dass es einen Generationenaustausch gibt. Dabei wäre das der einfachste Weg, um Brücken zu schlagen. Statt über diese und jene zu diskutieren, könnte man gemeinsam auf Augenhöhe über die Wünsche und Bedürfnisse sprechen.

Ethische Führung

Ethische Führung ist die Praxis, mit gutem Beispiel voranzugehen, das heißt, Sie als Führungspersönlichkeit zeigen in Ihren Entscheidungen und Handlungen ethisches Verhalten und beeinflussen so Ihre Nachfolgenden, das Gleiche zu tun. Dazu gehört die Verpflichtung auf Werte wie Ehrlichkeit, Fairness, Respekt und soziale Verantwortung. Eine ethische Führungspersönlichkeit stellt diese Werte über den persönlichen oder organisatorischen Gewinn.

Ethisch handelnde Führungskräfte sorgen nicht nur für positive organisatorische Ergebnisse, sondern fördern auch eine Kultur der Integrität und Verantwortlichkeit. Ethische Führung ist eine wesentliche Voraussetzung für den Aufbau starker Beziehungen und die Aufrechterhaltung des langfristigen Erfolgs und der gesellschaftlichen Verantwortung einer Organisation. Es geht darum, bei allen Beteiligten Vertrauen und Glaubwürdigkeit zu schaffen, was wiederum zu nachhaltigen Geschäftsmodellen führt, die auf lange Sicht Erfolg und Stabilität gewährleisten. Schaffen Sie daher klare Strategien zu ethischer Führung im Unternehmen, die abteilungsübergreifend gelten sollten.

Management und Leadership sind nicht das Gleiche

Viele von uns verwenden die Begriffe Leader und Manager:in synonym. Doch in der Praxis gibt es große Unterschiede. Um in Ihrer Rolle effektiv zu sein, müssen Sie je nach Situation entscheiden, welche Lenkungsform erforderlich ist.

Leadership und Management sind kontextabhängig. Ein:e Manager:in ist aufgabenorientiert, reaktiv, prozessorientiert, hat Personal, arbeitet effizient, verwaltet die Arbeit, ist planend und analytisch, verwurzelt in Fachwissen, setzt Maßstäbe für Qualität und ist ein Problemlöser. Ein Leader hingegen ist begeisternd und führt Menschen, ist zukunftsorientiert, hat Follower, erkennt neue Optionen und Möglichkeiten, sucht nach Risiken und geht sie ein, umarmt Ambiguität, hat Charisma, toleriert Chaos und erzeugt Ziele und Visionen.

Sind Leader wichtiger als Manager:innen oder ist es umgekehrt? So groß die Unterschiede sind oder gerade, weil sie so groß sind: Beide sind essenziell für Organisationen. Ein Unternehmen zu führen, das nur aus Leadern besteht, wäre ineffizient. Hätten ausschließlich Manager:innen das Sagen, würden sie zwar viel erreichen, Unternehmen liefen aber Gefahr, an Relevanz zu verlieren. Das heißt für Sie: Machen Sie sich mit beiden Ausprägungen von Führung unbedingt vertraut.

LEADER VERSUS MANAGER:IN

- Manager:innen managen Arbeit, während Leader Menschen führen.
- Manager:innen zählen Werte, Leader schaffen Werte.
- Während Manager:innen Machtkreise bilden, bilden Leader Einflusskreise. Die Macht eines Leaders beruht auf der Fähigkeit, andere für sich zu gewinnen. Sie nutzen ihren Einfluss, um Normen infrage zu stellen und Innovationen voranzutreiben.

- Leader biegen manchmal die Regeln, um Veränderungen voranzutreiben. Die wichtigsten Erkennungszeichen eines Leaders sind Follower.
- Manager:innen sorgen dafür, dass Mitarbeitende Normen beachten und sich an die Richtlinien halten. Sie sorgen dafür, dass die Ziele ihrer Vorgesetzten umgesetzt werden.
- Leader orientieren sich an der Vision und den Zielen ihres Unternehmens. Sie haben einen Blick für das große Ganze und finden neue Wege, um ihre Vision zu verwirklichen.
- Manager:innen sind Aufgabenverwaltende. Sie mögen sich zwar für die Vision einer Organisation interessieren, ihre Aufgabe ist es aber, sich an die Richtlinien zu halten.
- Manager:innen erwarten und brauchen Kontrolle, um ihre Arbeit gut zu machen. Sie befehlen und setzen Richtlinien durch.
- Leader gehen Risiken ein, um Innovationen zu schaffen.
- Manager:innen tun alles, um Risiken zu reduzieren.

Netzwerke, die Sie stützen

Wenige Menschen sind geborene Networker. Dennoch hängt Ihr beruflicher Erfolg auch stark von Ihrem Netzwerk ab. Gleiches gilt für Ihren Karriereübergang. Oder wie die Karriereexpertin Herminia Ibarra es auf den Punkt bringt: »Netzwerken ist eine der offensichtlichsten und zugleich am meisten gefürchteten Herausforderungen, die Führungskräfte bei ihrer Entwicklung in Anspruch nehmen müssen.«[96] Bei einer anderen Gelegenheit fasste Ibarra zusammen: »Networking is a lot like nutrition and fitness: we know what to do, the hard part is making it a top priority.«[98]

Ein Netzwerk ergibt sich nicht einfach so, es braucht Zeit, manchmal Jahrzehnte, und Disziplin und Einsatz von Ihrer Seite. Von manchen, die Netzwerken strategisch angehen, kann man eine Menge lernen. Denn es reicht nicht aus, egal, wo Sie sind, auf irgendjemanden zuzugehen, Branchenevents oder Messen zu besuchen. Ein aktiver Austausch ist sicher ein Anfang, aber Sie müssen auch wissen, mit wem und warum Sie sich mit diesen Menschen austauschen wollen.

Strategisches Networking ist noch mal komplexer. Es bedeutet eben nicht, wahllos Verbindungen zu knüpfen oder auf Networking-Veranstaltungen herumzustreifen. Es erfordert eine Vision und gezielte Aktionen, um Ihr Netzwerk so zu gestalten, dass es Ihre Ziele und Ambitionen unterstützt.

Zur Kontaktaufnahme: Schreiben Sie zum Beispiel eine freundliche E-Mail oder kontaktieren Sie über LinkedIn und kommen Sie gleich auf den Punkt, was Ihr Anliegen und der Anlass zum Beispiel für ein zukünftiges Treffen ist. Zeigen Sie dabei auch deutlich, dass Sie verstanden haben, dass Networking kein einseitiges Unterfangen ist. Ein Austausch sollte beiden Seiten einen Mehrwert bringen. Idealerweise haben Sie gleich eine Information oder eine Idee oder einen für den anderen spannenden Kontakt in petto. Professionelles Netzwerken bedeutet Geben und Nehmen. Wenn Ihnen also jemand einen nützlichen Geschäftskontakt vermittelt, zeigen Sie sich stets erkenntlich, indem Sie ein Dankesmail schicken oder der Person ein kleines Geschenk zukommen lassen.

»GO WHERE THE ENERGY IS«

Désirée Ball ist Chief of People Officer bei Armira Beteiligungsgesellschaft (Private Equity). Davor war sie Geschäftsführerin der SWMH, HR Director bei ProSiebenSat1. Media und bei PwC. Bei McKinsey hat sie im Bereich Performance Management und Learning and Development gearbeitet. Ihre drei wichtigsten Regeln an sich selbst:

- »Go where the energy is«: Das ist besonders dann wichtig, wenn man neu in ein Unternehmen kommt. Bauen Sie Netzwerke auf, denn das ist essenziell. Und betreiben Sie intensive Kulturanalyse, um an die informellen Normen zu kommen.
- Anfangs sind die Beziehungen und das Relationship Management wichtiger als die Inhalte, und das über alle Ebenen hinweg, nicht

nur mit der Top-Ebene. Man sollte sich schnell Verbündete suchen auf allen Ebenen.

- Sich immer wieder über seine Antreiber:innen bewusst zu werden, ist ganz wichtig. Denn dann wissen Sie, wo man Sie vielleicht vor den Karren spannen will, ohne dass es Sie wirklich weiterbringt.

Ihr Sicherheitsnetz

Nichts ist so wichtig wie ein Netz, das Sie trägt, wenn Sie ins Rutschen geraten. Wer sind die Menschen, die Sie auch tragen, wenn Sie scheitern, wenn Sie wirklich Hilfe brauchen? Diese kleine Gruppe ist die wichtigste von allen und fehlt doch selbst vielen versierten Netzwerker:innen.

Wenn es hart auf hart kommt, brauchen wir alle Menschen, bei denen wir unterkommen können. Und, das sollte selbstverständlich sein: Sie sollten bereit sein, dasselbe für all die Menschen in Ihrem Sicherheitsnetz zu tun.

Folgende Fragen werden Sie dabei unterstützen, Ihren inneren Kreis zu bestimmen. Wem vertrauen Sie sich an, wenn Sie ein Problem haben, das die Arbeit betrifft? Wem vertrauen Sie sich an, wenn Sie private Probleme haben? Wer lässt Sie zu Höchstleistungen auflaufen? Auf wen können Sie sich immer verlassen, auch wenn sich andere gegen Sie stellen? Mit wem arbeiten Sie am liebsten zusammen?

Lassen Sie uns im Folgenden noch mal kurz auf die für Sie wesentlichen Netzwerke eingehen. Sie sollten innerhalb und außerhalb des Unternehmens strategische Allianzen pflegen, über viele Jahre Ihre Community aufbauen und idealerweise auch ein »Spiegelkabinett« besitzen.

Strategische Allianzen

Kümmern Sie sich von Anfang darum, wer innerhalb der Organisation Ihre »strategischen Allianzpartner:innen« sein könnten. Viele konzentrieren sich auf die vertikalen Aspekte der Einflussnahme und Macht. Dabei macht nicht selten die horizontale Dimension den Unterschied. In jedem Unternehmen gibt es Menschen, die – oft gar nicht offensichtlich –Einfluss nehmen. Übliche Machtquellen sind Fachwissen, Zugang zu Informationen, Status, Kontrolle über Ressourcen und persönliche Loyalität. Es gibt noch andere.

Wenn Sie die »Währung« Ihrer Allianzpartner:innen kennen, können Sie für Sie beide nützliche Tauschgeschäfte starten. Sie wissen zum Beispiel, warum das eine Projekt so erfolgskritisch für den Vorstand ist, und fördern durch eine exklusive Information die implizite Machtposition Ihres Allianzverbündeten.

Strategische Allianzen sind transaktionale Beziehungen mit gegenseitigem Nutzen und manchmal auf Zeit für bestimmte Jobs oder Projektphasen. Doch heute sind die Verflechtungen zwischen Unternehmen so komplex, dass Sie auch an alle Allianzen denken sollten, die das Unternehmen als Ganzes und Sie als Persona außerhalb Ihrer Organisation betrifft. Das können zum Beispiel Dienstleister:innen, Zuliefernde, Gesellschafter:innen, Investor:innen, Anteilseigner:innen sein. Wichtig für Sie ist, sich immer darüber klar zu werden, mit wem Sie es zu tun haben. Was ist die Perspektive? Welche gemeinsamen, aber auch gegenläufigen Interessen haben Sie und Ihre Verbündeten? Welche Abhängigkeiten bestehen? Wie können Sie dauerhafte, belastbare, für beide gewinnbringende Beziehungen halten und fördern?

Community & Schattenkabinett

Je länger Sie in einem Unternehmen und auch in einer Branche zu Hause sind, umso mehr raten wir dazu, dass Sie sich vor allem jenseits dessen eine Community »anlegen«.

Eine Community hat nichts mit dem Branchennetzwerk, Ihrer Fachkollegenschaft oder Ihrem Social-Media-Netzwerk zu tun. Die beiden Top-Management-Beraterinnen Dorothea Assig und Dorothee Echter definieren Community als eine lose Gruppe, bestehend aus 10 bis 30 einflussreichen Menschen aus dem eigenen Feld, mit der Sie sich informell treffen und denen Sie herzlich und persönlich verbunden sind. »Es sind Menschen, die Sie mögen und die Sie schätzen, die Gemeinsamkeiten und Interessen mit Ihnen teilen, aber mit Ihrem Beruf nicht unbedingt etwas zu tun haben. Im Gegenteil: Je bunter die Community, umso besser – Künstler, Anwälte, Wissenschaftler, Ärzte, Architekten, Banker, Unternehmer und andere Berufe.«[97]

Der Aufbau einer Community erfordert von Ihnen über Jahre eine hohe Netzwerkkompetenz, ein stetes Bespielen von Kontakten, im Sinne von Teilen von interessanten Informationen in Form von Büchern, Artikeln, Vorträgen oder Einladungen, die Sie geben oder aussprechen, bei denen Sie interessante Kontakte bewusst zusammenführen. Ihre Kontaktpflege sollten Sie wie die Pflege eines Gartens betreiben. Das, was Sie heute säen, ernten Sie vielleicht morgen.

Erkundigen Sie sich regelmäßig nach dem Befinden Ihrer Community-Partner:innen und deren Familien, auch jenseits des Geschäftlichen. Pflegen Sie einen regen Austausch auch auf privater Ebene. Treffen Sie sich zum Beispiel zu einer Vernissage, laden Sie zu einer Opernpremiere ein, geben Sie ein kleines Abendessen für acht Personen, erwähnen Sie Menschen aus Ihrer Community in Ihrem neuen Buch, denken Sie an bestimmte Leute, wenn Sie nach einem Aufsichtsratsmitglied gefragt werden oder wenn eine Charity-Organisation noch Mitstreitende sucht.

Je früher Sie mit dem Aufbau Ihrer Community beginnen, umso besser. Und bleiben Sie dauerhaft dran, denn wie die beiden Top-Management-Expertinnen betonen: »Communitys sind Langstrecke.« Gerade wenn Sie vor einer Transition oder mittendrin sind, werden Sie die Kraft und Qualität Ihrer Community spüren. Einige spannende Jobwechsel kommen allein nur durch Empfehlungen zu Stande.

Neben der Community empfehlen wir Ihnen zudem eine ausgewählte, kleine, feine, auch über Jahre von Ihnen zusammengestellte Truppe – wir nennen es das Spiegel- oder Schattenkabinett und haben auch in dem Buch *Persönlichkeit macht Karriere* schon darüber geschrieben. Das Spiegelkabinett besteht aus Menschen, die näher an Ihnen dran sind als die Community und mit Ihnen enge und vertrauensvolle Beziehungen pflegen. Da kann die beste Freundin, die zugleich Top-Managerin ist, ebenso dazugehören wie Ihre Kooperationspartnerin, enge Beratende, Ihre Mentorin, Ihr Schulfreund, der Anwalt ist, ein alter Freund, ein Arzt und Krebsspezialist, Ihr früherer Nachbar, der einen großen Handwerksbetrieb führt. Ihrer Fantasie sind bei der Zusammenstellung Ihres Kabinetts keine Grenzen gesetzt.

Charakteristika Ihres Schattenkabinetts sollten sein, dass Sie sich hier nicht verstellen, Sie so ehrlich, aber gleichzeitig wertschätzend wie möglich miteinander umgehen und idealerweise vertrauliche, für Sie wichtige Themen, Probleme, Entscheidungen, auch jobbezogene, dort gut durchdenken und besprechen können. Ein gutes Schattenkabinett besteht daher auch aus Menschen verschiedener Generationen und noch mehr aus Charakteren, die sich nicht scheuen, konstruktiv zu bewerten.

Nutzen Sie Ihr Spiegelkabinett, um schnell und fundiert verschiedene Standpunkte und Einsichten zu erhalten, wenn Sie Entscheidungen treffen müssen. Denn ein »Board you can't afford« besteht im besten Fall aus diversen Menschen, was deren Ausbildung und Hintergrund betrifft. Ihr Schattenkabinett ist Ihr Spiegel in schwierigen Situationen oder Momenten, in denen Sie ehrliches Feedback in unterschiedlichen Lebenslagen brauchen.

Stakeholder Management

Ihre persönlichen Stakeholder sind alle Personen oder Gruppen, die ein Interesse an Ihrem beruflichen Projekt oder Ihrer Karriere haben sollten. Das können Kolleg:innen, Vorgesetzte, Kund:innen oder auch Geschäftspartner:innen sein. Stakeholder Management bedeutet, dass Sie verstehen, was diese Personen oder Gruppen brauchen und erwarten, und dass Sie aktiv daran arbeiten, diese Erwartungen zu erfüllen oder idealerweise zu übertreffen. Es geht darum, eine positive Beziehung zu ihnen aufzubauen und zu pflegen, Konflikte zu vermeiden oder zu lösen und sicherzustellen, dass alle an einem Strang ziehen, um das gemeinsame Ziel zu erreichen.

STAKEHOLDER EINER ORGANISATION – WER IST DAMIT EIGENTLICH GEMEINT?

Alle sprechen von Stakeholdern, doch wer ist damit eigentlich gemeint? Zusammenfassend kann man sagen: alle Personen, Gruppen oder Organisationen, die direkt oder indirekt von den Aktivitäten, Entscheidungen, Politiken, Praktiken oder Zielen einer Organisation oder eines Projektes betroffen sind. Sie haben entweder ein Interesse oder sogar einen Anteil – daher das »Stake« im Wort – an den Auswirkungen dieser Aktivitäten. Die Beziehung zwischen einer Organisation und ihren Stakeholdern kann vielfältig sein und reicht von aktiver Beteiligung und Kooperation bis hin zu Opposition oder Konkurrenz.

1. **Interne Stakeholder:** Dazu zählen Personen oder Gruppen innerhalb einer Organisation, wie Mitarbeitende, Manager:innen sowie Inhaber:innen.
2. **Externe Stakeholder:** Gemeint sind Individuen oder Organisationen außerhalb der Organisation, die dennoch von deren Aktivitäten beeinflusst werden können: Anteilseigner:innen, Kund:innen, Lieferant:innen, Investor:innen, Gemeinden, Behörden und Medien.
3. **Primäre Stakeholder:** Gemeint sind Kundinnen, Kunden oder Mitarbeitende, denn »primär« steht dafür, dass diese direkt von allen Aktivitäten des Unternehmens betroffen sind und damit Einfluss nehmen können auf das, was Sie tun.
4. **Sekundäre Stakeholder:** Medien, Politik, andere Gruppen, die nicht indirekt Einfluss nehmen, auf die aber auch Sie als Teil des Unternehmens einwirken können.

Zur Bestandsaufnahme Ihrer Stakeholder ist diese Netzwerklandkarte gedacht. Sie können die Feldnamen anders benennen und für sich adaptieren. Damit bekommen Sie einen guten Überblick, welche Bereiche Sie ausbauen sollten.

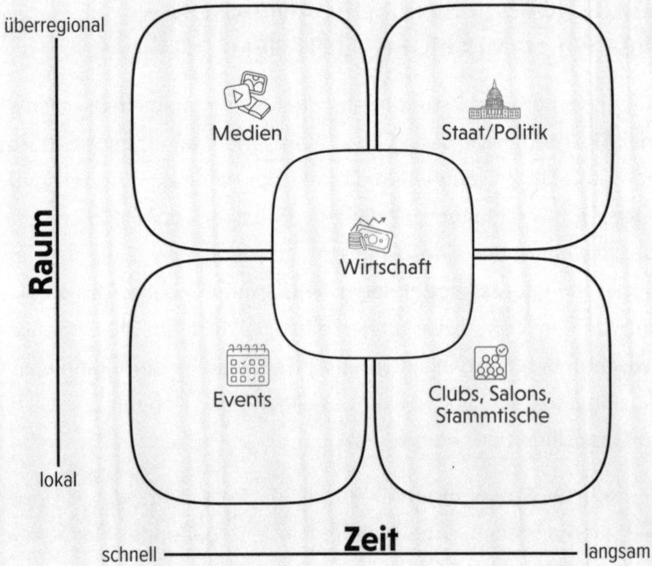

Abbildung 11: Netzwerklandkarte
Quelle: adaptiert von FASresearch, 2015

Machen Sie sich so früh wie möglich in der neuen Rolle und der Transition über die wichtigsten Stakeholder Gedanken. Wer sind sie, wie kommen Sie an diese heran, in welchem Abhängigkeitsverhältnis stehen Sie gegebenenfalls zu ihnen? Gibt es Gemeinsamkeiten? Gibt es Diskrepanzen? Expert:innen nennen diese Analyse »Stakeholder Mapping«. Es geht darum, dass Sie für sich ein klares Bild davon haben, wie Sie am besten mit Ihren Stakeholdern interagieren und ihre Bedürfnisse wie auch Erwartungen managen können.

Identifikation: Wer hat direkten oder auch indirekten Einfluss auf Ihr Unternehmen, auf Projekte, auf Produkte, auf Abläufe innerhalb der Organisation?

Analyse: Welche Erwartungen und Bedürfnisse haben diese Personen und wie viel Einfluss können sie nehmen?

Kategorisierung: Basierend auf der Macht, die die Stakeholder nehmen können, werden diese in Kategorien eingeteilt: Je mächtiger und je einflussreicher und präsenter, desto wichtiger sind sie.

Priorisierung: Je wichtiger ein Stakeholder ist, desto mehr Ressourcen sollten Sie zur Verfügung stellen.

In Krisenzeiten braucht es den Blick über den Tellerrand

Es wird gerne gesagt, dass alles seine Zeit hat. Vielleicht oder wahrscheinlich sind Sie im Jetzt und Morgen mit Ihren Kompetenzen, Werten und einem lösungsorientierten Ansatz genau richtig. Alle zehn bis zwanzig Jahre sind wir als Gesellschaft jedoch fundamentalen Krisen ausgesetzt. Ursache können globale Ereignisse, staatliche Eingriffe sowie gesellschaftliche wie auch demografische und technologische Entwicklungen sein. Dass seit einigen Jahren davon viele zusammenfallen, erhöht den Druck noch weiter.

Wollen Sie Ihren Karriereübergang erfolgreich gestalten, brauchen Sie auf jeden Fall eine gehörige Portion Krisenmanagement in Ihrem Rucksack. Und zwar nicht nur theoretisches Wissen, sondern im besten Fall gelebtes Wissen. Denn das wird man von Ihnen erwarten, auch wenn es wie andere Dinge nicht explizit zur Sprache gebracht wird. Nicht zu vergessen, dass Sie bitte die Sinngebung der Arbeit, die Motivation der Beschäftigten unterschiedlicher Generationen, die digitale Transformation, die Umsetzung der unterschiedlichen Stakeholder-Interessen und den geschickten Einsatz sozialer Medien auch noch unter einen Hut bringen müssen. Das kann frustrierend sein und demotivierend. Wenn wir ehrlich sind: Es ist beides. In einer Studie der Bertelsmann Stiftung gab ein Drittel der befragten Führungskräfte an, sich in der aktuellen Rolle verunsichert und belastet zu fühlen.[99] Das zeigt, wie schwer Führen geworden ist.

Doch Verunsicherung ist eine schlechte Voraussetzung in stürmischen Zeiten. Im Heute und noch mehr im Morgen braucht es Menschen an der Spitze, die neben all den genannten Fähigkeiten vor allem entscheidungsfreudig sind und sich zutrauen, diese auch verantwortlich zu treffen. Und dafür einzustehen.

Krisenmanagement

Krisen sind unvermeidlich, und als Führungskraft tragen Sie viel Verantwortung dafür, ob und wenn ja, wie sie gemeistert werden. Es ist Ihre Aufgabe, von der Unternehmensleitung die entsprechende Unterstützung einzufordern. Und Ihrem Team müssen Sie eine gute Anführerin, ein guter Anführer sein. Gerade in Krisenzeiten wird es schnell emotional, reaktiv und vor allem komplex – das sorgt für zusätzliche Konflikte, die weitere Ressourcen und viel Kraft binden. Je besser Sie vorbereitet sind, desto eher werden Sie als ruhige Führungsperson vorangehen können.

Im Idealfall besitzen Sie ein gesundes Frühwarnsystem, denn Krisen kommen nicht von jetzt auf gleich. Irgendwo haben sie sich abgezeichnet. Die berühmten dunklen Wolken am Horizont, die man aber gerne ignoriert, solange das Unwetter einen noch nicht erreicht hat. Um dann, kaum beginnt es, in Panik auszubrechen. Die Frage ist, bezogen auf Krisen im beruflichen Umfeld, was am Ende mehr schmerzt. Bereits frühzeitig zu agieren und vielleicht dadurch einen Imageverlust oder andere unbequeme Dinge zu erleben? Oder aber den Untergang, und zwar mit Pauken und Trompeten?

Ein gutes Frühwarnsystem lässt sich trainieren. Dafür reichen Ihnen bereits fünf Minuten am Tag, in denen Sie sich die folgenden Fragen beantworten:

- Deutet etwas darauf hin, dass der Unternehmensbereich, in dem ich tätig bin, in Zukunft weniger Relevanz hat?
- Bahnen sich im Unternehmen Entscheidungen oder Machtkämpfe an, bei denen ich mich positionieren sollte?
- Gibt es jemanden, dem ich gefährlich werden könnte?
- Verhält sich jemand mir gegenüber anders als sonst?
- Fühlt sich jemand von mir bedroht?

Können Sie alle Fragen mit »Nein« beantworten: fein. Bei einem »Vielleicht« oder einem »Ja« handeln Sie bitte, und zwar sofort. Beides deutet darauf hin, dass es irgendwie eine Art von Gefahr gibt oder zumindest geben könnte. Unser Rat: Sprechen Sie mit anderen Menschen und reflektieren Sie mit diesen die Situation. Wie groß ist das Risiko wirklich? Besteht es überhaupt? Und wenn es besteht, wie schnell kann es eskalieren und wann würde es eskalieren?

So behalten Sie das Steuer in der Hand, bleiben im Fahrersitz. Sie sind aktiv und nicht reaktiv.

Führen in der Krise bedeutet, das große Ganze nicht aus dem Blick zu verlieren und sich nicht nur auf das Negative zu konzentrieren. Sehen Sie auch die Chance für innovative Veränderungen, die eine Krise ermöglichen. Im Chinesischen besteht das Wort Krise aus zwei Schriftzeichen. Wobei das eine für Gefahr steht, das andere jedoch für Chance.

Lösungen finden sich übrigens in aller Regel dort, wo man sie so gar nicht vermutet. Oder eben gar nicht mehr sehen will oder kann. Ansonsten hätte man sie ja auch schon gefunden …

Daher nehmen Sie sich gerade in Krisen immer mal wieder »raus«. Gehen Sie auf Abstand, gedanklich, aber auch in der realen Welt. Wir haben genug Führungskräfte gesehen und sind schon selbst in die Falle getappt, in Krisenzeiten 24 Stunden, sieben Tage in der Woche im Unternehmen zu sein.

Was als motivierendes Zeichen für die Mitarbeitenden, Kund:innen, Stakeholder und die Öffentlichkeit gedacht ist, geht in der Regel jedoch nach hinten los. Sie brennen aus und verlieren sich immer tiefer im Tunnelblick. Bewusste Auszeiten, in denen Sie Achtsamkeitsübungen durchführen oder meditieren oder einfach einen langen Spaziergang machen, sorgen dafür, dass Sie fit bleiben und mental offen.

Lenken Sie Ihre Sicht stets auf die Dinge, die Sie beeinflussen können. Jede Krise hat negative Konsequenzen. Aber eben nicht nur – und daran sollten Sie immer denken. Das hält Sie aktiv im Spiel.

Abschließend noch ein Tipp: Sie können in Krisen nicht zu wenig kommunizieren. Sie können jedoch das Falsche kommunizieren. Teilen Sie den Mitarbeitenden, allen relevanten Personen direkt und ehrlich mit, was sie wissen müssen in ihrer jeweiligen Position. Sagen Sie ihnen aber auch, worüber sie nach außen hin (soziale Medien!) zu schweigen haben.

Rituale sorgen in Krisenzeiten dafür, Ruhe hineinzubringen in den aufgeschreckten und chaotischen Alltag. Dorothee Echter hat das in ihrem Buch *Führung braucht Rituale – so sichern Sie nachhaltig den Erfolg Ihres Unternehmens* gut formuliert[100]: Es geht nicht um Flippertische, Obstkörbe oder Partystimmung. Es geht darum, dass Menschen durch Rituale Halt im beruflichen Alltag finden. Dass sie sich sicher fühlen. Dass sie dank einer souveränen Führungskraft ihre Konzentration voll und ganz der Umsetzung der eigenen Aufgaben widmen können.

Rituale stehen für Konsistenz und noch mehr für Verlässlichkeit. Daher: Agieren Sie und seien Sie ein Leader, in der Krise, aber auch sonst … wann immer es geht.

Kapitel 7

Transformationen

Die Eigenheiten und Stolperfallen der verschiedenen Karriereübergänge

In diesem Kapitel geht es nun komprimiert um die verschiedenen Arten von Karriereübergängen, ihre Charakteristika und die Stolperfallen, vor denen Sie sich in Acht nehmen sollten. Jeder berufliche Übergang birgt eigene Chancen und eigene Risiken.

Die Kaminkarriere: Aufstieg innerhalb einer Organisation

Was macht diesen Karriereübergang aus?

Der Weg ist üblicherweise vorgezeichnet. Die Kernfähigkeit, um diesen Übergang herbeizuführen und zu meistern, ist ein Röntgenblick in die Matrix der Organisation.

Sie wissen schon, was belohnt und geschätzt wird? Ihre Karriereplanung kann gut gelingen, wenn Sie in dieser Situation mit folgender Strategie agieren: Wählen Sie immer wieder Vorbilder, die ein, zwei oder auch drei Schritte weiter sind als Sie, und versuchen Sie, deren Erfolgsrezepte zu Ihren eigenen zu machen. Sie müssen auch die No-Go-Areas kennen, die sogenannten Karrierekiller, und wie Sie die am besten vermeiden. Es gibt üblicherweise mehr Optionen zum Weiterkommen als »kill your boss«.

Der interne Aufstieg wird oft von Ihnen selbst initiiert. Bringen Sie sich für eine neue Position ins Spiel, wenn Sie sicher sind, dass es die optimale Aufgabe für Sie ist. Warten Sie nicht darauf, entdeckt zu werden. Gerade Frauen sind manchmal etwas zögerlich und trauen sich den nächsten Schritt nicht zu. Wenn Sie gefragt werden, sagen Sie erst mal ja und überlegen dann, ob Sie es wirklich machen wollen und zu welchen Bedingungen. Sind Sie nicht auf dem Radar, dann bringen Sie sich aktiv ins Gespräch ein, indem Sie neue Ideen kundtun, indem Sie deutlich machen, dass Sie für den nächsten Schritt bereit sind und wissen, welchen Vorteil oder Gewinn dieser für das Unternehmen bedeutet. Schreiben Sie ein Minikonzept und bestehen Sie darauf, dies vor Entscheider:innen präsentieren zu können. Suchen Sie nach einem neuen Ansatz, wenn eine Sache festgefahren ist, und bieten Sie an, die Projektleitung zu übernehmen. Nicht zusätzlich, sondern in einer neuen Rolle.

Wird Ihnen vom Unternehmen ein interner Um- oder Aufstieg angeboten, dann betrachten Sie das im ersten Moment als Anerkennung Ihrer Leistung. Glückwunsch! Im zweiten Schritt aber sollten Sie sich fragen: Warum ich? Warum jetzt? Was erwartet man von mir? Und im dritten fragen Sie sich selbst: Will ich das?

Vielleicht sind Sie an einem Punkt, an dem Sie gerne einen Übergang in eine neue berufliche Phase starten wollen, ohne Vorbelastung und mit der Chance, sich selbst auch ein bisschen neu zu erfinden. Denn gerade bei einem internen Aufstieg kann es passieren, dass Sie zwar einen neuen und besser klingenden Titel tragen, aber man Sie immer noch auf anderer Ebene verordnet.

»Umparken im Kopf« nennen wir das gerne, was eigentlich notwendig ist, und das nicht nur in Ihrem Kopf. Vielleicht haben Sie Lust auf ein neues Team, neue Themen? Vielleicht legt man Ihnen auch die Team- oder Abteilungsleitung nahe. Was bedeuten würde, dass Ihre aktuellen Kolleg:innen zu Ihren Mitarbeitenden und Sie zur Führungskraft aufsteigen würden. Und ja, das ist die Königsdisziplin beim internen Aufstieg und sollte gründlich durchdacht und bei einem eindeutigen »Ja« entsprechend geplant werden.

Wenn Sie dann die Beförderung erlangt haben, wird die größte Herausforderung sein: »Was Sie bis jetzt erfolgreich gemacht hat, muss Sie nicht in Zukunft erfolgreich machen.« Nutzen Sie, bevor Sie »Ja« sagen, Ihr betriebliches Netzwerk. Was ist die Schattenseite an der neuen Position? Sie haben einen entscheidenden Vorteil: Sie kennen das Haus und können beurteilen, ob die angebotene Beförderung wirklich ein »Set-up for Success« ist. Trauen Sie sich, nachzuverhandeln, und kennen Sie Ihren Marktwert, um auch das Finanzielle anzupassen.

Wie positionieren Sie sich am schlauesten?

Sie haben diesen »Röntgenblick«, denn Sie haben einen Durch- und Überblick. Sie kennen das Unternehmen schon seit einiger Zeit. Egal, wie groß es ist, wenn sie lange eine hohe Position innehaben oder schon viele Jahre dabei sind, kennt man Sie mit allen guten und weniger guten Seiten. Sie verfügen über ein Netzwerk, kennen die Prozesse, Produkte, Firmenhistorie, all die Mythen und Erfolgsgeschichten und noch viel mehr. Kurzum, Sie wissen um die Kultur. Die Frage ist: Ist das ein Vor- oder ein Nachteil?

Denn Sie erhalten so nicht die Chance, sich in einer neuen Rolle, einer neuen Position neu zu erfinden oder einen anderen Kurs einzuschlagen. Die Erwartungen an Sie als Persönlichkeit sind die gleichen, aber verhalten Sie sich aufgrund der neuen Position anders – greifen zum Beispiel härter durch –, wird das zu Unverständnis bei dem einen oder der anderen führen.

Ihre neue Aufgabe in alter, gewohnter Umgebung wird von Ihnen verlangen, sich anzupassen. Es kann sein, dass Sie damit bei alten Weggefährten anecken. Je nach Hierarchieebene wird man Sie nicht mehr einfach so zum Mittagessen treffen. Entweder werden Sie nicht mehr eingeladen, weil Sie jetzt zu den »anderen« gehören, oder Sie werden eingeladen, weil man Ihnen ein Thema »mitgeben« möchte.

Sie dürfen sich sehr freuen über die neue Rolle, aber am besten eher leise und zurückhaltend. Man wird Sie beobachten und Ihren Stolz leicht als Überheblichkeit auslegen. Versuchen Sie, die Dinge besser zu machen, doch nicht gleich in den ersten 60 Tagen. Warten Sie auch hier etwas ab. Hören Sie zu, arbeiten Sie sich ein. Schlagen Sie die Brücke zu Ihrem Wissen und den Einblicken aus dem Haus. Aber spielen Sie dieselbe Platte nicht immer wieder.

Warten Sie ab, finden Sie sich in der neuen Rolle ein. Hören Sie den Menschen zu, erfragen Sie Bedürfnisse und Erwartungen – was einfacher ist, da Sie viele von ihnen schon kennen. Sie brauchen nicht so viel Zeit investieren, um Vertrauen aufzubauen. Vielmehr müssen Sie dieses festigen und bestätigen. Das bedeutet, den Menschen klarzumachen, dass Sie auch in der neuen Position, mit einer eventuell anderen Ausrichtung oder Zielsetzung, immer noch für den Erfolg des Teams agieren und die Ziele des Unternehmens verfolgen.

ONCE-IN-A-LIFETIME OPPORTUNITIES

Janina Kugel ist bis zur CHRO/Personalvorständin bei Siemens aufgestiegen. Sie begann ihre Karriere dort im damals weltweit 380 000 Mitarbeitende umfassenden Konzern im Bereich Strategie. Sie wechselte dann in den HR-Bereich, war hier in unterschiedlichen Positionen im In- und Ausland tätig, bevor sie globale HR-Chefin von Osram und dann CHRO bei Siemens wurde. Auch Ihr Weg ging nicht konstant auf der Karriereleiter hinauf, sondern sie machte den einen oder anderen Karriere-Sidestep ganz bewusst, um mehr fachliche und funktionale Breite zu bekommen, wie sie selber sagt. Heute sitzt sie weltweit in mehreren Aufsichtsräten und engagiert sich unter anderem für humanitäre Projekte.

> »In internationalen Konzernen muss man Karrieren schon insoweit strategisch angehen, als dass es wichtig ist, operative und strategische Erfahrungen zu sammeln, idealerweise verschiedene Bereiche sehen und im In- und Ausland arbeiten. Auch die Headquartererfahrung ist wichtig: nicht nur, aber auch, um sich interne Netzwerke aufzubauen und zu wissen, wie der Laden in der Machtzentrale läuft.
>
> Verlassen Sie bei alldem bewusst Ihre Komfortzone, dann lernt man am meisten. Zudem darf man sich nicht der Illusion hingeben, dass das Timing immer passend wäre. Jobs kommen selten dann, wenn man sie gut gebrauchen kann. Doch die ›Once in a lifetime opportunities‹ muss man erkennen und die Gelegenheit beim Schopf packen, wenn sie sich bietet. Und klar, vielleicht macht der Job gerade Spaß, man ist vielleicht gerade in seiner Komfortzone, und die Familie hat auch gerade keine Lust auf einen Umzug. Doch manche Gelegenheiten erfordern Kompromisse. Wer vorher gut überlegt, bereut sie nicht.«

Die Stolperfallen

Stolperfalle 1: Sie vertun Ihre Chance, sich neu zu erfinden oder zu positionieren. Sie kennen den Bereich. Sie kennen die Personen. Sie müssen sich dennoch in Ihre neue Rolle einfinden. Es ist erlaubt, dass Sie sich neu erfinden, lassen Sie sich davon nicht abhalten.

Stolperfalle 2: Sie hören nicht zu. Sie glauben zu wissen, wie das geht und was getan werden muss. Doch oft fehlt Ihnen eine wichtige Perspektive. Versuchen Sie zu verstehen, was die Beweggründe waren, etwas bis jetzt nicht zu tun. Übersehen Sie wichtige Hindernisse, Opportunitätskosten, Widerstände? Finden Sie heraus, wo diese sind und warum hier bislang nichts getan wurde.

Stolperfalle 3: Sie lassen sich keine Zeit. Auch wenn Sie das Umfeld, die Personen, die Aufgabe kennen, sollten Sie nicht zu schnell handeln. Reflexion, Analyse und eine Planung für Ihre Vision werden auch hier gebraucht. Quick Wins gehen immer, aber handfeste Veränderungen sollten Sie erst nach zwei bis drei Monaten anstoßen.

Die Platzwechselkarriere: Umstieg innerhalb einer Organisation

Was macht diesen Übergang aus?

Auch hier kennen Sie das Unternehmen, und Ihnen eilt Ihr Ruf voraus. Sie haben sicher zudem eine Meinung, was es in diesem – für Sie neuen – Bereich an Veränderungen braucht. Und das macht es besonders schwierig, denn Sie sind voreingenommen. Das verleitet dazu, anzukommen und sich in die Nesseln zu setzen. Was bedeutet: Sie wollen von Tag 1 auf Tag 2 gleich alles verändern, weil Sie es aus der Erfahrung in einer anderen Abteilung »besser wissen«.

Wie positionieren Sie sich am schlauesten?

Klüger wäre es, sich erst einmal zu überlegen, wo der neue Bereich innerhalb des Machtgefüges der Organisation verortet ist. Wie viel Macht hat er generell auf den Erfolg des Gesamtunternehmens? Welche anderen Bereiche tangiert er? Und noch wichtiger: Wie steht er im Verhältnis zu Ihrem bisherigen Wirkungsbereich?

Wenn der neue Bereich in der strategischen Relevanz unter Ihrem alten Bereich liegt, dann ist es besonders wichtig, mit Demut und Zurückhaltung zu agieren. Wieder gilt: zuhören, zuhören und nochmals zuhören – allerdings mit dem Unterschied, dass Sie auf keinen Fall sagen können, was hier alles sofort geändert gehört. Sie werden als Fremdkörper wahrgenommen und oft als ein Mensch, der »fix-it« zum Auftrag hat, und wer will schon gerne »gefixt« werden?

Auf gar keinen Fall sollten Sie Vergleiche anstellen, wie etwa »Bei uns in der Abteilung …« Erklären Sie grundsätzlich, wo Sie die Chancen für diese Abteilung sehen und warum Sie diese sehen. Geben Sie eine motivierende Vision an die neuen Kolleg:innen weiter, teilen Sie Wissen, ohne zu belehren.

Der neue Bereich steht über Ihrem bisherigen? Gratulation, Sie rücken näher an das Epizentrum der Macht. Die schlechte Nachricht ist: Sie werden sich beweisen müssen. Sie werden recht schnell Erfolge vorweisen müssen und gleichzeitig oft mit »Wir machen das hier anders« konfrontiert werden. Stellen Sie ein wenig auf Durchzug, nehmen Sie es nicht zu persönlich. Vorurteile im Machtgefüge in hierarchischen Systemen (und das sind die meisten) sind völlig normal. Sie sollten sich so gut wie möglich positionieren. Wie wird in diesem System Ihr Einfluss am meisten wahrgenommen: durch die Nähe zum/zur Vorgesetzten, durch Ihre Auftritte als Experte oder Expertin für diese anstehende Herausforderung? Finden Sie es heraus!

Stolperfallen

Stolperfalle 1: Wenn Sie davon ausgehen, schon genau zu wissen, was Sie erwartet, dann schlagen Sie bereits zu Beginn den falschen Weg ein.

Stolperfalle 2: Sie lesen die Zeichen der geforderten Positionierung nicht richtig und übersehen die impliziten Aufträge und Hidden Agendas.

Stolperfalle 3: Sie schaffen es nicht, in der Anfangszeit durch Quick Wins schnelle Erfolge im Sinne von »low hanging fruits« zu erzielen (siehe »Die ersten 10 Tage«, Kapitel 4).

Die Umzugskarriere: Sie steigen innerhalb einer Branche auf oder um

Was macht diesen Übergang aus?

Sie sind neu. Man kennt Sie nicht, Ihr Ruf eilt Ihnen aber vielleicht voraus, gerade in engen Branchen kennt man sich. Sie selbst kennen das Unternehmen vom Hörensagen. In diesem Fall ist Vorbereitung alles. Finden Sie so viel es geht über das Unternehmen und dessen Situation heraus. Passen Sie zum Unternehmen? Was wird von Ihnen erwartet? Haben Sie die Chance, mitzugestalten?

Nach der Unterschrift und dem Einstieg gilt es, die ungeschriebenen Gesetzmäßigkeiten zu erkunden und zu schauen, wie Sie sich selbst im neuen Umfeld positionieren wollen beziehungsweise sollten. Im ersten Schritt passen Sie sich so weit wie möglich an, beobachten Sie intensiv, sprechen Sie mit vielen Schlüsselpersonen, aber auch mit den Mitarbeitenden aus unterschiedlichen Abteilungen, zum Beispiel mit dem Betriebsrat. Bevor Sie Ihre eigene Note setzen, beobachten und analysieren Sie gründlich.

Ein neues Unternehmen bringt viele neue Informationen mit sich. Lesen Sie sich daher ein: Gibt es Aufzeichnungen von Investoren-Calls oder Transkripte, die im Internet zu finden sind? Strategiepräsentationen? Artikel? Was steht auf der Firmenwebseite? Sie sollten die Kennzahlen nicht nur oberflächlich, sondern in ihrer Tiefe kennen.

Welche Strategie verfolgt das Unternehmen, und was können Sie dazu beitragen? Bauen Sie sich Wissen auf und nutzen Sie es, aber diskret.

Wie positionieren Sie sich am schlauesten?

Fragen Sie sich, wie Sie gesehen werden wollen. Welche Eigenschaften möchten Sie im neuen Unternehmen in den Vordergrund stellen? Was möchten Sie darstellen? Dieser Um- oder Aufstieg ist die Chance, ein neues Skript zu beginnen, eine neue Geschichte zu schreiben.

Darum stehen bei diesem Übergang die persönlichen Beziehungen im Fokus. Investieren Sie in den persönlichen Beziehungsaufbau viel Zeit, ab dem ersten Tag. Je schneller Sie Rapport aufbauen, desto besser. Schaffen Sie Vertrauen, indem Sie Ihre Versprechen einhalten, verbindlich agieren und echtes Interesse zeigen. Und das nicht nur an der Sache, sondern an Ihrem Gegenüber. Ihr Vorteil: Sie kennen die Branche und können mit Insiderwissen trumpfen. Sie können auch teilen, was woanders gut oder schlecht läuft. Vergleichen Sie aber nicht zu offensichtlich. Menschen wollen selten verglichen werden, schon gar nicht zu ihrem Nachteil, und genauso ist das mit Unternehmen. Nutzen Sie sokratische Fragetechniken, fädeln Sie Ihr Wissen geschickt ein, in dem Sie mit Ihren Fragen punkten.

Achten Sie zudem darauf, dass man Ihnen nicht die Messias-Rolle übergibt. »Frau X wird das lösen«, »die neue Strategie von Herrn Y wird fulminant werden« … Solche Aussagen werden Ihnen schaden. Sie können nicht ein:e Heilsbringer:in sein und sollten niemals so von den neuen Vorgesetzten, von HR oder wem auch immer vorgestellt werden. Achten Sie darauf. Wer am Beginn der Messias war, wird meist recht schnell zum Sündenbock.

Stolperfallen

Stolperfalle 1: Sie reden nur darüber, wie viel besser es im alten Unternehmen war, beschweren sich, dass in dieser Organisation alles so schwer und schwierig und behäbig ist.

Stolperfalle 2: Sie lesen die Zeichen nicht oder interpretieren Sie falsch. Sie brauchen hier eine gute Mischung aus tiefer Analysefähigkeit, Scharfsinnigkeit und Sensibilität für die Menschen.

Stolperfalle 3: Sie werden ständig gelobt und in den »Himmel gehoben«. Diese Stolperfalle mag ungewöhnlich klingen, aber zu viel und zu frühes Lob schadet Ihnen. Versuchen Sie das wann immer möglich zu unterbinden. Viel besser ist es, unterschätzt zu werden und dann die Erwartungen zu übertreffen.

Stolperfalle 4: Sie beschäftigen sich anfangs vor allem mit Ihrer Statusmacht. Lassen Sie die Finger weg von Statussymbolen, zumindest am Anfang. Lassen Sie nicht Ihr Büro neu streichen, bestehen Sie nicht auf dem High-End-Laptop, wenn der Rest des Unternehmens eine Standardmarke nutzt. Bleiben Sie nahbar, begeistern Sie die Menschen, nehmen Sie sie mit, und überlassen Sie den Statusdünkel anderen.

Die neue Nachbarschaft: Auf- oder Umstieg in eine andere Branche

Was macht diesen Übergang aus?

Sie sind nicht nur neu im Unternehmen, sondern Sie wechseln auch die Branche. Auch hier wieder: Glückwunsch! Das passiert leider immer noch viel zu selten, kann aber für Sie und das Unternehmen bereichernd sein.

Sie dürfen sicher sein, dass Sie auf ganzer Linie mit Ihrer Kompetenz und Persönlichkeit überzeugt haben. Man wollte Sie. Unbedingt. Wichtig ist nun, dass Sie sich nicht »zu klein«, aber auch nicht »zu groß« machen. Die Devise muss sein, so viel wie möglich und so gut wie möglich nicht nur das Unternehmen mit seinem Geschäftsmodell und seiner Positionierung, sondern auch die Branche kennenzulernen.

Bei solchen Wechseln schätzt man vor allem übergreifende Kompetenzen und Erfahrungen, die Sie schon gemacht haben, das Unternehmen aber vielleicht noch vor sich hat. Vielleicht haben Sie die Digitalisierung Ihres Bereichs in Ihrer bisherigen Branche maßgeblich erfolgreich vorangetrieben. Genau von diesen Erfahrungen will Ihr neues Unternehmen profitieren. Nicht selten sieht man hier auch den Wechsel von einer Unternehmensberatung in die Industrie. In diesem Fall achten Sie darauf, dass Sie nicht zu schnell sind und bewusst die Berater:innenrolle verlassen.

Überhaupt: Verändern Sie nicht zu viele Dinge in kurzer Zeit. Wir raten dringend dazu, in den ersten Wochen die Branche zu verstehen und die »Sprache« zu lernen. Sprechen Sie daher mit so vielen Menschen wie möglich. Stellen Sie Fragen zur Lage der Branche und des Wettbewerbes.

Gerade jetzt ist das Netzwerken enorm wichtig: Besuchen Sie Fachtagungen, Konferenzen und Messen. Lesen Sie sich ein, hören Sie hin, werden Sie kompetent in der Branche. Danach können Sie Ihr vorhandenes Wissen einbringen, um im neuen beruflichen Branchenkontext erfolgreich zu werden.

Wie positionieren Sie sich am schlauesten?

Auch hier gilt: Nehmen Sie sich einerseits Zeit für eine tiefe Analyse, viele Gespräche und Beobachtungen. Andererseits sollten Sie in kurzer Zeit ein solides Branchenbild haben und die Fachsprache fließend sprechen. Lesen Sie viel und alles, was Sie kriegen können, hören Sie Podcasts zum Thema und sprechen Sie auch hier vor allem mit vielen unterschiedlichen Agierenden. Stellen Sie Fragen zur Lage der Branche und des Wettbewerbes, wie zum Beispiel: Was macht unsere Konkurrenz besser? Was sind die großen Trends in der Branche? Wie begegnen wir diesen Trends im Moment?

Stellen Sie sicher, dass Sie Ihr Wissen im Kontext der neuen Branche präsentieren. Wie kann Ihr Wissen, Ihre Erfahrungen für den Branchenkontext Ihrer neuen Kolleg:innen hilfreich sein? Was können Sie beitragen, und wo haben Sie schnell die beste Wirkung? Holen Sie sich aktiv Tipps und lernen Sie von Brancheninsidern.

Stolperfallen

Alle vorgenannten Stolperfallen sind auch für Sie relevant. Die wesentlichste ist jedoch, die Bedeutung der neuen Branche nicht zu unterschätzen.

Stolperfalle 1: Sie wollen mit Ihrem Fachwissen überzeugen und vergessen, sich zuerst detailliert mit der neuen Branche auseinanderzusetzen.

Stolperfalle 2: Sie leben in der Vergangenheit und beziehen sich bei allen Dingen auf Ihren vorherigen Job und das Unternehmen.

Stolperfalle 3: Sie investieren keine Zeit, um in dieser Branche rasch Ihr Netzwerk auf- und auszubauen.

»ICH HATTE RESPEKT DAVOR, IN EINER VÖLLIG NEUEN BRANCHE MIT EINEM NICHT EXISTIERENDEN NETZWERK KOMPLETT NEU ZU STARTEN.«

Sabine Eckhardt hat Aufsichtsratsposten bei der UniCredit Bank AG, der Ceconomy AG, der Muttergesellschaft von MediaMarkt & Saturn, und der EDEL SE. Von 2020 bis ins Jahr 2022 war sie im Beirat der Bauer Media Group.

Als Sie damals von einer Headhunterin für eine CEO-Rolle in einer komplett anderen Branche angesprochen wurden: Was waren Ihre ersten Gedanken oder spontanen Reaktionen?

Ich fragte mich, warum die Headhunterin mich als passend für die Rolle sah – somit habe ich in dem Moment einen Perspektivwechsel vorgenommen: Ich habe mich nicht gefragt, wie ich das finde, sondern ich fragte mich, was die Headhunterin in der Rolle in mir sieht und wie sie zu dem Schluss kommt, dass das für beide Seiten passend ist. Das hat mich neugierig gemacht.

Was hat Sie an dieser Rolle gereizt und vielleicht auch gerade an der Branche und wovor hatten Sie mächtig Respekt?

Mich hat die Herausforderung gereizt, meine Führungs- und Transformationserfahrung in einer völlig neuen Branche unter Beweis zu stellen. Ebenso sah ich einige Parallelen zu meinem alten Sales-Vorstandsjob in einem stark disruptiven Medienumfeld. Mir wurde klar, dass diese Herausforderungen auch auf den Real-Estate-Markt zukamen. Mit dem Ausbruch der Coronapandemie wurde die Branche dann jedoch schneller von einer Krise heimgesucht als antizipiert. Und Respekt hatte ich grundsätzlich davor, in einer völlig neuen Branche mit einem nicht existierenden Netzwerk komplett neu zu starten. Das war schon mutig von beiden Seiten, vom Unternehmen und auch von mir, aber es hat sich ausgezahlt.

Was waren für Sie am Ende der ausschlaggebende Punkt oder die Kriterien, die Sie dazu bewogen haben zum: Yes I will, yes I can!

Da gab es einige Aspekte. Mich hat das Unternehmen und die Kultur begeistert, dazu die Internationalität der Firma. Es waren vor allem die

Menschen, mit denen ich die Gespräche führte – wie der internationale CEO Christian Ulbrich, der eine klare Vision und Strategie verfolgte. Das hat mich begeistert. Hinzu kam, dass es zwar eine andere Branche war, aber ich meine Kernkompetenzen einsetzen konnte, wie große Sales-Organisationen führen. Ich konnte zudem gut meine Digitalisierungserfahrung einbringen. Das Real-Estate-Geschäft ist komplex und fragmentiert, genauso wie meine vorherige Aufgabe in den Medien. Das Spannungsfeld zwischen internationaler Strategie und lokaler und nationaler Umsetzung reizte mich, und im New-Business-Bereich sah man schnell, dass man mit Hilfe von innovativen, digitalen Ideen noch einige »Schätze heben konnte«.

Welche Kompetenzen in Ihrem Profil waren das fehlende Puzzlestück für die neue Organisation?

Das war meine Digitalisierungskompetenz mit Schwerpunkt Datenmanagement, aber ich denke vor allem auch meine Transformationserfahrung. Die Immobilienbranche hatte vor Covid nicht viel Transformationsdruck, neue Geschäftsfelder zu entwickeln. Zusätzlich habe ich viel Erfahrung darin, Sales-Organisationen zu leiten und sie holistisch zu führen. Ich bin stark kundenorientiert, dazu kommunikationsstark, und das waren natürlich wichtige, relevante Aspekte bei der Aufgabe.

Wie haben Sie sich vorbereitet?

Das Wichtigste war das Zu- und genaue Hinhören. Ich habe Gespräche geführt mit Kund:innen und mit meinen Mitarbeitenden und da bin ich sehr breit vorgegangen. Zum Beispiel habe ich mich nicht nur mit meinen Direct Reports ausgetauscht, sondern mit allen Ebenen bis hin zur Rezeptionistin. Das Gleiche habe ich auf Kund:innenseite gemacht. Alle sagten mir, dass ich nur mit den Großkund:innen reden sollte, aber ich habe versucht mir ein breiteres Stimmungsbild aus den unterschiedlichsten Kund:innensegmenten zu holen. Das hat viel Zeit gekostet, war aber wichtig. Da das alles in der Anfangszeit von Covid stattfand, bin ich mit sehr vielen Menschen spazieren gegangen, dies hat schnell zu vertrauten und guten Gesprächen geführt. Danach habe ich mir eine klare Prioritätenliste gemacht und diese konsequent abgearbeitet und bin nicht in die Falle gelaufen, die zu bedienen, die am lautesten gerufen haben.

Was waren Ihre größten Befürchtungen?

Dass mich die Kund:innen nicht akzeptieren, da ich kein konkretes Branchen-Know-how mitbrachte. Aber bis auf sehr wenige Ausnahmen war das überhaupt nicht der Fall. Ganz im Gegenteil, ich erhielt viel Zuspruch und der Perspektivwechsel und die Erfahrungen aus einer anderen Branche waren hilfreich und wurden von den Kund:innen positiv aufgenommen. Ich wurde auch schnell ein wenig »der bunte Hund« der Branche, denn als Branchenfremde und eine der sehr wenigen Frauen an der Spitze eines Unternehmens konnte ich mir ein sehr gutes Netzwerk aufbauen. Ich hatte darüber hinaus extrem fruchtbare und ehrliche Diskussionen mit den Kund:innen zu Themen, die viele Unternehmenslenkende beschäftigen. Wie beispielsweise Themen der digitalen Herausforderungen in Unternehmen, wie schafft man es, die Strukturen so aufzustellen, dass die Kund:innen die beste Beratung erhalten, und zwar so breit aufgestellt, dass sie nicht jedes Mal zu anderen Ansprechpartner:innen rennen mussten. Dazu habe ich immer sehr transparent gespielt, was ich einbringen konnte und was nicht. Last but not least gilt es festzuhalten, Real Estate ist keine »Rocket Science«, vieles kann man sich schnell aneignen, die Branche und ihre relevanten Player sind recht überschaubar.

Ihre neue Organisation war im Vergleich zur alten deutlich internationaler, aber auch eine amerikanische Organisation. Welche Veränderungen brachte das zwangsläufig mit sich, wenn Sie an Ihre Rolle als CEO Central Europe denken?

Natürlich ist eine internationale Rolle in der Regel wesentlich komplexer als eine rein deutsche Rolle. Es gilt, nicht nur die unterschiedlichen Kulturen zu verstehen und zu berücksichtigen, sondern man führt unterschiedliche Diskussionen zu diversen Businessthemen. Zusätzlich kommt hinzu, dass ein bestimmtes Business in manchen Ländern nicht erfolgreich ist, in anderen gut funktioniert. Verschiedene regulatorische Rahmenbedingungen bis hin zu rechtlichen Fragestellungen werden auch innerhalb Europas sehr unterschiedlich bewertet und gehandhabt. Und bei diesen Aspekten sprechen wir nur von den Herausforderungen eines Unternehmens nach außen, also zu den Kund:innen hin, und nicht von den internen Fragestellungen, die sich in so einem internationalen Konzern ergeben. Was sicherlich zusätzlich eine besondere Herausforderung war, ist die Tatsache, dass Immobilien und Ihre Dienstleistungen etwas sehr Lokales sind und nicht nur in jedem Land, sondern teilweise auch in jeder Region andere Bestimmungen und Rahmenbedingungen haben. Wenn man dieses Geschäft weltweit skalieren will, bedarf es eines genauen Abwägens zwischen dezentralen und zentralen Businessvorgaben und Strukturen.

Was würden Sie im Rückblick anders machen beziehungsweise was würden Sie Menschen raten, die vor so einem Schritt stehen?

Ich würde es bei genauem Nachdenken genauso machen, wie wir es getan haben. Ich würde jedem Menschen raten, sich vor allem die Persönlichkeiten anzuschauen, mit denen man arbeitet, und hier einen großen Wert drauf legen, dass man die gleichen Werte und strategischen Vorstellungen teilt. Das habe ich vorher getan, und ich wurde nicht enttäuscht. Know-how kann man sich aneignen oder anheuern, und Herausforderungen gibt es genug in sehr vielen Wirtschaftsbereichen. Ich habe in der Hochphase der Krisenzeit gestartet, mitten in der Coronapandemie, Zeiten hoher Inflation, komplexer ESG-Regulatorik, neuer Taxonomie etc.... das hat die Branche von heute auf morgen in ein Krisenszenario verwandelt. Aber es ist dennoch alles zu bewältigen, wenn Sie als Team an einem Strang ziehen.

Sie haben sich bewusst irgendwann für die nächste Transition entschieden. Was nehmen Sie mit aus dieser Zeit – vor allem jetzt, für Ihre Zeit als Aufsichtsrätin?

Ganz viel. Für mich sind die Erfahrungen in zwei unterschiedlichen Branchen mit ihren Eigenheiten, aber eben auch übereinstimmenden Herausforderungen, sehr hilfreich und befähigen mich heute besser, Sachverhalte einzuschätzen und beraten zu können. Ich kann vieles von dem, was ich als operativer Vorstand gelernt und eben auch selbst angewendet habe, heute gut übertragen in die Rolle als Aufsichtsrätin, in der ich nicht nur Unternehmen kontrolliere, sondern auch als Sparringspartnerin dem Vorstand zur Seite stehe. Das ist wesentlich einfacher und überzeugender, wenn man selbst mal in der Rolle war. Und ein Aufsichtsrat muss sich heutzutage mit viel mehr Themen auseinandersetzen als früher. Er muss die entscheidenden Fragen, die einem Unternehmen helfen, zukunftsfähig zu bleiben oder zu werden, beantworten können. Dazu bedarf es neben Branchen- und Fachkenntnissen auch Menschen, die verschiedene Industrien kennengelernt haben, gewohnt sind, den berühmten Know-how-Transfer zu leisten und Bedrohungen von außen besser einzuschätzen.

Die Auswanderkarriere: Auf- oder Umstieg in eine andere Stadt oder gar ein anderes Land

Was macht diesen Übergang aus?

Dies ist der Double Whammy der Übergänge. Nicht nur, dass Sie sich in der neuen Position zurechtfinden, Sie werden für sich auch eine völlig neue Infrastruktur aufbauen müssen. Die Suche nach einem Wohnort, die Integration Ihrer Familie, die Suche nach der richtigen Schule für Ihre Kinder, Ärzt:innen, Schulen, Geschäfte finden, wo man einkaufen geht – all dies gilt es zu organisieren.

Die ersten Wochen und Monate werden hier zusätzliche Anstrengungen für Sie bereithalten. Planen Sie diese ein, auch zeitlich. Schon vor Ihrer Ankunft werden Sie das Gefühl haben, einen zweiten Vollzeitjob zu haben. Nicht wenige Unternehmen beauftragen Relocation-Firmen, die Sie bei dem Umzug und dem Zurechtfinden vor Ort unterstützen, aber dennoch muss der Umzug vollbracht werden.

Idealerweise nehmen Sie sich eine Eingewöhnungszeit, in der Sie noch nicht arbeiten müssen, sondern erst einmal ankommen und Ihr Leben organisieren. Nehmen Sie sich Zeit, in der neuen Heimat in Netzwerke zu kommen, die für Sie hilfreich sein könnten. Lernen Sie den Markt kennen, Industrievertretende, Klient:innen, Zuliefernde und sonstige Dienstleistende.

Unterschätzen Sie nicht den Energieaufwand und die Zeit, die nötig sind, um zeitnah neue Bekanntschaften zu knüpfen und sich ein soziales Netzwerk aufzubauen. Machen Sie sich eine Liste der Dinge und Orte, die Sie in Ihrer neuen Umgebung erkunden und kennenlernen wollen.

Schon vor Ihrem Arbeitsantritt sollten Sie ein Gefühl für die Kultur, Land und Leute haben. Lesen Sie Bücher, schauen Sie Filme, recherchieren Sie nach Expert:innen. Kultur-Fauxpas verzeiht man Ihnen vielleicht anfangs, aber nach ein paar Monaten nehmen die Menschen es dann doch persönlich.

Dazu ein Beispiel eines Klienten: Es ist der erste Arbeitstag des neuen deutschen Niederlassungsleiters in England. Er erlaubt sich drei Schnitzer und untergräbt damit schon seine Reputation: Er nennt sein Alter, er erzählt, dass er im nobelsten Stadtteil der Stadt ein Haus (!) gefunden hat und dass seine Kinder auf eine der elitärsten Privatschulen gehen werden. Dieser erste Eindruck wird ihm ewig nachhängen. Man spekuliert, dass sein Vertrag finanziell vergoldet wurde und er sein Geld nie wert sein wird.

Gerade bei einem Länderwechsel lohnt sich eine professionelle Begleitung. Seien Sie immer gewahr, dass Menschen häufig vergessen, was Sie genau gesagt haben, aber sie wissen immer, wie Sie sich mit Ihnen gefühlt haben.

Wie positionieren Sie sich am schlauesten?

Lieven Hentschel hat unter anderem fünfeinhalb Jahre in Jordanien gearbeitet und dort mit seiner Familie gelebt. Jetzt lebt der gebürtige Deutsche in Wien und führt von dort aus die Geschäfte der Bayer AG in South East Europe. Er teilt mit Ihnen drei Themen, auf die Sie sich im neuen kulturellen Kontext vorbereiten sollten:

1. **Lernen Sie schnell, wie in der neuen Kultur Feedback funktioniert.** Wie wird effektiv Feedback gegeben und genommen? Mit diesem Wissen kann man unnötige Störungen auf der Beziehungsebene vermeiden.
2. **Beschäftigen Sie sich damit, wie man vor Ort Verhaltensänderungen bei Menschen herbeiführt.** Ist hartes, klares Feedback an der Sache wie in Deutschland üblich oder ist es in diesem System notwen-

dig, zuerst eine Beziehung aufzubauen, bevor man inhaltlich konstruktiv arbeiten kann? Oder herrscht eher eine visionäre Arbeitsweise vor, indem Sie Ihren Mitarbeitenden ein Zielbild und den groben Rahmen vorgeben und Sie sie dann die Wege dorthin selber finden lassen?

3. **Verstehen Sie, wie man in der neuen Kultur Vertrauen schafft.** Die Vertrauensbasis bezieht sich dabei sowohl auf Ihr Team als auch auf Ihre Vorgesetzten. Beobachten Sie intensiv, welche Art von Kommunikation Vertrauen aufbaut oder schmälert.

Lieven Hentschel ist der Meinung: »Wenn Sie diese drei Punkte berücksichtigen, dann können Sie gut starten und gekonnt interagieren und sich damit jeder Geschäftsherausforderung annehmen.«

Manchmal hilft auch Humor. Spielen Sie mit den kulturellen Unterschieden. Schon innerdeutsch kommt man sich ja manchmal vor wie im Ausland. Viel tiefgreifender sind die großen Umzüge in andere Kulturkreise. Machen Sie sich klar: Manche Regeln werden nie für Sie gelten. Zeigen Sie offen Ihr Bemühen, Land, Leute und Gewohnheiten kennenzulernen. Sprechen Sie die Sprache oder wenigstens ein paar Worte. Vermeiden Sie Witze über Stereotypen, es sei denn, der Witz geht auf Ihre Kosten.

Stolperfallen

Stolperfalle 1: Sie schimpfen und meckern über alles im neuen Land. Damit werden Sie zur Karikatur Ihrer Nationalität. Bedienen Sie keine Stereotypen, wenn es um Ihre Nationalität geht. Sie dürfen selbst mal einen Witz machen, sollten aber darauf achten, Vorurteile nicht zu bestätigen.

Stolperfalle 2: Sie nehmen sich keine Zeit, anzukommen. Sie wollen zu schnell zu viel und vergessen darüber, sich und Ihre Familie »ankommen zu lassen«.

Stolperfalle 3: Sie sind so mit sich selbst beschäftigt, dass Sie vergessen, die vielen Chancen zu sehen, die das neue Land, die neue Rolle bietet. Nutzen Sie diese Möglichkeit zur Erweiterung Ihres Horizonts.

Die Umsteigerkarriere: Wechsel vom Konzern zum Mittelstand oder andersherum

Was macht diesen Übergang aus?

Immer mehr Fach- und Führungskräfte entscheiden sich bewusst für einen Wechsel zwischen Konzernen und Mittelstand. Dieser Schritt kann sowohl herausfordernd als auch bereichernd sein und bietet eine Vielzahl von Perspektiven für die persönliche und berufliche Entwicklung.

Was motiviert für diesen Wechsel, welche Herausforderungen und Chancen ergeben sich daraus? Warum sollten Sie diesen Schritt wagen? Während einige Fachkräfte die familiäre Atmosphäre, die flacheren Hierarchien und die direktere Einflussnahme im Mittelstand schätzen, zieht es andere zu den Konzernen, angezogen von internationalen Karrierechancen, umfangreichen Weiterbildungsmöglichkeiten und der Sicherheit, die große Unternehmen meist bieten können.

Ein Wechsel vom Konzern zum Mittelstand bedeutet oft, sich von der Sicherheit und den Ressourcen eines großen Unternehmens zu verabschieden und sich in eine Welt zu begeben, in der Flexibilität, Eigeninitiative und vielseitige Kompetenzen gefragt sind. Im Mittelstand können Entscheidungen meist schneller getroffen und umgesetzt werden, und Mitarbeitende haben aufgrund der Größe oft mehr Sichtbarkeit und unmittelbare Wirkung. Dieser direkte Einfluss kann befriedigend sein, erfordert aber auch ein hohes Maß an Verantwortungsbewusstsein und Anpassungsfähigkeit.

Nicht immer erfüllen sich diese Annahmen. In einen mittelständischen Familienbetrieb als Externe:r einzusteigen ist Herausforderung und Chance zugleich. Die Entscheidungswege sind kürzer, die Kundschaft ist meistens sehr homogen sowie treu. Grundsätzlich sind mittelständische Betriebe keine schlechte Wahl, um die eigene Karriere voranzutreiben. Man sollte sich jedoch beeilen. In Deutschland wird von rund 600 000 mittelständischen Unternehmen 165 000 bis Ende 2025 das Ende vorausgesagt, da es weder Nachfolgende noch Käufer:innen gibt.[101] (KfW, 2022)

Kleine und mittlere Unternehmen (KMU) sind gute Orte, um gestalten zu können. Doch sprechen Sie Ihre Erwartungen konkret an und fragen Sie umgekehrt, welche Erwartungen man an Sie hat. Sicher klingt Konzern – international und global – großartig, aber Ihr Arbeitsplatz ist dort keinesfalls sicherer und die interne Konkurrenz größer. Ein etablierter mittelständischer Betrieb, mit sicherer Kundschaft und in einer Nische auf dem Markt, kann eine reelle Chance für Sie sein, Ihren Karriereübergang mit einem erfolgreichen Aufstieg zu verknüpfen. Viele KMUs sind auf der Suche nach guten Leuten, nach Personen, die mit ihrem eigenen Übergang die Transformation des Unternehmens möglich machen. Und das meistens sogar an der Spitze.

Ein Wechsel in einen Konzern kann auf der anderen Seite für Fachkräfte aus dem Mittelstand der Eintritt in eine Welt sein, in der Strukturen und Prozesse stärker ausgeprägt sind. Die Möglichkeit, in verschiedenen Bereichen und international zu arbeiten, bietet Lern- und Entwicklungschancen. Allerdings kann die Anpassung an die komplexen Hierarchien und die langsamere Entscheidungsfindung eine Herausforderung darstellen. Die Arbeit in einem Konzern kann jedoch auch Sicherheit und Stabilität bieten, was besonders in unsicheren Zeiten ein wichtiger Faktor sein kann.

Doch egal, ob vom Konzern zum Mittelstand oder andersherum, Sie müssen sich an neue Unternehmenskulturen und Arbeitsweisen anpassen. Die Fähigkeit, schnell zu lernen und sich flexibel auf neue Situationen einzustellen, ist dabei Ihr Schlüssel zum Erfolg. Gleichzeitig bietet der Wechsel die Chance, das eigene Kompetenzprofil zu erweitern, neue Perspektiven zu gewinnen und das berufliche Netzwerk auszubauen.

Wie positionieren Sie sich am geschicktesten?

Je kleiner ein Unternehmen ist, desto weniger festgezurrte Abläufe und Bürokratie gibt es und desto mehr müssen Sie an vielen Stellen selbst zupacken. Je größer das Unternehmen, desto mehr Infrastruktur und Prozessdenken, aber auch Unterstützung und Arbeitsteilung durch mehr Fachbereiche. Legen Sie ein besonderes Augenmerk auf die Abstimmungsbedürfnisse: Wer muss abgeholt werden, wer hat ein Mitspracherecht? Planen Sie im größeren Unternehmen mehr Zeit für Abstimmung ein, im kleineren Umfeld mehr Zeit für operative Arbeit und das Finden von pragmatischen Lösungen.

Es ist möglich, dass Ihr vorheriges Umfeld einen glänzenden Markennamen hatte, der Ihnen die Türen geöffnet hat. Wenn das fehlt, werden Sie nun mehr mit Ihrer eigenen Note punkten müssen. Ihnen werden auch weniger Ressourcen zur Verfügung stehen. Zudem werden viele Mittelständische sehr von ihren Gründer:innen oder Inhaber:innen geprägt. Das ist der Personenkreis, ohne den es für Sie nicht geht. Hier muss die Chemie stimmen, sonst haben Sie keine Chance, während Sie in Konzernen jahrelang arbeiten können, ohne den Vorstand zu treffen.

Die Bedeutung von Netzwerken und Beziehungen sollten Sie nicht unterschätzen. In kleineren Unternehmen kann Ihr Netzwerk schnell aufgebaut und genutzt werden, da die Anzahl der Mitarbeitenden überschaubar ist und die Wege kurz sind. In Großkonzernen hingegen erfordert der Aufbau eines effektiven Netzwerks mehr Zeit und strategisches Geschick, da die Anzahl der Stakeholder und die Komplexität der Organisationsstrukturen deutlich größer sind.

Eine der Hauptherausforderungen bei einem Wechsel von einem kleineren Unternehmen zu einem Großkonzern besteht darin, sich von der oft Hands-on-Mentalität kleinerer Unternehmen zu lösen und sich in die komplexen Strukturen und Prozesse eines großen Unternehmens einzufinden. Häufig unterschätzt wird die Bedeutung formeller und informeller Kommunikationswege. Die Fähigkeit, effektiv innerhalb dieser Strukturen zu navigieren, wird entscheidend für Ihren Erfolg sein. Zudem ist es wichtig, die in Großkonzernen vorherrschende Kultur der Spezialisierung zu verstehen und sich entsprechend anzupassen. Das bedeutet, dass Sie möglicherweise enger definierte Aufgabenbereiche vorfinden werden.

Stolperfallen

Stolperfalle 1: Sie rennen vor etwas weg und erhoffen sich in einer anderen Welt Verbesserung. Vergessen Sie nie: Sie nehmen sich immer mit. Die Themen, an denen Sie, in welchem Setting auch immer, gescheitert sind, werden sich wiederholen, wenn Sie sie nicht bearbeiten.

Stolperfalle 2: Sie beschäftigen sich nur mit den Vorteilen und sehen die Herausforderungen und Risiken nicht.

Stolperfalle 3: Sie unterschätzen den gravierenden Kulturunterschied und machen in Ihrem Erfolgsmodus von gestern im neuen System einfach weiter.

Stolperfalle 4: Weniger formelle Strukturen bedeuten nicht geringere Professionalität. Dies zu glauben, wäre ein Fehler, denn in Wahrheit erfordern diese Strukturen oft eine stärkere Selbstorganisation und Disziplin.

GESCHÄFTSFÜHRERIN IM MITTELSTAND

Eine Klientin war als Geschäftsführerin in einen mittelständischen Betrieb gewechselt. Schwarze Zahlen, sichere Abnehmende, ein nachhaltiges Geschäftsmodell mit Produkten, die die Welt braucht, dazu Dienstleistungen mit Servicecharakter – das klang hervorragend. Die Unterschrift unter dem Vertrag war schnell getrocknet. Für sie war klar: Das ist es!

Der Inhaber und bisherige Geschäftsführer, mittlerweile 75 Jahre alt, hatte im vertraulichen Gespräch gesagt, dass es nun Zeit für ihn sei, das operative Geschäft zu verlassen. Wenn er irgendjemandem zutrauen würde, das Unternehmen in seinem Sinne weiterzuführen, dann sei sie die richtige Frau. Damit waren gleich zwei der für sie wichtigen Trigger erfüllt: Sie stand an der Spitze eines Unternehmens, hatte Macht und Einfluss und trug den Titel Geschäftsführerin.

Fünf Jahre später trug sie diesen immer noch, aber das mit dem Einfluss war so eine Sache, denn die Geschäfte führte weiterhin der mittlerweile über 80-jährige Inhaber. Sie war zur Marionette geworden. Sie stand zwar nach außen mit ihrem Gesicht für das Unternehmen, aber dass sie jemals das letzte Wort haben würde …? Wahrscheinlich erst nach dem Tod des betagten Mannes, auf den sie definitiv nicht warten wollte.

Eine kleine Anmerkung an dieser Stelle: Familienunternehmen sind häufig mehr als beeindruckend, vor allem wegen Ihrer Gründer:innen und Inhabenden, aber eben deshalb auch sehr speziell für alle Außenstehenden. Inhabende und Familienangehörige tun sich nicht selten schwer, loszulassen – besonders wenn Sie als externe:r Kandidat:in von außen dazukommen. In diesem Fall ist Ihre wichtigste Kompetenz eine gesunde Mischung aus Empathie und Selbstbewusstsein. Im Fall der Klientin wäre es ratsam gewesen, sich erst gar nicht dieser Situation auszusetzen. Auf der anderen Seite ist sie danach sehr gestärkt in einer anderen Rolle eingestiegen und immer weiter aufgestiegen.

Sollten Sie in solch eine Lage kommen, dann versuchen Sie, das Familiensystem so gut es geht zu dechiffrieren. Schauen Sie bei diesem Übergang ganz genau hin: Was wird erwartet und was dürfen Sie erwarten? Stellen Sie diese Fragen gleich im ersten Gespräch mit den Verantwortlichen und im besten Fall mit der Inhabendenfamilie. Achten Sie wachsam auf die Worte, aber vor allem auf alles Unausgesprochene, wie die Atmosphäre, die Körpersprache der Anwesenden und Ihr gutes Bauchgefühl. Weicht man der Frage aus? Fühlt sich das Gegenüber plötzlich unwohl? Stellen Sie bereits am Anfang gezielte Fragen nach der Führungskultur und woran man gute Manager:innen und Führungskräfte misst. Was sind Dos und Don'ts?

Sprechen Sie auch gezielt mit den Mitarbeitenden. Fragen Sie nach der Stimmung. Wie präsent ist die Inhaberin, der Inhaber im täglichen Arbeitsalltag? Wer trifft die letztgültigen Entscheidungen?

Die Selfmade-Karriere: Selbstständigkeit ist immer ein Umstieg mit Risiko

Was macht diesen Übergang aus?

Je stärker in Ihrem Wertekanon Freiheit oder Unabhängigkeit dominieren, umso mehr werden Sie immer wieder in Ihrem Leben an den Punkt kommen, an dem Sie sich fragen: »Warum mache ich mich eigentlich nicht selbstständig?« Und ja, warum eigentlich nicht? Dann sind Sie schnell bei all Ihren Ängsten und Glaubenssätzen, die zuverlässig dazu in der Lage sind, diesen Schritt zu boykottieren.

Eigentlich findet man die Vorstellung, der eigene Chef oder die eigene Chefin zu sein, schon verlockend. Niemand redet einem mehr hinein, keine inkompetenten, cholerischen oder machtbesessenen Vorgesetzten. Die damit verbundene Freiheit, Arbeitszeit und Urlaub nach seinem Geschmack einzuteilen, all das ist sehr reizvoll. Aber Sie wissen nur zu gut: Die Freiheiten der Selbstständigkeit haben eine Schattenseite – kein sicheres Einkommen, keine bezahlten Krankheits- und Urlaubstage und auch keine vorgegebenen Ziele, Pläne oder Agenden. Die müssen Sie sich künftig selbst auferlegen.

Der Schritt in die Selbstständigkeit sollte gut überlegt sein und strategisch angegangen werden. Gehen Sie in Austausch mit Ihren Sparringspartner:innen, zum Beispiel mit Vertreter:innen Ihres Spiegelkabinetts, über Ihre Idee der Selbstständigkeit. Vielleicht sind Sie erstaunt, wie viele Menschen Ihnen den Rücken stärken. Möglicherweise erhalten Sie in Form konstruktiver Kritik jedoch das Feedback, dass Sie besser im Angestelltenverhältnis aufgehoben sind.

Ob und wie erfolgreich Sie in der Selbstständigkeit werden können, steht und fällt mit Ihrer Geschäftsidee. Gibt es einen Markt, wer ist die Zielgruppe, was ist Ihr Geschäftsmodell? Und ja, halbwegs fit in Sachen Buchhaltung und Finanzen sollte man auch sein. Das fängt damit an, dass Sie einen Businessplan erstellen können.

Was einige vor diesem Übergang abschreckt, ist die Annahme, dass es auf den Markt schon alles gibt. Das stimmt jedoch nicht. Die Technik entwickelt sich immer schnell weiter, was neue Geschäftsmodelle begünstigt. Gerade in diesen Fällen ist »zur rechten Zeit am richtigen

Ort« entscheidend. Viele Start-ups scheitern, weil sie zu früh mit ihrer Idee auf den Markt gegangen sind oder sie noch nicht richtig durchdacht war. Damit dieser Übergang gelingt, braucht es jedoch noch mehr als eine gute Strategie.

Fragen Sie sich ehrlich, wie mutig Sie sind und wie hoch Ihre Risikoaffinität ist. Wo liegt zudem Ihre Frustrationsgrenze? Wie geduldig und diszipliniert sind Sie?

Wie positionieren Sie sich am geschicktesten?

Planen Sie den Weg in die Selbstständigkeit gut. Nehmen Sie sich Zeit, Ihre Ideen aufs Papier zu bringen. Sprechen Sie mit Menschen darüber und betreiben Sie Marktrecherche und Benchmarking. Schauen Sie sich an, was und wen es in diesem Bereich schon alles gibt. Studieren Sie Mit- oder Wettbewerbende und hinterfragen Sie auch, was in deren Angebotsportfolio fehlt. Vielleicht ist das ja genau Ihre Nische.

Anders als bei allen anderen Übergängen müssen Sie hier noch das Thema Finanzen beachten. Übergänge im Angestelltenverhältnis werden bezahlt, egal, ob Sie gelingen oder nicht. Die Übergangszeit ist finanziert. Das ist beim Weg in die Selbstständigkeit anders. Wenn Sie daher eher der sicherheitsorientierte, vorsichtigere Mensch sind, dann ist die Selbstständigkeit definitiv nichts für Sie. Gleiches gilt, wenn Sie das Konstante schätzen, also nicht jeden Tag schauen wollen, wo Sie vielleicht modifizieren sollten, um für die Zielgruppe attraktiv zu bleiben oder eine neue zu begeistern.

Selbstständigkeit braucht noch mehr Personal Branding als jeder andere Übergang. Sie müssen sich verkaufen können. Und das fällt vielen schwerer als gedacht, bedeutet es doch, sich und seine Dienstleistungen immer wieder anzupreisen. Als Abteilungsleiterin oder -leiter bei BMW oder Lufthansa oder McKinsey müssen Sie die Marke nicht mehr bewerben. Die Menschen wissen, wofür diese steht.

Wir beide haben die Selbstständigkeit bewusst gewählt und hart für sie gearbeitet. Und wir arbeiten immer noch viel und intensiv. Mittlerweile haben wir Mitarbeitende und sind zudem auch noch Arbeitgeberinnen geworden, was den Druck und Stress nicht minimiert. Auch hier sollten Sie bereits beim Start des Übergangs nachdenken: Können und wollen Sie alles selbst machen? Starten Sie erst einmal mit einer One-Woman- oder One-Man-Firma? Oder gründen Sie gleich eine GmbH oder setzen Sie auf eine andere Gesellschaftsform? Gibt es vielleicht jemanden, mit dem Sie gemeinsam die Selbstständigkeit aufbauen wollen?

Wir wollen unsere Selbstständigkeit nicht mehr missen. Aber der Arbeitsmarkt ist heute so im Wandel, dass es auch kein Problem sein muss, aus der Selbstständigkeit zurück in ein Angestelltenverhältnis zu wechseln. Sicher ist dies bei längerer Selbstständigkeit nicht leicht. Doch je flexibler Sie sich positionieren, umso größer die Wahrscheinlichkeit.

Dieser Übergang ist sicher einer der schwersten, aber kann auch unglaublich befreiend sein. Er sollte jedoch nie einfach aus einer Laune heraus getan werden.

Stolperfallen

Stolperfalle 1: Sie starten aus der Not heraus in die Selbstständigkeit, weil Sie zum Beispiel Ihren alten Job verloren haben, und agieren dann überhastet, naiv und unvorbereitet.

Stolperfalle 2: Ihnen fehlt es an Disziplin und Durchhaltevermögen und Frustrationstoleranz, und Sie hassen Vertrieb – das sind Faktoren, die auch nach jahrelanger erfolgreicher Selbstständigkeit immer noch zu den erfolgsentscheidenden gehören.

Stolperfalle 3: Sie haben kein klares Selbstbild von sich und holen sich auch kein dezidiertes, ehrliches Feedback von Profis. Sie wissen nicht, was Sie ausmacht und worin Ihre Einzigartigkeit besteht.

Stolperfalle 4: Sie glauben nicht an sich selbst und Ihre Vision. Daher agieren Sie nur halbherzig und stecken nicht Ihre ganze Kraft in den Aufbau der Selbstständigkeit.

Auszeiten: Elternzeit, Sabbatical und Unruhezustand

Elternzeit

Es ist eine der Lebensfragen, die Sie sich irgendwann stellen: Planen Sie Familie oder nicht? Kinder und Familie sind eine Lebensaufgabe und eine bewusste Entscheidung mit weitreichenden Konsequenzen. Moderne Paare überlegen sich frühzeitig ihre gemeinsame Vision und verhandeln intensiv, wie sie sich die Elternschaft vorstellen und wie sie das in ihrer Realität dann leben. Während der Schwangerschaft haben Frauen von Natur aus zumindest neun Monate plus eine zeitlang nach der Geburt den größten Teil der Verantwortung zu tragen. Da kann sie der Partner, die Partnerin noch so sehr unterstützen. Das Leben berufstätiger Frauen ändert sich durch ein Kind fundamental. Damit verbunden sind gewisse Benachteiligungen im Berufsleben, weil man ja nun angeblich nicht mehr mit Ihnen rechnen kann und Sie daher oft ungefragt aus Personalentscheidungen heraushält.

Die Entscheidung für oder gegen Kinder und die damit verbundene Transition können wir Ihnen nicht abnehmen, das ist eine Lebensentscheidung – die sich auch nicht immer wie geplant umsetzen lässt. Mit uns Autorinnen haben Sie beide Modelle. Eine von uns hat sich sehr bewusst und früh gegen Kinder entschieden. Die andere wollte immer Beruf und Familie vereinbaren und hat mit Mitte 30 neben ihrer Berufstätigkeit als Managerin einen Sohn bekommen. Sie kehrte für deutsche Verhältnisse untypisch sofort nach dem gesetzlichen Mutterschutz zu hundert Prozent zurück in ihre Führungsrolle. Wir wollen hier kein Plädoyer für oder gegen Kinder geben. Wir beide haben unsere Entscheidungen nie bereut, aber sie hatten und haben ihren Preis, und dennoch lieben wir beide Kinder.

Wie positionieren Sie sich geschickt?

Selbst wenn Sie ungeplant als Paar ein Kind erwarten, haben Sie immer noch ein paar Monate Zeit, um alle notwendigen Vorbereitungen zu treffen. Beginnend damit, dass Sie mit Ihrem Partner, Ihrer Partnerin verhandeln, wie es nach der Geburt mit der Betreuung weitergehen soll, müssen Sie zudem auch mit Ihren Arbeitgebenden verhandeln und planen. Treffen Sie klare Absprachen über die Rahmenbedingungen wie Dauer der Elternzeit, Arbeitspensum nach der Rückkehr, Zusicherung des Arbeitsplatzes. Und wir sprechen hier bewusst Frau und Mann an. Denn auch die Väter gehen immer mehr in Elternzeit.

Sie sollten so organisiert wie möglich Ihre Auszeit und die Übergabe mit konkreten, themenspezifischen Ansprechpartner:innen für Ihre Vorgesetzten planen. Bei unseren Klient:innen hat sich ein halbes Jahr als passend erwiesen. Das hängt aber auch von der Gesetzeslage im jeweiligen Land ab.

Seien Sie im Gespräch mit Ihren Vorgesetzten deutlich. Aussagen wie »Jetzt soll erst mal das Kind kommen, dann schaue ich, ob ich ein halbes Jahr oder doch ein ganzes Jahr Elternzeit nehme« sind für Arbeitgebende sehr unbefriedigend. Vor allem, je höher Sie in der Hierarchie stehen. Auch für Sie selbst ist eine solche Einstellung schwierig, schließlich geht es auch darum, Betreuungsmöglichkeiten für die Zeit zu finden, in der Sie wieder arbeiten.

Was es auch bei diesem Übergang braucht, ist eine gute Community. Eine Handvoll von Menschen, die Ihre Einstellung zu Kindern mit Ihnen teilen. Was Sie ganz sicher nicht brauchen, sind Mütter oder Väter, die Ihnen ständig gute Ratschläge geben oder, noch schlimmer, Vorwürfe machen. Es ist absolut erlaubt, seine eigene Karriere zu verfolgen. Aber das sehen andere anders.

Was Arbeitgebende eigentlich schätzen sollten, ist die Tatsache, dass Eltern sehr gute Manager:innen und noch bessere Leader sind. Denn sie müssen auch im Privatleben vorleben und vieles parallel organisieren. Sie sind erprobt darin, kleine bis mittelgroße Katastrophen aus dem Weg zu räumen und die knappe Zeit, die Sie haben, ideal zu nutzen.

Herausfordernd wird es natürlich, wenn Sie allein erziehen und dazu noch bei konservativen Arbeitgebenden beschäftigt sind. Allerdings sagt niemand, dass Sie in Ihrer Elternzeit nicht erreichbar sein wollen. Wir haben viele Klient:innen, die auch in dieser Zeit für Fragen ihres Teams oder ihrer Führungskräfte erreichbar waren. Sie sind nicht ganz aus dem Unternehmen heraus, was ein gutes Gefühl geben kann. Und die Mitarbeitenden verlieren nicht den Bezug und auch nicht die Vertrauensbeziehung.

Zurück nach diesem Übergang auf Zeit agieren Sie weiterhin proaktiv. Wir kennen Vorstände, die jeden Tag zwischen 16 und 17 Uhr nach Hause gehen, zwei bis drei Stunden mit ihren Kindern verbringen, um dann noch einmal in den Abendstunden E-Mails oder Telefongespräche abzuarbeiten. Das kann gerade in internationalen Unternehmen, deren Standorte sich über unterschiedliche Zeitzonen erstrecken, enorm effektiv sein kann. Und bedenken Sie: Wir leben gerade in einer Zeit des »New Work«. Wenn Sie eine wertvolle und geschätzte Führungskraft sind, wird man den ein oder anderen Kompromiss eingehen, um sie dauerhaft an das Unternehmen zu binden.

Verhandeln Sie auch hier Ihren Erfolg, und lassen Sie sich an Ergebnissen und nicht an Anwesenheitszeiten messen. Sie können neue Standards setzen. Nicht wenige Frauen und Männer, die in ihrem Unternehmen neue Regeln durchgesetzt haben, sind tolle und wichtige Vorbilder für die nächste Generation. Beruf und Familie dürfen kein Ausschluss sein, die »Rabenmutter« hat wirklich ausgedient, und Länder wie Frankreich und Schweden machen uns schon seit vielen Jahren positiv vor, dass Familienleben und anspruchsvolle Jobs kein Widerspruch sind.

Stolperfallen

Stolperfalle 1: Gute Planung ist alles, aber im Fall von Kindern lässt sich nicht alles planen. Daher bereiten Sie sich vor, aber seien Sie nicht zu streng mit sich, wenn nicht alles nach Plan läuft. Hoffen Sie vor allem auf ein gesundes Kind, das ist das Wichtigste!

Stolperfalle 2: Sie lassen sich in Ihren Entschluss hineinreden. Zuerst geht es um Sie und Ihre:n Partner:in und Ihr Kind. Hier muss es passen. Doch es wird immer Menschen geben, die kein gutes Haar an Ihnen lassen, sich über die Ausnahmen, die Sie eventuell auf der Arbeit verhandelt haben, aufregen und darüber hinaus, Ihre Lebensweise infrage stellen.

Stolperfalle 3: Sie bleiben diffus und sagen Ihren Vorgesetzten nicht, wann und wie Sie vorhaben, wiederzukommen und wieder einzusteigen, Sie bleiben eine Blackbox. Bedenken Sie, auch wenn Sie jetzt eine, neue sehr verantwortungsvolle Rolle haben: Ihre Arbeitgebenden verzichten ungern auf Sie und müssen auch planen. Sie stehen auch hier in der Pflicht. Seien Sie ehrlich zu sich – wenn es derzeit für Sie zu viel ist, ist es zu viel. Dann müssen Sie über weitere Betreuungsmöglichkeiten oder über die Reduzierung Ihres Jobs nachdenken.

Ausstieg auf bestimmte Zeit: Sabbatical

In den letzten Jahren ist der berufliche Ausstieg auf bestimmte Zeit, ein halbes Jahr oder gar ein Jahr, gesellschaftsfähig geworden. Gerade Menschen, die 20 bis 25 Jahre Konzernkarriere hinter sich haben, sind müde, ausgelaugt und brauchen dringend eine Auszeit. Aber auch immer mehr jüngere Menschen arbeiten ein paar Jahre und nehmen dann, bevor Sie etwas Neues machen, eine Auszeit.

Auch Transitions werden zum Teil begleitet von Auszeiten. Das ist eigentlich begrüßenswert, denn wir raten dringend davon ab, ohne einen bewussten Übergang von einem Job in den nächsten zu gehen. Wichtig ist, dass der Cut klar ist, dass es ein Ende und einen Neuanfang gibt, dass für alle klar ist, wie lange Sie weg sind, wann Sie wiederkommen oder ob Sie nach Ihrer Rückkehr etwa grundlegend Neues anfangen.

Wie werden Sie Ihre Zeit nutzen? Machen Sie einen ausgiebigen Urlaub zur Entdeckung neuer Länder und Kulturen, zur Erholung und Regeneration? Oder arbeiten Sie ehrenamtlich in einem Camp in einem Entwicklungsland? Es gibt kein richtig oder falsch, aber man wird Sie danach fragen und Sie sollten Antworten parat haben.

Wie positionieren Sie sich am geschicktesten?

Wichtig ist, dass Sie offen und selbstbewusst mit Ihrem Sabbatical umgehen und sich nicht damit verstecken. Sie nehmen sich eine Auszeit, um Abstand zu bekommen, neue Ideen zu generieren und über den Tellerrand zu schauen, aber nicht, um mit Mühe und Not dem Burnout zu entkommen. Diese Story sollten Sie auf gar keinen Fall erzählen.

Sagen Sie Ihren Vorgesetzten, was Sie vorhaben, wie lange Sie fortbleiben und welche Ideen Sie haben, um Ihren Verantwortungsbereich zwischenzeitlich gut zu organisieren. Vielleicht haben Sie Wünsche, wo Sie gerne danach eingesetzt werden möchten.

Denn vielleicht nutzen Sie Ihre Auszeit ja auch, um sich weiterzubilden und danach beruflich neu auszurichten oder in einem anderen Bereich Ihres Unternehmens neu zu starten. Schließen Sie, wenn möglich, Fehlinterpretationen aus. Wenn Ihr:e Arbeitgeber:in fest mit Ihrer Rückkehr rechnet und entsprechende Pläne hat, Sie sich aber in der Zwischenzeit woanders beworben haben oder Ihre Selbstständigkeit vorbereitet haben, ist keinem geholfen.

Stolperfallen

Stolperfalle 1: Sie nutzen Ihre Zeit nicht wirklich für sich, sondern vertrödeln sie mit all den Themen, die Sie schon immer erledigen wollten.

Stolperfalle 2: Sie haben keine Story, warum Sie Ihr Sabbatical machen und was Sie damit vorhaben, und so wirkt es wie ein Dauerurlaub für Überforderte, Faule oder übertriebene Gestresste.

Stolperfalle 3: Sie kommunizieren nicht exakt die Zeitdauer und lassen offen, ob Sie überhaupt in das Unternehmen zurückkehren. Mit Ihnen als Blackbox kann man nicht wirklich rechnen – und deshalb wird man ohne Sie planen.

Stolperfalle 4: Sie haben nach der Auszeit immer noch keinen Plan, was Sie wirklich beruflich wollen. Oder Sie finden Ihren Job noch unerträglicher als zuvor und haben gar keine Lust mehr.

Das Karriereende: Ausstieg aus dem Operativen, Einstieg in die Zeit danach

Jeder Übergang birgt Herausforderungen, so auch der letzte Übergang aus der Karriere in den Ruhestand. Dabei stellen wir immer öfter fest, dass »Rente« für einige Menschen keine Option mehr ist. Viele wählen stattdessen den Unruhezustand. Sie gehen zwar aus der operativen Verantwortung heraus, aber bleiben als Aufsichts- oder Beirat dem Unternehmen erhalten. Das ist auf der einen Seite gut für beide Seiten: Der Organisation bleibt das Wissen erhalten, Ihnen selbst das Gefühl, gebraucht zu werden. Wichtig ist, dass Sie sich gut dabei fühlen, und noch mehr, dass Sie bereits früh entscheiden, was Sie nach dem »Ausstieg« machen wollen.

Denn spannende Mandate, ob im Dax-Konzern oder in einer NGO, ergeben sich nicht von heute auf morgen. Wenn Sie nicht eine Persönlichkeit sind, die froh ist, irgendwann nicht mehr Verantwortung innerhalb einer Organisation zu tragen, dann fragen Sie sich beizeiten, was danach passieren soll.

Dazu ein vorbildliches Beispiel: Gisbert Rühl, lange Vorstandsvorsitzender der Klöckner AG, machte nach seinem altersbedingten Austritt einen klaren und sehr bewussten Schnitt. Statt sich in die Reihe der Aufsichtsräte einzugliedern, ging er auf die Venture-Seite und hilft nun einigen Unternehmen mit Leidenschaft bei ihrer Finanzierung.

Wie positionieren Sie sich am geschicktesten?

Auch hier spielt es eine große Rolle, welcher Typ Sie sind, wie aktiv Sie sind und wie stark Ihre Identität an den Beruf gekoppelt. Denn auch diese Phase will gestaltet sein.

Je aktiver Sie nach dem Austritt aus dem Operativen bleiben wollen, umso mehr und früher müssen Sie signalisieren, dass Sie offen für Mandate sind. Dann sollten Sie bereits während Ihrer Amtszeit erste Beiratsjobs annehmen. Das gelingt Ihnen umso leichter, je mehr Sie sich als Expert:in in einer bestimmten Branche oder in einem bestimmten Thema oder für eine bestimmte Unternehmensform, zum Beispiel für Familienunternehmen, positioniert und Anerkennung erarbeitet haben. Von bestimmten Berufsgruppen wie beispielsweise Banker gibt es natürlich mehr, vor allem ältere, männliche Kandidaten. Entsprechend groß ist dann die Auswahl der zur Verfügung stehenden Kandidat:innen.

Aber vielleicht machen Sie ja auch etwas ganz anderes auf einem Gebiet, das Ihnen schon immer wichtig war. Sie engagieren sich ehrenamtlich in Ihrem Sportverein oder unterstützen humanitäre Projekte, setzen sich für die Bildungsinitiativen der nächsten Generation ein oder beraten die Bundesregierung in einem Feld, in dem Sie sich über Jahrzehnte Expertise aufgebaut haben. Gehen Sie nicht nur nach Status und Prestige, sondern sehen Sie zu, dass die Aufgaben zu Ihnen und Ihren Vorlieben passen. Sie sollten einen »Sinn« darin sehen und vor allem auch Spaß dabei haben.

Wenn Sie auf all den Trubel und das Geschäftliche so gar keine Lust haben und es sich leisten können, dann kümmern Sie sich eben um Ihren Garten oder verbringen ausreichend Zeit mit Ihren Enkeln, Hauptsache, Sie sind selbstbestimmt. Natürlich sind wir jetzt von sehr privilegierten Menschen mit einst hoch dotierten Jobs und viel Verantwortung ausgegangen. Wir sollten nicht vergessen, dass es auch in Deutschland genügend Rentner:innen gibt, die aus finanziellen Gründen auch in einfachen Jobs weiterarbeiten müssen.

Stolperfallen

Stolperfalle 1: Sie hoffen und warten, dass man Ihnen spannende Aufgaben auf dem Tablett anbietet und Sie bittet, in den einen oder anderen Aufsichtsrat oder Beirat zu kommen.

Stolperfalle 2: Sie können nicht loslassen und denken, die Welt braucht Sie immer noch dringend.

Stolperfalle 3: Sie sind ständig auf Reisen und fliehen aus dem Alltag, weil Sie es kaum ertragen, nicht mehr wichtig zu sein, und Ihren Status vermissen.

Stolperfalle 4: Sie denken gar nicht dran, Ihr Wissen zu teilen und Ihre Erfahrungen an die nächste Generation weiterzugeben.

»DU DARFST DIR EINE GROSSE VORSTELLUNG VON DEINEM LEBEN ERLAUBEN!«

Prof. Manuela Rousseau übernahm im Jahr 1999 als erste Frau bei Beiersdorf einen Aufsichtsratsposten. Seit 2019 war sie stellvertretende Aufsichtsratsvorsitzende, bis sie im Frühjahr 2024 nach 25 Jahren nicht erneut zur Wahl antrat.

Ihnen wird sicher oft und zu Recht gesagt, dass Sie eine beeindruckende Karriere gemacht haben. Wie sehen Sie das rückblickend selbst?

Beeindruckend würde ich nicht zuerst sagen, aber auf jeden Fall ungewöhnlich. In meinem Berufsleben war ich oft die erste oder die einzige Frau, also Vorreiterin auf einer Position. Damit hatte ich keine Probleme. Ich habe mich von Anfang an für mehr Frauen in Gremien und in Führungspositionen eingesetzt. Es wurde einfacher, je mehr Frauen dazukamen, und als sich gemischte Teams bildeten, umso stärker verlor das Alleinstellungsmerkmal »weiblich« an Bedeutung.

Was war der größte Motivator, beruflich erfolgreich zu sein?

Meine Mutter war über meine Geburt zutiefst enttäuscht. Sie hatte sich einen Sohn gewünscht. Mit ihrer Haltung, »als Mädchen nicht willkommen zu sein«, bin ich aufgewachsen. Sie war die prägendste Person in meinem Leben. Ich habe so sehr früh gelernt, falsche Erwartungen, die an mich gestellt wurden, nicht zu erfüllen. Trotzdem war es ein langer Weg, um mich aus ihrer engen Vorstellungswelt zu befreien. Wäre ich nicht so mutig gewesen, mich aus dem Rahmen, den meine Mutter mir setzte, zu befreien, wäre mein beruflicher Erfolg nicht möglich gewesen. Ich habe mir gesagt: »Du darfst dir eine große Vorstellung von deinem Leben erlauben!« und habe nach eigenen Regeln gehandelt.

Haben Sie im Jahr 1994 direkt »Ja« gesagt, als man Ihnen eine Kandidatur für den Aufsichtsrat angeboten hat?

Sagen wir es so: Nach einem kurzen Zögern siegte mein Interesse, mehr über dieses Angebot zu erfahren. Ich blendete meine Vorbehalte und Selbstzweifel aus, tat das einzig Richtige und sagte »Ja«. »Nein« zu sagen, steht bei mir seitdem nicht mehr am Anfang. Ein »Nein« kann ich immer noch am Ende eines Klärungsgespräches äußern.

Gerade Frauen fällt das nicht immer leicht, vor allem, wenn es die Karriereleiter hinaufgeht.

Für sich einzustehen und eigene Rahmenbedingungen auszuhandeln, fordert viele Frauen heraus. Vor allem dann, wenn es darum geht, den nächsten Karriereschritt zu machen. Aus meiner Erfahrung kann ich sagen, dass es vor allem wichtig ist, die eigene Leistung selbstbewusst zu präsentieren. Ich war bei meinen beruflichen Übergängen erfolgreich, wenn ich vorher klar begründete, welche Rahmenbedingungen mir helfen würden, die neue Aufgabe wirksam umzusetzen. Das erfordert etwas Mut. Es erforderte auch, ehrlich einzuschätzen, ob die neue Aufgabe zu mir passte und machbar sein würde. Oft habe ich vor dem endgültigen »Ja« den Rat von vertrauensvollen Sparringspartner:innen eingeholt. Die Entscheidung habe ich am Schluss jedoch immer allein getroffen.

Hätten Sie sich dennoch an mancher Stelle mehr Unterstützung oder mehr Wissen gewünscht, wenn es um den nächsten Schritt oder um eine neue Aufgabe ging?

Für mich liegt es in der eigenen Verantwortung, vor Beginn einer neuen, größeren Aufgabe sich darüber klar zu werden, was noch fehlt, um die Erwartungen an den neuen Job zu erfüllen. Das war mir nicht von Beginn an bewusst. Ich hätte die Wirkung auf andere, die eine eigene Haltung mit sich bringt, gern schon früher für mich verstanden. Klarheit und Ehrlichkeit gehen einher mit den eigenen Werten und der eigenen Persönlichkeit. Das bedeutete, dass ich mich immer wieder aus meiner Komfortzone bewegen musste.

Sie waren in Ihrer Komfortzone auf jeden Fall gefordert, denn »neben« Ihrer Tätigkeit im Aufsichtsrat von Beiersdorf haben Sie weitere Aufgaben übernommen. Wie haben Sie das koordiniert, wie schwierig war es?

Das Gleichgewicht zwischen meinen Rollen in zwei Aufsichtsgremien, bei der Beiersdorf AG und der maxingvest ag, in meiner Position als Leiterin des Corporate-Social-Responsibility-Bereiches und der aktiven Mitwirkung im Sprecherausschuss erforderte Disziplin, Prioritätensetzung und Leidenschaft für das, was ich tat. Ich bekam aber auch deutliche Kritik und Wind vorn vorne zu spüren, wenn wegen meiner Aufsichtsratspositionen andere Aufgaben zu kurz kamen. An der Stelle durfte ich mich dann auf die Unterstützung durch Vorgesetzte und Mitarbeitende verlassen.

Womit wir wieder beim Aufsichtsrat sind. Die erste Wahl 1994 hat nicht geklappt. Wie sind Sie damit umgegangen?

Ich war enttäuscht. Trotz guter Vorbereitung hat es nicht zum Einzug in den Aufsichtsrat gereicht. Auf der anderen Seite hatte ich etwas Wichtiges gelernt, das seitdem mein berufliches Leben prägt und sicher auch meinen Werdegang beeinflusst: Nur weil ich dafür gekämpft hatte, bedeutete es nicht, dass es auf Anhieb klappen musste. Ich hatte gezeigt, dass Frauen als ernst zu nehmende Kandidatinnen in Zukunft antreten können. Ich dachte, wenn nicht ich, dann eine andere Frau, wenn nicht jetzt, dann bei der nächsten Wahl. Bereits vor meiner beruflichen Zeit bei Beiersdorf lernte ich, nach einem Konkurs des eigenen Unternehmens, dass es im Leben nach Niederlagen meistens eine zweite Chance gibt. Dann gilt es, dies zu verinnerlichen, Fehler zu analysieren, die Weichen neu zu stellen, und wieder aufzustehen.

Wie ist Ihnen das gelungen?

Ich nahm in Kauf, vorerst Rückschritte zu akzeptieren und einen neuen Anlauf zu wagen. Was bedeutete, dass ich ein Volontariat in der Öffentlichkeitsarbeit in der Musikindustrie absolvierte. Zwei Jahre später bekam ich meine Chance bei Beiersdorf, wo ich im Einkauf startete. Drei Jahre später wechselte ich in den Kommunikationsbereich, um dann Schritt für Schritt über vier Jahrzehnte für Beiersdorf in ganz unterschiedlichen Positionen zu arbeiten.

Dann abschließend die Frage: Was raten Sie einem Menschen, der wissen möchte, wie er den Übergang in eine neue Führungsposition am besten meistert?

Ich habe immer versucht, dort zu agieren, wo ich im Einklang mit den Werten von Beiersdorf und meiner eigenen Überzeugung etwas bewegen konnte, was nicht immer reibungslos verlief. Ich war mutig und konnte anerkennen, wenn Dinge nicht auf Anhieb klappten oder sogar im Sande verliefen. Ich nahm es nicht persönlich. Manchmal war die Zeit noch nicht reif für Innovationen oder neue Ansätze. Es ist aber immer Zeit, sich eine große Vorstellung vom Leben zu erlauben.

Verpasste Chancen – Was ist, wenn ich die Transition nicht mache?

Jetzt sind wir das ganze Buch über davon ausgegangen, dass Sie den Übergang Transition unbedingt anstreben. Und nun kommen wir mit solch einer Frage?

Nicht immer ziehen wir unsere Vorhaben bis zum Ende durch. Sie bekommen kalte Füße, Sie finden plötzlich doch nicht alles so schlimm bei Ihrem aktuellen Arbeitsgeber, noch dazu stimmt Ihr Gehalt, Sie kennen Ihre »Spieler:innen«, wissen, mit wem Sie es zu tun haben, was zu tun ist und was Sie zu erwarten haben. All das ist bei einer neuen Aufgabe erst mal alles nicht gegeben.

Wir Menschen haben eine natürliche Präferenz, in unserer Komfortzone zu bleiben, viele von uns haben grundsätzlich einen Widerstand gegen Veränderung. Wenn da nicht auch unsere Neugier und unser Explorationsgeist wären … Aber dennoch. Manchmal passt es nicht – vielleicht ist einfach der Zeitpunkt für Sie nicht adäquat. Wir haben einige Klient:innen die sagen, das ist mir jetzt zu viel, mein Partner verändert sich gerade beruflich, meine Kinder brauchen mich, ich muss mich um die Pflege eines Elternteils kümmern.

Ja, dann ist das so. Ruth Cohn hat in ihrer themenzentrierten Interaktion den sinnvollen Leitsatz geprägt: »Störungen haben Vorrang«. Dann ist jetzt einfach etwas anderes auf Ihrer Agenda. Schauen Sie nur sehr genau hin, ob es die »Chance Ihres Lebens« ist – denn von denen gibt es nicht viele. Werden Sie es ewig bereuen, Ihrer Familie Vorwürfe machen und sich selbst, weil Sie zu schwach oder nicht mutig genug waren oder zu wenig organisiert?

Überlegen Sie es sich gut. Sprechen Sie mit vertrauenswürdigen Menschen und Ihren Partner:innen. Denn, wenn Sie es nicht machen, sollten Sie den Traum vom Übergang schnell loslassen können. Wenn das nicht möglich ist, sollten Sie die Transition lieber vollziehen und Ihr Umfeld anders organisieren. Holen Sie sich Unterstützung, nutzen Sie Ihr Spiegelkabinett und/oder einen professionellen Coach. Wichtig ist, dass Sie – egal, wie die Entscheidung ausfällt – gut damit leben können und es nicht später als verpasste Chance ansehen, die Sie ewig bereuen.

Kapitel 8

Von der Sinnhaftigkeit und Ausgewogenheit

Wir wünschen Ihnen ein sinnvolles Leben in Balance und schließen mit ein paar Anregungen, wie das gehen könnte. Alle Impulse nutzen wir selbst auch mit Überzeugung. Bitte nehmen Sie daraus, was für Sie stimmig ist.

In der Energie und Kraft bleiben

Erfolg allein macht nicht glücklich. Es sind das Vertrauen, die Beziehung zu anderen Menschen, der eigene Selbstwert und das Finden des eigenen Sinnes, die das Leben und auch das Arbeiten lebenswert machen. Menschen, die sich viele Jahre nur eindimensional auf ihre Karriere und ihren Beruf konzentrieren, vernachlässigen andere Bereiche, die für die Anreicherung ihrer Persönlichkeit essenziell sind und ihnen in Krisenzeiten Stützen sein können. Wir alle kennen Leute, die beruflich äußerst erfolgreich sind, sich aber an einem gewissen Punkt doch fragen, wofür sie das alles machen, oder in permanenter Angst leben, irgendwann nicht mehr erfolgreich zu sein.

Schauen Sie auf Ihren Energiehaushalt

Energiemanagement bedeutet nicht, sich erst um sich zu kümmern, wenn die Speicher leer sind. Energiemanagement braucht ein Frühwarnsystem, das Sie wie die Tankuhr in Ihrem Auto daran erinnert, dass der Kraftstoff nur noch für ein paar Kilometer reicht. Wir möchten nicht, dass Sie allein am Rand der Autobahn stehen und auf den Service warten müssen, um abgeschleppt zu werden.

Es gibt leider zu viele Menschen, die kaum ein oder gar kein Gefühl mehr für ihren Körper und ihre Gemütslage haben. Sie laufen Gefahr, den Moment zu übersehen, an dem sich eine Batterie gut und schnell wieder aufladen lässt. Wie das geht, wissen nur Sie selbst. Für die eine Person mag es eine Wanderung oder ein Spaziergang in der Natur sein, für die andere ein ausgedehnter Besuch einer Kunstausstellung. Wieder andere treffen ihre Lieblingsmenschen oder meditieren in der Stille. Viele nutzen sportliche Aktivitäten, um einen Ausgleich zu finden.

Wobei es gerade beim Sport auch darum geht, nicht in Extreme abzuschweifen und perfektionistische Ziele zu verfolgen. Nicht wenige beruflich erfolgreiche Menschen kommen aus dem Leistungssport und bleiben in anderem Kontext Extremsportler:innen.

Energiemanagement bedeutet auch, einen bewussten Zugang zu Ihren Emotionen zu haben und diese selbst regulieren zu können. Den Zugang zu Ihren Emotionen finden Sie üblicherweise am leichtesten in der Stille.

Unterschiedliche Mediationsarten und das »In-die-Stille-Gehen« hat in den letzten Jahren einen Boom erlebt. Immer mehr Menschen lernen unterschiedliche Meditationsarten, denn die positiven Auswirkungen auf den Körper, Geist und die Psyche sind mehrfach erwiesen.[102]

Wir selbst praktizieren zum Teil seit vielen Jahren ZEN-Meditation. Achtsamkeitsbasierte Meditation kann zur Ausbildung neuer Fähigkeiten genutzt werden, insbesondere wenn sie regelmäßig durchgeführt wird. Einige Beispiele für messbare Veränderungen sind verbesserte emotionale Regulation, erhöhte Empathie, konzentrierte Aufmerksamkeit, Reduktion der Selbstbezogenheit. Zudem gibt es auch Anhaltspunkte für Veränderungen von Mikroentzündungen und der Verlangsamung von Alterungsprozessen. Dauerhafte Veränderungen werden allerdings nur durch kontinuierliche Praxis erreicht.

Eng verbunden mit der Meditationspraxis ist die Spiritualität, die auch seit einigen Jahren immer mehr Einzug in das Businessleben findet. Die Verbindung mit etwas »Höherem« und die Ausrichtung der eigenen Ambition auf einen übergeordneten Sinn lässt auch schwierige Zeiten im Job besser ertragen. Aber dazu mehr weiter unten, wenn es abschließend um den Sinn Ihres Lebens und Arbeitens geht.

Psychosoziale Gesundheit und Führungskultur

Es gibt viele Studien die aufzeigen, dass psychische Störungen unter Arbeitnehmenden ansteigen.[103] Dieser Trend unterstreicht den zunehmenden Bedarf an einem Bewusstsein für psychische Gesundheit in der Unternehmensführung und wirft ein Schlaglicht auf die dringende Notwendigkeit für Führungskräfte in Unternehmen, sich auch mit diesbezüglichen Fragen auseinanderzusetzen.

Da das Bewusstsein für die Bedeutung der psychischen Gesundheit am Arbeitsplatz wächst, wird dieser Bereich auch in Zukunft eine wichtige Rolle spielen. Für Führungskräfte, die ein förderliches und gesundes Arbeitsumfeld schaffen wollen, ist es wichtig, mit diesen Entwicklungen Schritt zu halten. Das bedeutet, in Ressourcen für psychische Gesundheit zu investieren, zum Beispiel in Beratungsdienste oder Achtsamkeitstrainings. Das zeigt, dass man sich für das Wohlbefinden der Mitarbeitenden einsetzt.

Zugleich ist es wichtig, dass Sie mit gutem Beispiel vorangehen. Führungskräfte sollten ein gesundes Verhalten und eine gesunde Einstellung zur psychischen Gesundheit vorleben, Stigmatisierungen abbauen und andere dazu ermutigen, ihr Wohlbefinden in den Vordergrund zu stellen.

Hat das alles noch einen Sinn? – Sinnkrisen und Sinnfindung

Die Sinnfrage hat im beruflichen Alltag an Bedeutung gewonnen. Dennoch befinden sich gerade momentan nicht wenige Menschen in einer Sinnkrise. Wir beide sind Schülerinnen des bereits erwähnten Viktor Frankl. Mit seiner Logotherapie und Existenzanalyse versuchte er Antworten auf die Sinnfragen des Lebens zu finden. Er hat es unserer Meinung nach auch hervorragend geschafft, eine Perspektive auf Sinnkrisen zu geben, die heute noch von größerer Relevanz ist, als sie es noch zu seiner Zeit war. Frankl prägte die Begriffe der »noogenen Krise« und des »existenziellen Vakuums«[104], um solche Zustände zu beschreiben, in denen Menschen einen Mangel an Sinnhaftigkeit in ihrem Leben empfinden. Wir wünschen Ihnen von Herzen ein Leben mit Sinn. Und sollten Sie hin und wieder mit der Sinnhaftigkeit hadern, dann ist dieser Abschnitt Ihnen gewidmet.

Wir schließen dieses Buch, wie wir es angefangen haben: mit der Frage nach dem Wofür und Ihrem Weg dorthin. Sinn ist einmalig, einzigartig, persönlich. Es geht darum, das Sinnvollste im Augenblick zu tun. Sinnvoll ist es immer dann, wenn ich das Beste für mich und mein Umfeld tue. Sinn über- und unterfordert nicht, sagt Frankl.

Eine Sinnkrise oder »noogene Krise« entsteht, wenn die gewohnten Antworten auf die Fragen des Lebens ihre Gültigkeit verlieren und der Mensch sich in einem Zustand der Orientierungslosigkeit wiederfindet. Lebensphasen, in denen wir die Bedeutung unseres Daseins hinterfragen, sind völlig normal. Sie sind tief in der menschlichen Erfahrung verwurzelt und stellen an sich keine Pathologie dar. Diese Phasen sind ein Appell zur Sinnsuche. Bei ihrem Sinn geht es um das größere Ganze, dazu einen Beitrag zu leisten, der über uns und unseren persönlichen Nutzen hinausgeht. Wer nur auf sich, auf seinen eigenen Erfolg schaut und dadurch das Glück zu finden hofft, der ist auf dem falschen Weg, so Frankl. Wirkliches Lebensglück entsteht da, wo ich einer Sache diene, die über mich hinausgeht und mich erkennen lässt, dass ich Teil eines größeren Ganzen bin.

Was sich für manche etwas esoterisch anhören mag, ist eine zutiefst lebensbejahende Haltung. Jeder Mensch hat eine wesentliche Lebensrolle, die er vielleicht (noch) gar nicht erkennen kann. Das Leben ist per se sinnvoll, bis zum letzten Atemzug, so die Kernthese der Logotherapie. Sie sieht gerade in Krisenzeiten eine einzigartige Chance zur Selbstreflexion und Neuausrichtung. Frankl betonte, dass der Mensch nicht nur ein Produkt seiner Umstände ist, sondern immer auch die Freiheit hat, zu diesen Umständen Stellung zu nehmen. Er sah in der Sinnfindung nicht nur eine Möglichkeit, sondern eine

Notwendigkeit für das menschliche Dasein. Die Frage ist also nicht, was wir vom Leben erwarten, sondern, was das Leben von uns erwartet. Dazu passt auch das bekannte Zitat von Friedrich Nietzsche, der einst sagte: »Wer ein Warum zum Leben hat, kann fast jedes Wie ertragen.«

Wie finden Sie nun Ihren Sinn?

Suchen Sie den Sinn in jeder Lebenslage. Die WIDEG-Frage kann Ihnen dabei helfen. WIDEG: **W**ofür **i**st **d**ies **e**ine **G**elegenheit? In der Frankl'schen Logotherapie ist Sinn in jeder Situation auffindbar, denn jede Situation stellt eine Forderung oder Frage an uns. Frankl beschreibt Sinn als den eigentlichen und tiefsten Beweggrund des Menschen zu handeln.

Der Sinnbegriff der Logotherapie ist die Eigenmacht. Sie ist nicht nur zentral als Begriff, sie bietet uns Menschen die Möglichkeit, jede Situation für mich zu bewerten und danach zu handeln (Einstellung auf die Situation). Dabei ist das Gewissen das Sinnorgan des Menschen, das uns bei der Entscheidungsfindung hilft. Diese manchmal sehr leise Stimme hat ein untrügliches Gespür für das Richtige im Moment und im Leben. Ob wir auf sie hören, liegt ganz an uns. Sinn kann nicht angesagt, verordnet, zugeschrieben oder gegeben werden, sondern nur erlebt werden.

Um Sinn zu finden, rät Frankl zu drei Wegen, den sogenannten »Hauptstraßen zum Sinn«: Erlebniswerte, Schaffenswerte und Einstellungswerte.[105] Erlebniswerte kennen wir alle, auch wenn wir sie oft nicht wahrnehmen oder vergessen: die Freude an der Natur, eine Reise, Geborgenheit, Verbundenheit und Liebe. Erfahrungen, die wir mit Freude und Begeisterung verbinden. Dies kann Ihnen gute Anhaltspunkte geben, um den Sinn in Ihrem Alltag zu erhöhen.

Schöpferische- oder Schaffenswerte bergen die Chance, Talente und Begabungen zu leben. Frankl sagt, jeder hat wenigstens ein Talent. Der Mensch kann die Welt ein bisschen besser gestalten. Jedes scheinbar noch so kleine (sinnvolle) Wirken zählt und wirkt. Diese Tätigkeit mit Begeisterung zu tun, zählt dazu. Dabei kommt es nicht so sehr auf das Was an, sondern vielmehr auf das Wie. Alles, was ich mit all meinen Sinnen erleben kann. Hier gibt es auch den Genuss des Augenblicks, Beziehungen und Momente. Man wirkt in die Welt hinein und bereichert sie und sie bereichert uns.

Ein weiterer wichtiger Aspekt in Frankls Lehre ist die Idee der Trotzmacht des Geistes – die Fähigkeit des Menschen, unter allen Umständen eine Haltung zu wählen. Selbst in den dunkelsten Momenten unseres Lebens haben wir die Freiheit zu entscheiden, wie wir auf unsere Situation reagieren. Diese Fähigkeit, unsere Einstellung zu wählen, ist eine mächtige Quelle der Sinnfindung und des persönlichen Wachstums.

Fragen als Spuren zum Sinn

Folgender Auszug an Fragen oder »Sinnspuren« für Sie zum Abschluss. Fragen, die Sie sich stellen können, wenn Sie zu Ihrem Sinn und den Weg aus Sinnkrisen herausfinden wollen:

- Was haben Sie früher gerne gemacht?
- Welche Talente haben Sie?
- Was können Sie gut?
- Wo oder wie werden Sie heute gebraucht?
- Was war die beste Zeit in Ihrem Leben?
- Was daran hat es so besonders gemacht und wie könnten Sie diese wieder entstehen lassen?
- Wer sind Vorbilder für ein sinnerfülltes Leben?

Frankl selbst hat diese Prinzipien unter den extremsten Bedingungen gelebt und getestet. Seine Erfahrungen in fünf Konzentrationslagern während des Zweiten Weltkriegs dienten als Prüfstein für seine Überzeugungen. Trotz des unermesslichen Leids und der Entmenschlichung fand er einen Weg, Sinn in seinem Leiden zu sehen und andere dazu zu ermutigen, es ihm gleichzutun. Seine Erkenntnisse sind ein Zeugnis der menschlichen Resilienz und des unerschütterlichen

Glaubens an die Möglichkeit, selbst in der tiefsten Dunkelheit Sinn zu finden.

Mit diesem Buch wollen wir erreichen, dass Sie zumindest wegen Ihrer Karriere nicht in tiefe Sinnkrisen fallen. Unser Ziel war es, Ihnen einige unserer Lessons Learned und Methoden an die Hand zu geben, damit Sie den kleineren und größeren Herausforderungen gewachsen sind, die Karrieren zwangsläufig mit sich bringen.

Ein herzliches Dankeschön

Die Idee zu diesem Konzept, »Career Transition«, und unserem gemeinsamen Buch entstand an einem wunderbaren Abend in Wien. Wir unterhielten uns wieder einmal darüber, was die wesentlichen Themen unserer Klient:innen sind und uns in unserer täglichen Arbeit intensiv beschäftigt, bewegt und welche Missstände uns keine Ruhe lassen.

Ein neues, gemeinsames Projekt war geboren. In den nächsten Monaten setzten wir uns intensiv mit den Themen auseinander, von denen wir der Meinung sind, dass sie Erfolgsgaranten oder eben Stolperfallen darstellen. Wir bereiten in unseren Career-Transition-Seminaren Kleingruppen an Strategieentscheider:innen auf ihren Karriereübergang vor. Doch wurden wir gebeten, unsere Einblicke mehr Menschen zur Verfügung zu stellen. Es ist uns eine Ehre, das mit diesem Buch zu tun.

Uns treibt von jeher an, Menschen beim Wachsen zu unterstützen, sodass sie ihr Potenzial ausschöpfen können. Und so wollen wir auch, dass Sie Ihren Beruf leichter und freudvoller ausüben und an der richtigen Stelle sind. Dort, wo Sie Ihre Talente, Kompetenzen, Erfahrungen und Ihre Persönlichkeit optimal einsetzen können. In einer beruflichen Heimat sind, an der Sie wirken können, positiven Einfluss und Macht haben und in Ihrer Kraft sind.

Wir beide kommen aus unterschiedlichen beruflichen Sozialisationen, jede von uns hat andere berufliche Erfahrungen gemacht, aber wir haben große inhaltliche Schnittmengen und gemeinsame Werte. Das ist wesentlich für ein solches Vorhaben. Uns hat der gemeinsame Schaffensprozess an diesem Buch noch enger verbunden als zuvor. Wir können uns aufeinander verlassen – und Sie sich auf uns.

Ein Buch, in dem man versucht, all das Wichtige aus seiner Arbeit zusammenzubringen, auf den Punkt zu bringen und verständlich für die Leute zu schreiben, ist dennoch immer ein Kraftakt. Aber am Ende für uns eben auch ein notwendiges und sinnvolles Projekt.

Unser erster Dank gilt Ihnen. Wir danken Ihnen von Herzen dafür, dass Sie uns eingeladen haben, Sie ein Stück Ihres Weges zu begleiten, und wünschen Ihnen vor allem ein sinnerfülltes Leben.

Unser Buch wäre ohne all die vielen Menschen, die sich uns seit Jahren anvertrauen und intensiv mit uns arbeiten, nie entstanden. Den vielen Menschen aus unserer täglichen Praxis, die gemeinsam mit uns Ihre Karriereübergänge gestalten, danken wir sehr für all Ihre Offenheit und Ihr Vertrauen in uns.

Zudem wollen wir all unseren Impulsgebenden, Aus- und Fortbildenden, Mentor:innen und Sparringspartner:innen danken, die wir über die Jahre kennengelernt haben und die uns immer wieder wertvolle Inspirationen liefern und von denen wir stetig lernen.

Wir danken auch unserem großen Vorbild in memoriam Viktor E. Frankl, der uns seit der intensiven Beschäftigung in unseren Therapie- und Beratungsausbildungen tagtäglich begleitet und unsere Haltung maßgeblich mitbestimmt.

Wir danken unserer Community für den steten Zuspruch und danken auch den zahlreichen wertvollen Impulsgebenden wie Dorothea Assig, Désirée Ball, Stefan Barth, Dorothee Echter, Sabine Eckhardt, Roman Gaida, Lieven Hentschel, dem *human Magazin* mit Dr. Rebekka Reinhardt und Thomas Vâsek, Janina Kugel, Stefanie Mattes, Prof. Dr. Manuela Rousseau, Mâsa Schmidt.

Und wie immer bei Buchprojekten würde das Buch nie gedruckt werden, wenn wir nicht so fleißige, interessierte und intelligente Unterstützer:innen an unserer Seite gehabt hätten – unser ganz großer Dank geht an Elke Pichler und Daniela Luschin für ihre unermüdliche, minutiöse Korrekturarbeit an unseren nicht immer ganz stringenten Texten und an Danja Hetjens vom Campus Verlag für ihr immer geduldiges und hoch professionelles Lektorat.

Für uns war es auch eine sehr intensive, gemeinsame Arbeit an so vielen Themen, die für uns wichtig sind und uns weiter beschäftigen werden. Wir freuen uns über jegliche Form von Feedback und Anregung von Ihnen.

Auf viele gelungene Karriereübergänge für Sie!

Herzliche Grüße aus Wien und München!
Ihre Sabine Gromer und Stephanie Schorp

Leseempfehlungen

Altered Traits: Science Reveals How Meditation Changes Your Mind, Brain, and Body, Daniel Goleman, Richard J. Davidson, 2018, Penguin Publishing Goup

Wer ein Warum zu leben hat, Lebenssinn und Resilienz, Viktor E. Frankl, 5. Auflage 2022, Beltz Verlag

Der beste Rat für ein gutes Leben. Finden Sie Ihren Erfolg, Glück und einen tiefen Sinn in Ihrer zweiten Lebenshälfte, Arthur C. Brooks, 2022, Finanzbuch Verlag

The Choice, Embrace the Possible, Dr. Edith Eva Eger, 2017, Scribner

After the Handshake – The right way to bring a new CEO on board, Dan Ciampa, Dezember 2016, Harvard Business Review

»Eines Tages werden sie sehen, wie gut ich bin!« Wie Karrieremythen Ihren Erfolg blockieren und Sie dennoch weiterkommen, Dorothea Assig, Dorothee Echter, 2022, Ariston Verlag

Ikigai: Die japanische Lebenskunst (Japanische Lebensweisheiten, Band 1, Ken Mogi, 3. Auflage, 2019, DuMont Buchverlag GmbH & Co. KG)

Vom Typ zum Original. Die neun Gesichter der Seele und das eigene Gesicht. Ein Praxisbuch zum Enneagramm, Uwe Böschemeyer, 1994, Edition Lebenszeichen

Die entscheidenden 90 Tage. So meistern Sie jede Managementaufgabe, Michael Watkins, 2. erweiterte Auflage, 2014, Campus Verlag

Woran wir wachsen. Welche Lebensereignisse unsere Persönlichkeit prägen und was einen wirklich weiterbringt, Eva Asselmann, 2022, Ariston Verlag

Selbstbild. Wie unser Denken Erfolge oder Niederlagen bewirkt, Carol Dweck, 5. Auflage, 2021, Piper Verlag

Atlas of the Heart, Mapping meaningful connection and the language of human experience, Brené Brown, 2021, Penguin Random House, UK

Wie wir aufblühen – Die fünf Säulen des persönlichen Wohlbefindens, Martin Seligmann, 10. Auflage, 2015, Wilhelm Goldmann Verlag

Wer führt hier eigentlich wen? Wie? Und wohin? Thesen und Merksätze für gute Leader:innen, in: Hohe Luft Kompakt, S. 26–31, Sonderheft 1/2022

Habitus. Sind Sie bereit für den Sprung nach ganz oben? Doris Märtin, 2019, Campus Verlag

Was das Leben wertvoll macht, Impulse einer spirituellen Psychologie. Elisabeth Lukas, 2020, Butzon & Bercker

Die 1 %-Methode – minimale Veränderung, maximale Wirkung, James Claer, 10. Auflage, 2020, Goldmann

Your next move, Michael D. Watkins, 2009, Harvard Business Press

Presseartikel (Stephanie Schorp)

Frauen in Führungsposition: Die besseren Chefs? Was Frauen wirklich besser können – WELT

https://www.zeit.de/arbeit/2023-10/fuehrungsposition-chancen-chef-wettbewerb-jobwechsel

https://www.campus.de/news/karrieren-sind-so-individuell-wie-wir-menschen-stephanie-schorp-1342.html

https://journal.getabstract.com/de/2023/09/12/lost-in-transformation/

https://blog.wiwo.de/management/2022/03/27/buchauszug-stephanie-schorp-persoenlichkeit-macht-karriere-so-stellen-sie-die-weichen-fuer-ihren-eigenen-beruflichen-weg/

https://www.spiegel.de/karriere/karriereplanung-so-gelingt-erfolg-und-zufriedenheit-im-job-a-53de51d5-64e9-44cd-83da-32b80172068c

Vom Start-up zum Konzern und zurück. Warum Aufsteiger für eine authentische Karriere mit Konventionen brechen dürfen, Startup Valley, 04/2022

Mehr Mut zu außergewöhnlichen Besetzungen, in: Personalführung 7–8/2022

Persönlichkeit gesucht – Wie Sie geeignete Führungskräfte finden, in: Wirtschaftspsychologie, 15. Juni 2022

Zusatzmaterial

Wir stellen Ihnen alle Materialien zu diesem Buch auf einer eigenen Webseite zur Verfügung. Sie finden dort Arbeitsblätter zu allen Übungen und Methoden sowie zusätzliche nützliche Unterlagen und Quellen wie zum Beispiel eine Übersicht der Gefühle.

http://ready-for-success.info/

Anmerkungen

1 GPT4: Prompt: Was ist Karriere, 29.03.2024.

2 Watkins, Michael: Die entscheidenden 90 Tage. Campus Verlag. 2014.

3 Berentzen, Maria: Warum Karrieremythen dem Vorankommen im Job schaden – und was stattdessen hilft. GQ Magazin 13.03.2023. Abgerufen am 20.05.2024 von https://www.gq-magazin.de/lifestyle/artikel/warum-karrieremythen-dem-vorankommen-im-job-schaden-und-was-stattdessen-hilft

4 Ernst & Young: Jobstudie 2023: Wechselbereitschaft auf Rekordniveau: Jeder Vierte sucht nach einem neuen Arbeitgeber.

5 WiWo.de: Arbeitsmarkt im Wandel: Neue Studie enthüllt Wunsch nach Jobwechsel. Abgerufen am 28.03.2024 von https://www.wiwo.de/erfolg/beruf/arbeitsmarkt-im-wandel-neue-studie-enthuellt-starken-wunsch-nach-jobwechsel/29338814.html

6 Manager Magazin: Noe, Martin: Die Überflüssigen. März 2024, S. 31–36.

7 Mercer: Die Mercer Employee Experience & Talent Trends Analyse 2023 gibt Einblicke. (Presseportal) Abgerufen am 28.03.2024 von https://www.presseportal.de/pm/53129/5612287

8 AllBright Stiftung (2023): Frauen Finden – Unternehmen setzen auf Headhunter, um mehr Vielfalt in die Vorstände zu bringen.

9 Heidrick and Struggles in https://www.primegenesis.com/our-blog/2009/04/40-percent-of-execs-pushed-out-fail-or-quit-within-18-months/ v. 26.03.2024.

10 Rogl, Magdalena: MitGefühl – Warum Emotionen im Job unverzichtbar sind. EMF Verlag. 2022.

11 Frankl, Viktor. Abgerufen am 26.03.2024 von https://gutezitate.com/zitat/146403

12 Frankl, Viktor: Trotzdem Ja zum Leben sagen: Ein Psychologe erlebt das Konzentrationslager. Penguin Verlag. 2018.

13 https://www.glassdoor.de/index.htm

14 Taleb, Nassim Nicholas: Antifragile: Things that Gain from Disorder. Penguin Books Ltd. 2013.

15 Williams, Paige: Becoming Antifragile: Learning to Thrive Through Disruption, Challenge and Change. Grammer Factory Publishing. 2022.

16 Gromer, Sabine: Antifragility: Steps to Unleash Leadership Potential In The AI Age. 2023. Abgerufen am 28.03.2024 von Forbes.com https://www.forbes.com/sites/forbescoachescouncil/2023/07/14/antifragility-steps-to-unleash-leadership-potential-in-the-ai-age/?sh=4f10e20b2f39

17 Williams, Paige: Becoming Antifragile: Learning to Thrive Through Disruption, Challenge and Change. Grammer Factory Publishing. 2022.

18 Williams, Paige: Becoming Antifragile: Learning to Thrive Through Disruption, Challenge and Change. Grammer Factory Publishing. 2022.

19 Bridge, William: Managing Transitions: Making The Most Of Change. Da Capo Lifelong Books. 1991.

20 Molinari, Paola: Lebe statt zu funktionieren (Bd. 4. Auflage). München: Gräfe und Unzer Verlag GmbH. 2011. S. 111–113.

21 Heidrick and Struggles in https://www.primegenesis.com/our-blog/2009/04/40-percent-of-execs-pushed-out-fail-or-quit-within-18-months/ v. 26.03.2024

22 Handelszeitung Schweiz (6. August 2015): Strategy& Studie. Ungeplante CEO-Abgänge sind kostspielig. Abgerufen am 18.03.2024 von https://www.handelszeitung.ch/management/ungeplante-ceo-abgaenge-sind-kostspielig-828235

23 https://authentictalent.be/tools/the-choice-map-by-dr-marilee-adams/

24 Dalai Lama: https://www.zitate7.de/13472/Falls-du-glaubst-dass-du-zu.html

25 Schorp, Stephanie: Persönlichkeit macht Karriere: So stellen Sie die Weichen für Ihren beruflichen Erfolg. Frankfurt am Main. Campus Verlag. 2022.

26 Rath, Tom: Entwickle Deine Stärken mit dem Strengths Finder 2.0. Redline Verlag. 2014.

27 Goethe, Johann Wolfgang von. Abgerufen am 18.05.2024 von https://gutezitate.com/zitat/248277

28 CliftonStrengths Online-Talentbewertung | DE – Gallup v. 18.05.2024 https://www.gallup.com/cliftonstrengths/de/home.aspx

29 Stinebridge, K.R. Illusion: The Dunning-Kruger Effect and You. Independently published. 2022.

30 Gaiman, Neil (12. Mai 2017): Blog. https://neil-gaiman.tumblr.com/post/160603396711/hi-i-read-that-youve-dealt-with-with-impostor. Abgerufen am 18.05.2024.

31 Sakulku, Jaruwan & Alexander, James: The Impostor Phenomenon. International Journal of Behavioral Science. 2011. Vol. 6. No. 1. S. 73–92.

32 Kets de Vries, Manfred: The dangers of feeling like a fake. Harvard Business Review. 2005.

33 McKinsey & Company: (2021). Defining the skills citizens will need in the future world of work. Abgerufen am 18.05.2024 auf https://www.mckinsey.com/industries/public-sector/our-insights/defining-the-skills-citizens-will-need-in-the-future-world-of-work

34 O'Connor, Joseph & Lages, Andrea: Coaching with NLP. Element. 2004. S. 35–39.
35 https://www.positiveintelligence.com/saboteurs/
36 Chamine, Shirzad: Positive Intelligence. Greenleaf Book Group Press. 2012.
37 Duhigg, Charles: What Google Learned From Its Quest to Build the Perfect Team, in: The New York Times Magazine. Juni 2016.
38 Burke, W. Warner & Noumair, Debra: Organization Development. New Jersey: Pearson Education. 2015. S. 15.
39 Wiseman, Liz: Multipliers. New York: HarperCollins. 2017.
40 Pasmore, Bill: Leading Continuous Change. Oakland: Berrett-Koehler Publishers. 2015. S. 84–85.
41 www.canva.com
42 Podcast Harvard Business manager: Wegen guter Führung, Antonia Götsch. Bewerbungsgespräch: Wie Sie mit Ihrer Persönlichkeit überzeugen. Abgerufen Januar 2024 auf https://www.manager-magazin.de/hbm/fuehrung/bewerbungsgespraech-wie-sie-mit-ihrer-persoenlichkeit-ueber zeugen-a-b54bf7eb-0f15-4897-a0b9-fc95aa3e03df
43 David Foster Wallace: This is Water. Hachette Book Group. 2009.
44 Strive Magazin: Ausgabe 01/2024. S. 59 ff.
45 Assig, Dorothea & Echter, Dorothee: Eines Tages werden sie sehen, wie gut ich bin! Ariston Verlag. 2022.
46 GQ.de: Erling Haaland beschenkt die BVB-Kollegen zum Abschied mit Rolex-Uhren. GQ. 24.05.2022. Abgerufen am 19.05.2024 auf https://www.gq-magazin.de/entertainment/artikel/erling-haaland-beschenkt-die-bvb-kollegen-zum-abschied-mit-rolex-uhren
47 Angelou Maya. Zitat: »Die Menschen vergessen, was du sagst und was du tust. Aber wie sie sich in deiner Gegenwart gefühlt haben, vergessen sie nie.« https://gutezitate.com/zitat/231987
48 https://www.glassdoor.de/index.htm
49 Gottfried Keller. Zitat: https://www.deutsche-biographie.de/sfz40430.html. Abgerufen am 19.05.2024
50 Heidbrink, Marcus, Berg, Victoria & Feltes, Florian: Narzissmus in deutschen Führungsetagen – Die Jungbullen kommen. Harvard Business manager. 5/2021.
51 Groll, Tina: Auffällig viele Psychopathen werden Chef. Zeit Online. (26.05.2014). Abgerufen am 19.05.2024 auf https://www.zeit.de/karriere/beruf/2014-05/psychopathen-interview-psychologe-jens-hoffmann#
52 Molinari, Paola: Lebe statt zu funktionieren (Bd. 4. Auflage). München: Gräfe und Unzer Verlag GmbH. 2011. S. 116–122.
53 Molinari, Paola: Lebe statt zu funktionieren (Bd. 4. Auflage). München: Gräfe und Unzer Verlag GmbH. 2011. S. 163–165.

54 Wir haben, da es sich um Fachbezeichnungen handelt, die verschiedenen Muster in der Originalsprache belassen und nicht gegendert. Die Verteilung und Ausprägung der Muster ist völlig geschlechtsunabhängig.
55 O'Connor, Joseph & Lages, Andrea. Coaching with NLP. Element. 2004. S. 35–39.
56 Cytrynbaum, Solimon & Noumair, Debra: Group Dynamics, Organizational Irrationality, and Social Complexity: Group Relations Reader 3. A. K. Rice Institute for the Study of Social Systems. 2004.
57 Green, Zachary Gabriel & Molenkamp René J.: The BART System of Group and Organizational Analysis. 2005.
58 Cytrynbaum, Solimon & Noumair, Debra: Group Dynamics, Organizational Irrationality, and Social Complexity: Group Relations Reader 3. A. K. Rice Institute for the Study of Social Systems. 2004. S. 154–155.
59 Gemmill, Gary: The dynamics of scapegoating in small groups. Syracuse University. Small group Behaviour. Vol. 20. No. 4. November 1989 S. 406–418.
60 Stokes, Jon: The unconscious at work in groups and teams. 1999
61 Green, Zachary Gabriel & Molenkamp René J.: The BART System of Group and Organizational Analysis. 2005. S. 7.
62 https://jaygalbraith.com/wp-content/uploads/2024/03/StarModel.pdf
63 Buchard, Brendon: High Performance Habits – How Extaordingary People Become That Way. Hay House. 2017.
64 Porter, Michael & Nohria, Nitin: How CEOs manage time. Harvard Business Review Juli–August 2018.
65 Watzlawick, Paul: Die Axiome. Abgerufen am 19.05.2024 auf https://www.paulwatzlawick.de/axiome.html
66 Angelou Maya: https://gutezitate.com/zitat/231987
67 INSEAD Knowledge. 2009. knowledge.insead.edu. Abgerufen am 24.03.2024 von https://knowledge.insead.edu/leadership-organisations/quest-authenticity
68 www.matschnig.com
69 www.nikolavodicka.com
70 BBC. 2018: The reasons why women's voices are deeper today. Abgerufen am 28.03.2024 von www.bbc.com: https://www.bbc.com/worklife/article/20180612-the-reasons-why-womens-voices-are-deeper-today
71 https://vark-learn.com/home-german/
72 Watkins, Michael: The first 90 days. Harvard Business Review Press. 2013. S. 93–95.
73 Scott, Susan: Fierce Conversations: Achieving Success at Work and in Life, One Conversation at a Time. Penguin Publishing. 2004.
74 Gromer, Sabine: 10 Steps For Nailing Tricky Conversations. 17.03.2023. Forbes.com. abgerufen am 24.03.2004. https://www.forbes.com/sites/forbescoachescouncil/2023/03/17/10-steps-for-nailing-tricky-conversations/

75 Frontiers: A Model for Basic Emotions Using Observations of Behaviour in Drosophila. frontiers. 24.04.2019. https://www.frontiersin.org/journals/psychology/articles/10.3389/fpsyg.2019.00781/full abgerufen am 19.05.2024.
76 Eine Übersicht zu Gefühlszuständen finden Sie auf der Landingpage zu diesem Buch: http://ready-for-success.info/
77 Halpern, Belle Linda & Lubar, Kathy: Leadership Presence. Penguin Random House LLC. 2004.
78 Rowling J.K. in Biography Online. Abgerufen am 19.05.2024 von https://www.biographyonline.net/writers/j_k_rowling.html
79 Brian G. Peters: 6 Rules of Great Storytelling (As Told by Pixar). 21.03.2018. Abgerufen am 19.05.2024 von https://medium.com/@Brian_G_Peters/6-rules-of-great-storytelling-as-told-by-pixar-fcc6ae225f50#:~:text=Great%20stories%20have%20a%20character%20to%20root%20for%20(an%20underdog)&text=Pixar%20explains%20that%20we%20as,it%20is%20their%20actual%20destination
80 National Center for Biotechnology Information. The use of social media at workplace and its influence on the productivity of the employees. NCBI. 2022. https://www.ncbi.nlm.nih.gov/pmc/articles/PMC9516508/: NCBI.
81 Gallo, Carmine: Talk like TED. St. Martin's Press. 2014.
82 www.ted.com
83 North, Majorie: 10 Tips for Improving Your Public Speaking Skills. Harvard Executive Development. 17.03.2020. Abgerufen am 19.05.2024 von https://professional.dce.harvard.edu/blog/10-tips-for-improving-your-public-speaking-skills/
84 https://konsument.at/trinkwasser022017#
85 https://www.oekotest.de/essen-trinken/Was-kostet-wie-viel-Leitungswasser-Wassersprudler-und-Flaschenwasser-im-1-Jahres-Vergleich_13825_1.html#:~:text=Der%20Liter%20kostet%20hier%20(je,5%2DLiter%2DFlasche).
86 https://www.communicationmeans.com
87 Kotter, John: Leading Change. Boston: Harvard Business Review Press. 2012.
88 McKinsey & Comany. McKinsey Transformation: Tell a compelling change story to inspire your organization. 25.01.2019. Abgerufen am 20.05.2024 von https://www.youtube.com/watch?v=4FlP1-5WMyo
89 finanzen.ch: Aus diesen Gründen wollen immer weniger Mitarbeiter Führungskräfte werden. 23.11.2023. Abgerufen am 19.05.2024. https://www.finanzen.ch/nachrichten/konjunktur/aus-diesen-gruenden-wollen-immer-weniger-mitarbeiter-fuehrungskrafte-werden-1030823022
90 Spencer, Stuart: Going Deeper: Why the Future of Leadership is Beneath the Surface. März 2022. Abgerufen am 19,05.2024 von https://www.spencerstuart.com/research-and-insight/going-deeper-why-the-future-of-leadership-is-beneath-the-surface
91 Harvard Business manager (2/2023): Können Sie CEO?

92 WirtschaftsWoche: Adidas-Vorstand Bjørn Gulden: Die Marke ist jetzt Chefsache. 08.03.2023. wiwo.de. Abgerufen am 19.05.2024. https://www.wiwo.de/unternehmen/handel/bjoern-gulden-mit-zwei-vorstandsaufgaben-ich-bin-fuer-all-das-verantwortlich-was-der-konsument-von-adidas-sieht/29024776.html#
93 Gallup & Robinson, Jennifer: Improve Your Leadership With These 4 Skills. 2024. CliftonStrengths.
94 Deloitte (2023): Deloitte Global 2023 Gen Z and Millennial Survey. Deloitte.
95 PwC (2018): GenZ is Talking. Are you Listening?
96 Bilen, Stefanie: Die Karriere-Expertin. Harvard Business manager (9/2011).
97 Assig, Dorothea & Echter, Dorothee: Eines Tages werden Sie sehen, wie gut ich bin! Ariston Verlag. 2022.
98 https://blog.hubspot.com/marketing/networking-quotes
99 Bertelsmann Stiftung. Führungskräfte-Radar: Führungsmüde? 01.2020. Abgerufen am 19.05.2024. https://www.bertelsmann-stiftung.de/fileadmin/files/CCC/24_02_2020_BSt_ID876_Fuehrungskraefte-Radar_layout_V4.pdf
100 Echter Dorothee: Führung braucht Rituale: So sichern Sie nachhaltig den Erfolg Ihres Unternehmens. Vahlen. 2011.
101 KfW (2022): Drei Viertel der KMU sehen Mangel an Nachfolgerinnen und Nachfolgern als Problem – Gefahr unfreiwilliger Stilllegungen. KfW Research. Abgerufen am 19.05.2024 von https://www.bfw-newsroom.de/wp-content/uploads/2022/06/Fokus-Nr.-386-Juni-2022-Nachfolge.pdf
102 Goleman, Daniel & Davidson, Richard J.: Altered Traits: Science Reveals How Meditation Changes your Mind, Brain, and Body. Penguin Publishing Group. 2018.
103 Eine Auswahl an Studien: https://hbr.org/2021/10/its-a-new-era-for-mental-health-at-work. Abgerufen am 20.05.2024 und https://www.workplaceoptions.com/de/blog/aufkommende-trends-und-die-zukunft-der-psychischen-gesundheit-von-mitarbeiterinnen/. Abgerufen am 20.05.2024.
104 Biller, Karlheinz & de Lourdes Stiegeler, Maria: Wörterbuch der Logotherapie und Existenzanalyse von Viktor E. Frankl. Süddeutsches Institut für Logotherapie und Existenzanalyse gemeinnützige GmbH. 2017. S. 424–425.
105 Biller, Karlheinz & de Lourdes Stiegeler, Maria: Wörterbuch der Logotherapie und Existenzanalyse von Viktor E. Frankl. Süddeutsches Institut für Logotherapie und Existenzanalyse gemeinnützige GmbH. 2017. S. 509–514.

Die Autorinnen

© Antje Wolm

Sabine Gromer ist Inhaberin von »MangoliaTree«, einem globalen Boutique Coaching- und Beratungsunternehmen für Top Executives mit Sitz in Wien. Nach 20 Jahren an den Finanzplätzen der Welt, zuletzt als Managerin Director Head of Organisation Effectiveness bei der Ratingagentur S&P, begleitet sie heute als Transformationsarchitektin Menschen und Organisationen in Veränderungen und bei der beruflichen Weiterbildung. Sie ist diplomierte Betriebswirtin (FH) und hat zwei Masterabschlüsse in Advanced Management sowie Change Leadership.

© Sung-Hee Seewald

Stephanie Schorp ist Geschäftsführerin der internationalen Personalberatung »Comites, Personality Matters!« mit Sitz in München. Die diplomierte Psychologin mit betriebswirtschaftlichem Hintergrund und diversen therapeutischen Zusatzausbildungen war vor ihrem Unternehmerdasein sowohl in Großkonzernen als auch im Mittelstand und als angestellte Beraterin tätig. Sie verfügt über 20 Jahre Erfahrungen in der Platzierung, Auswahl, Persönlichkeitsentwicklung sowie intensiven Karrierebegleitung von Managerinnen und Managern. 2022 erschien ihr Buch *Persönlichkeit macht Karriere*, ebenfalls im Campus Verlag.